专业音响实务秘笈

Professional Audio Essentials

陈荣贵

自序

PA和HIFI不同，HIFI是个人消费，其重播的节目是预先制作好的成品，任何人都会使用，而且大多放在家中使用，使用环境不变，PA是大众消费，有很多人一起现场欣赏，声音涵盖的范围广，使用器材种类复杂，最难的是每一次使用的环境都不一样，要由专业的工程师架设、调整、试音及现场监控，以克服各种人、地、事物带来的问题，PA工程师必须要熟悉系统的架设，器材匹配，清楚各种电子产品的功能特性，要有好的耳朵，清晰的头脑，艺术的素养，强壮的体格，吃苦耐劳的毅力才能胜任，很可惜国内没有公私立学校可以提供这种课程（即使有音乐科系的学校也没有）只有少数和国外音乐学院合作的补习班，但是学费很贵，一般人可能负担不起，对于初学者或者对PA有兴趣的年轻人来说，不得其门而人，也许运气好有机会可以到音响出租公司打工，才能接触到这门吸引人却不知如何人门的学问，本书介绍的PA系统是指现场PA系统中所有可能和混音机连在一起的器材。

希望有心人士看了这本书之后，能多提供我们建议，为了浅显易读，书中没有公式，没有复杂的理论，尽量用最简单的文字、图说以及注解来表达我们应该了解的PA知识。笔者才疏学浅，恐文中多所谬误，承蒙景秉仁先生于百忙之中不辞劳苦代为指正审订，谨此致谢！

陈荣贵

10.16.2001

目录

contents......

（2）三收音口麦克风THREE-ENTRY

（3）多重收音口麦克MULTIPLE-ENTRY

（4）长枪式麦克风SHOT GUN

（5）抛物球面反射式麦克风PARABOLIC

（6）广心形单指向麦克风WIDE CARDIOID

（7）心形超指向麦克风SUPER CARDIOID

（8）心形超高指向麦克风HYPER CARDIOID

四、 立体录音麦克风摆设的方法STEREO MICKING

1.同位麦克风COINCIDENT

2.XY立体麦克风XY STEREO

3.M/S立体麦克风M/S STEREO

4.KFM 6立体麦克风

5.MSTC 64＃〝ORTF-立体〞麦克风

6.KFM360环绕麦克风

7.A-B立体录音A-B STEREO

五、 麦克风灵敏度MICROPHONE SENSITIVITIVE

六、 麦克风实际应用MIC APPLICATION

1.位置PLACEMENT

2.接地GROUNDING

3.极性POLARITY

4.平衡或非平衡式BALANCED OR UNBALANCED

5.阻抗IMPEDENCE

七、 麦克风附属品MICROPHONE ACCESSORY

1.防风罩及口水罩(爆裂声滤波器)WIND SCREEN&POP FILTERS

2.麦克风架、避震器及吊杆架 STAND，SHOCK MOUNT AND BOOM

附录

appendix......

第一章 PA成音系统概论

1.基本系统概念

任何现场表演（即使只是发表演讲）都需要PA（PUBLIC ADDRESS）公共广播系统，一个中小型的PA系统包含了几百瓦功率的扩大机和喇叭系统，混音机是这个系统的心脏。所有成音是经由混音机来控制，PA用的混音机一定要具备多功能、容易使用、声音高品质及坚固耐用的条件。

普通混音机产生的背景噪音将会被PA系统放大而变得极端恼人，设计不好的混音机更会制造出非常困难或根本不可能解决的哼声(HUM)问题。利用平衡式及接地补偿电路设计，可以使哼声降到最小。

再者，混音机所能提供不失真容许范围（余裕HEADROOM）的多寡更重要，有些混音机于输出音量表显示超过0dB时就产生削峰失真。容许范围太小是无法应付现场表演动态响应变化多端的状况，如果成音系统表现不佳，而无法让客户满意，是不可能带来更多生意的。

接下来是一些典型的PA及录音的接线模式，并附注解，让读者了解PA基本概念，以便将来可以依照现场需求应变。

（图一）介绍的是基本卡拉OK PA系统，（图二）介绍的是小型合唱团现场表演，（图三）介绍的是会议系统PA，（图四）介绍的是现场DJ实况转播，（图五）介绍的是多媒体硬碟录音系统，（图六）介绍的是多区域广播安装工程（图七）介绍的是录音系统的接法：我们以混音机MIXER为心脏，把讯号分为输入及输出两类就容易理解，MIXER的主要功能就是把所有输入的讯号个别处理之后，一起经由喇叭播放给观众欣赏或舞台表演者监听。

图一 卡拉OK PA系统

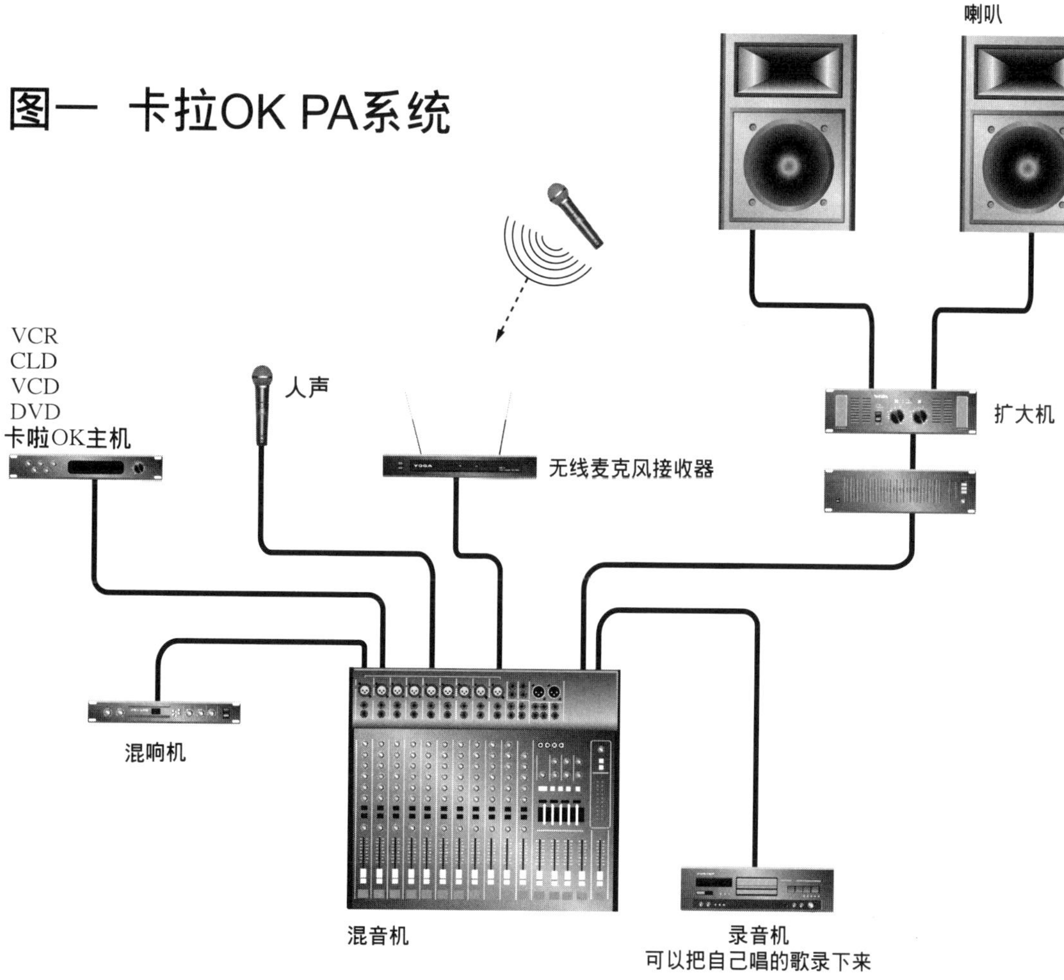

图二 小型合唱团

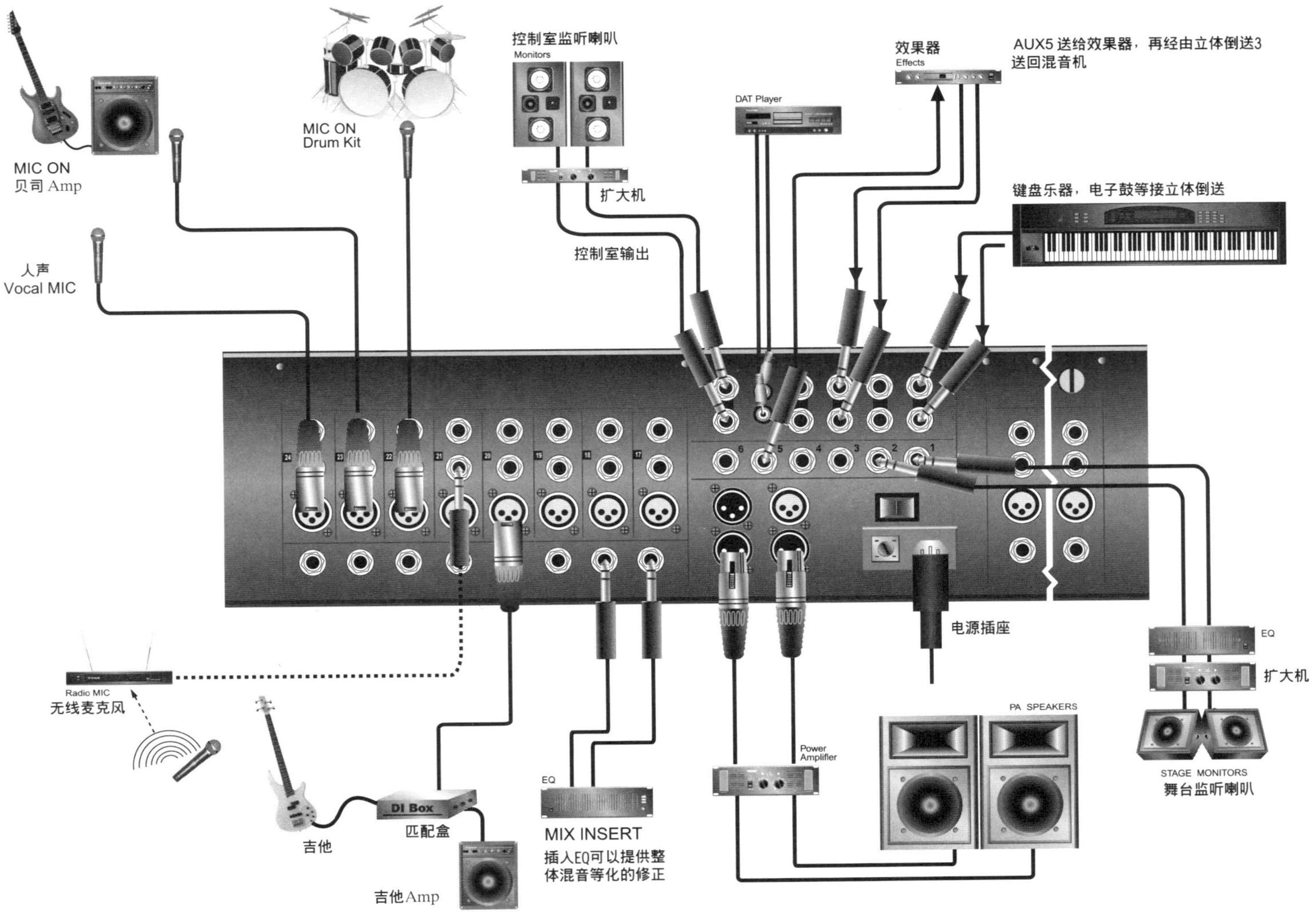
MIC ON
贝司 Amp
MIC ON
Drum Kit
人声
Vocal MIC
控制室监听喇叭
Monitors
扩大机
控制室输出
DAT Player
效果器
Effects
AUX5 送给效果器，再经由立体倒送3
送回混音机
键盘乐器，电子鼓等接立体倒送
电源插座
EQ
扩大机
STAGE MONITORS
舞台监听喇叭
PA SPEAKERS
Power
Amplifier
EQ
MIX INSERT
插入EQ可以提供整
体混音等化的修正
Radio MIC
无线麦克风
DI Box
匹配盒
吉他
吉他Amp

图三 会议系统PA

① 会议系统 PA 大多数使用电容式麦克风收音，记得将幻象电源打开。

② 送往群组插入点的压缩限幅器，可以针对某一群组做压缩限幅的调整。

③ 送往混音插入点的等化器，可以针对整体混音做等化的补偿修正。

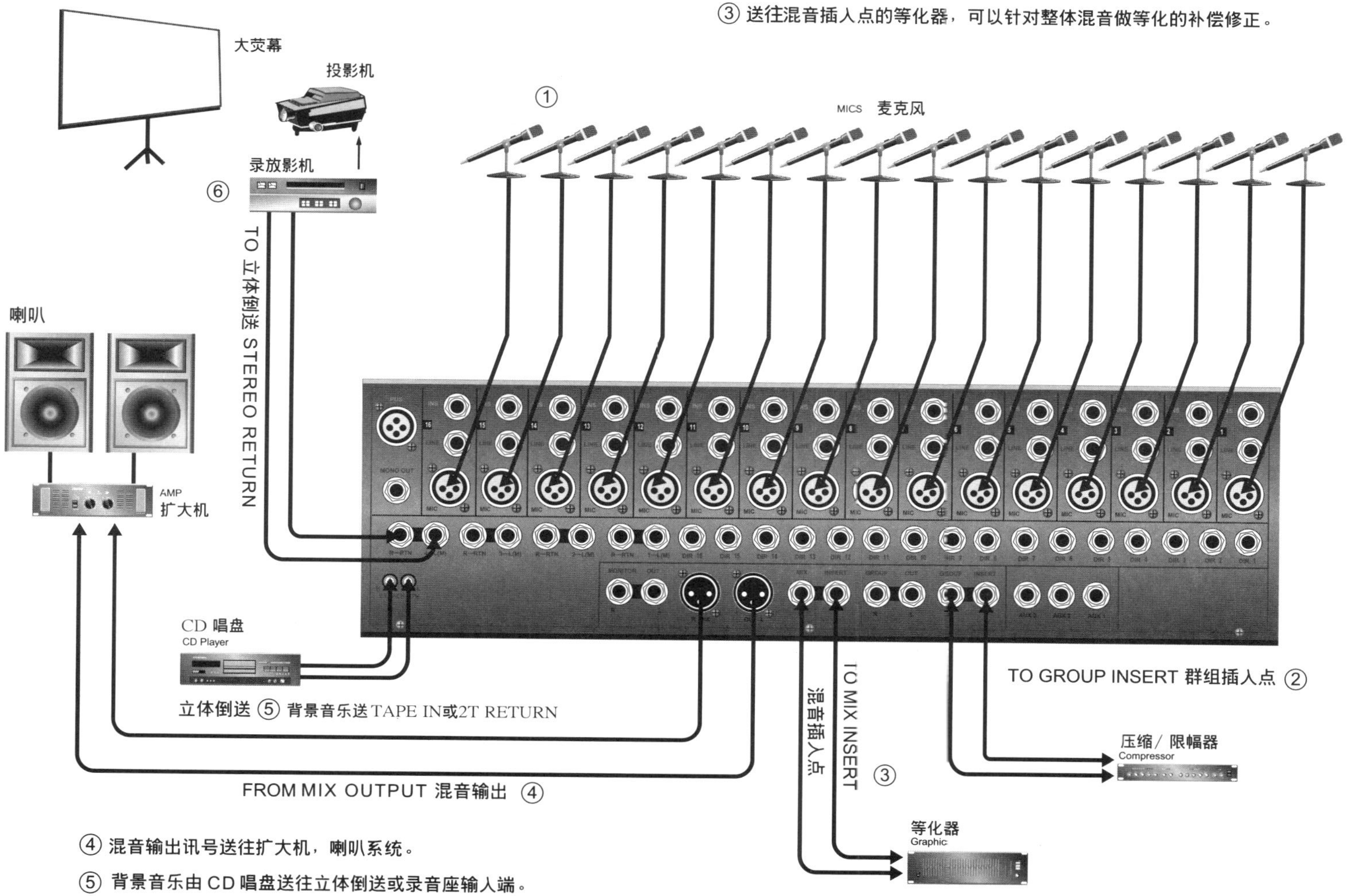

④ 混音输出讯号送往扩大机，喇叭系统。

⑤ 背景音乐由 CD 唱盘送往立体倒送或录音座输入端。

⑥ 录放影机VIDEO输出送往投影机，AUDIO 输出送往立体倒送。

图四 现场DJ实况转播

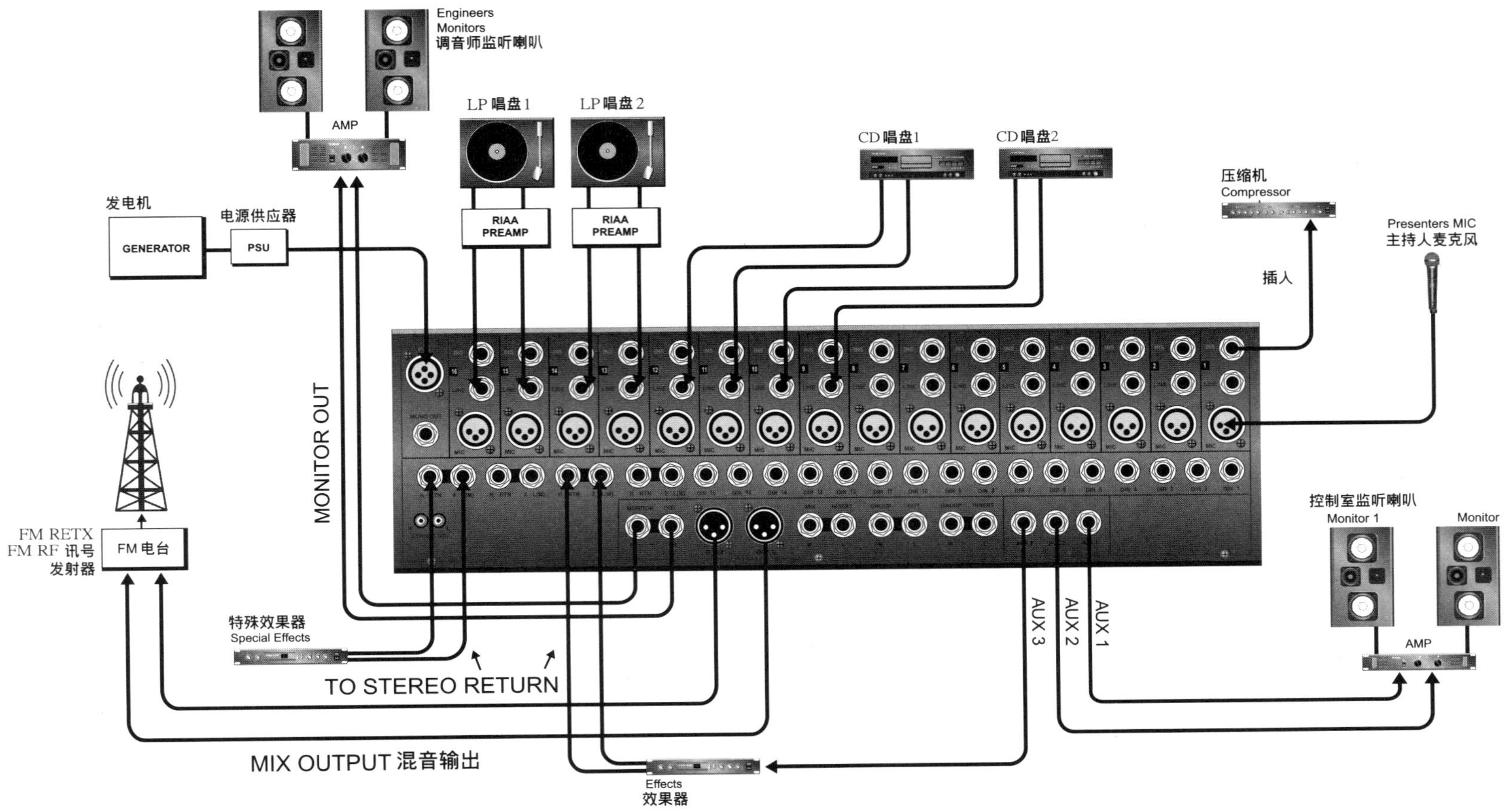

Engineers
Monitors
调音师监听喇叭
AMP
LP 唱盘1
LP 唱盘2
RIAA PREAMP
RIAA PREAMP
CD 唱盘1
CD 唱盘2
压缩机
Compressor
插入
Presenters MIC
主持人麦克风
发电机
GENERATOR
电源供应器
PSU
MONITOR OUT
FM RETX
FM RF 讯号
发射器
FM 电台
特殊效果器
Special Effects
TO STEREO RETURN
MIX OUTPUT 混音输出
Effects
效果器
AUX 3
AUX 2
AUX 1
控制室监听喇叭
Monitor 1
Monitor
AMP

图五 多媒体硬碟录音系统

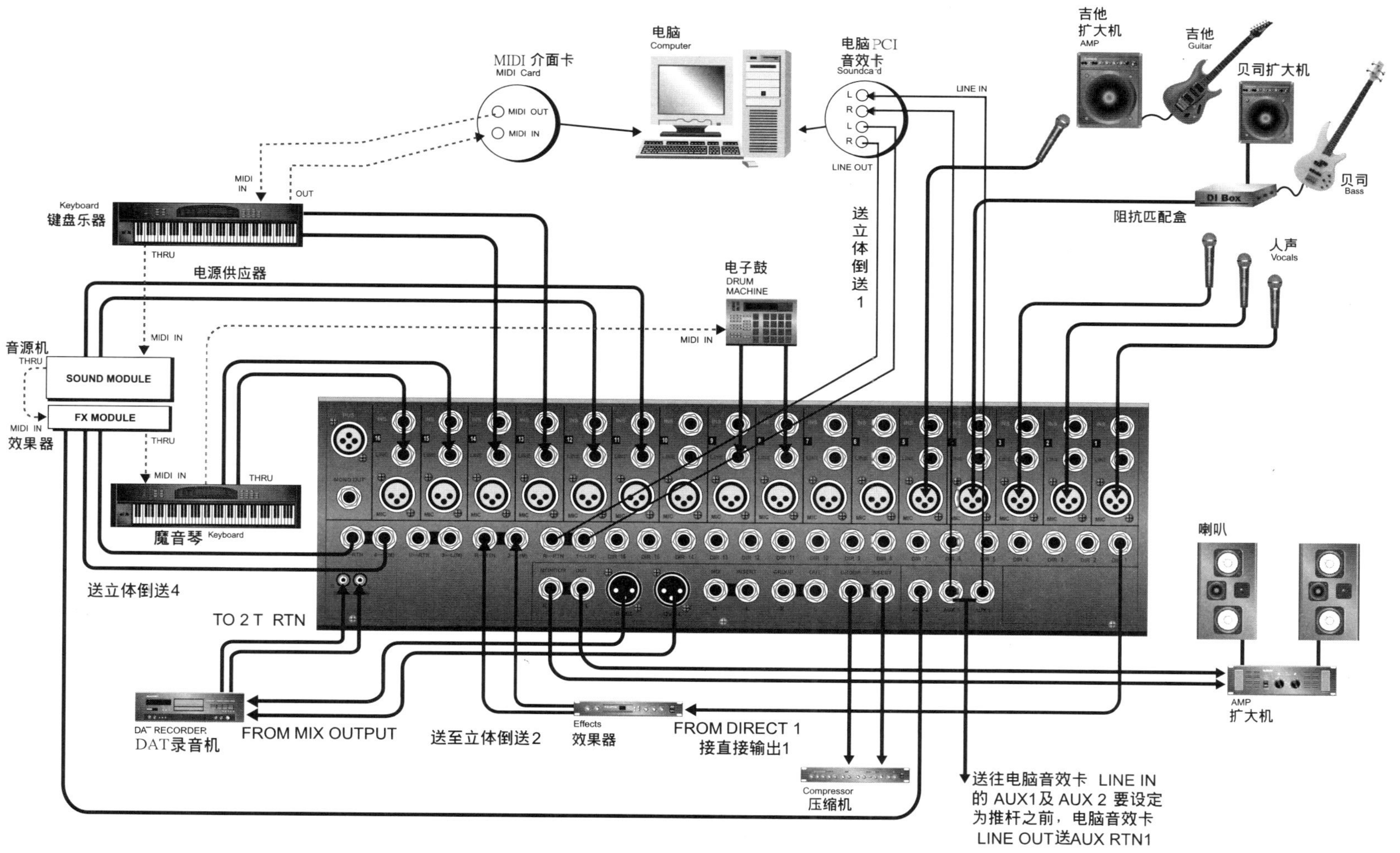

图六 多区域广播安装工程（恒压式喇叭系统）

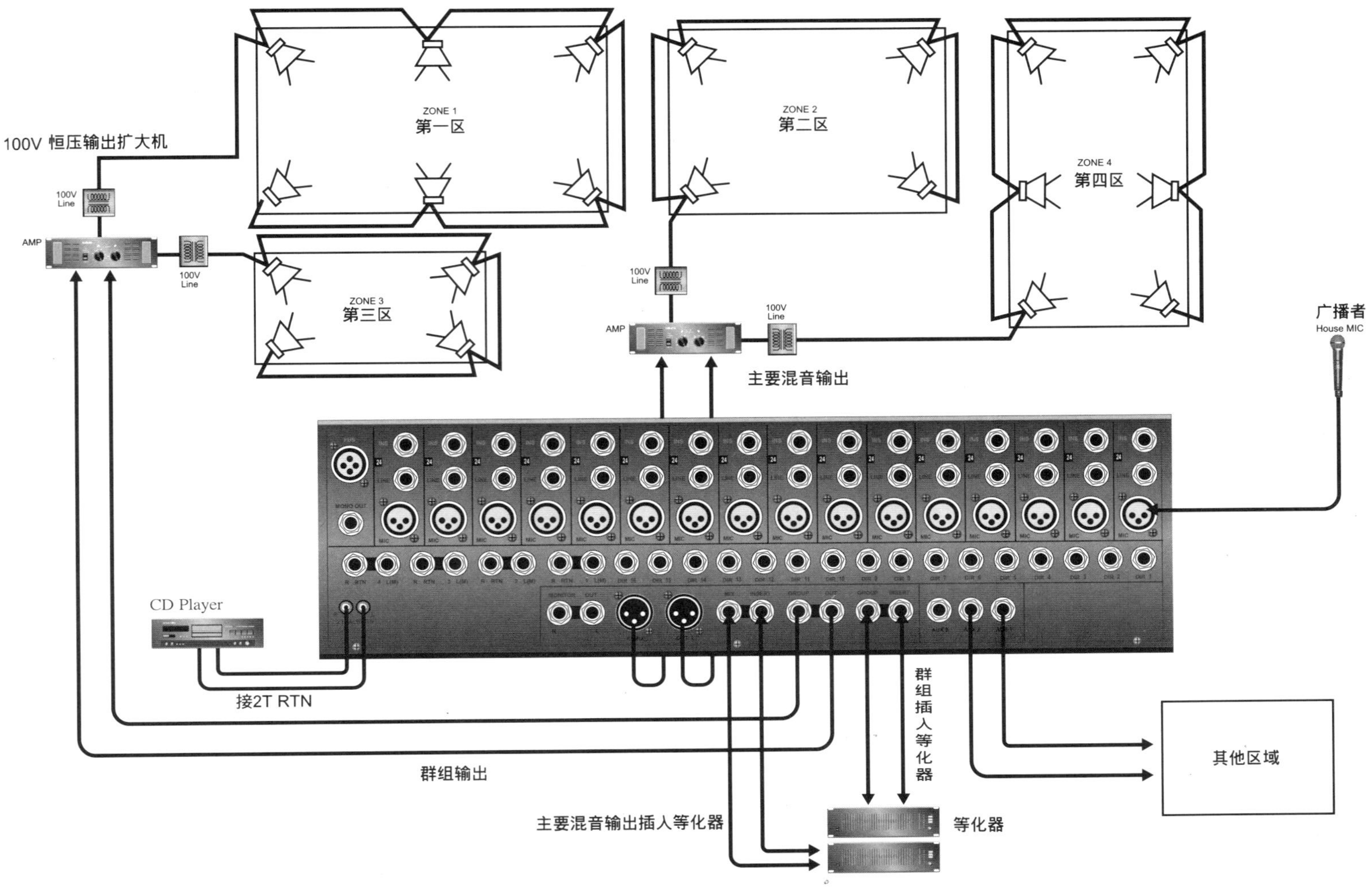

图七 录音系统

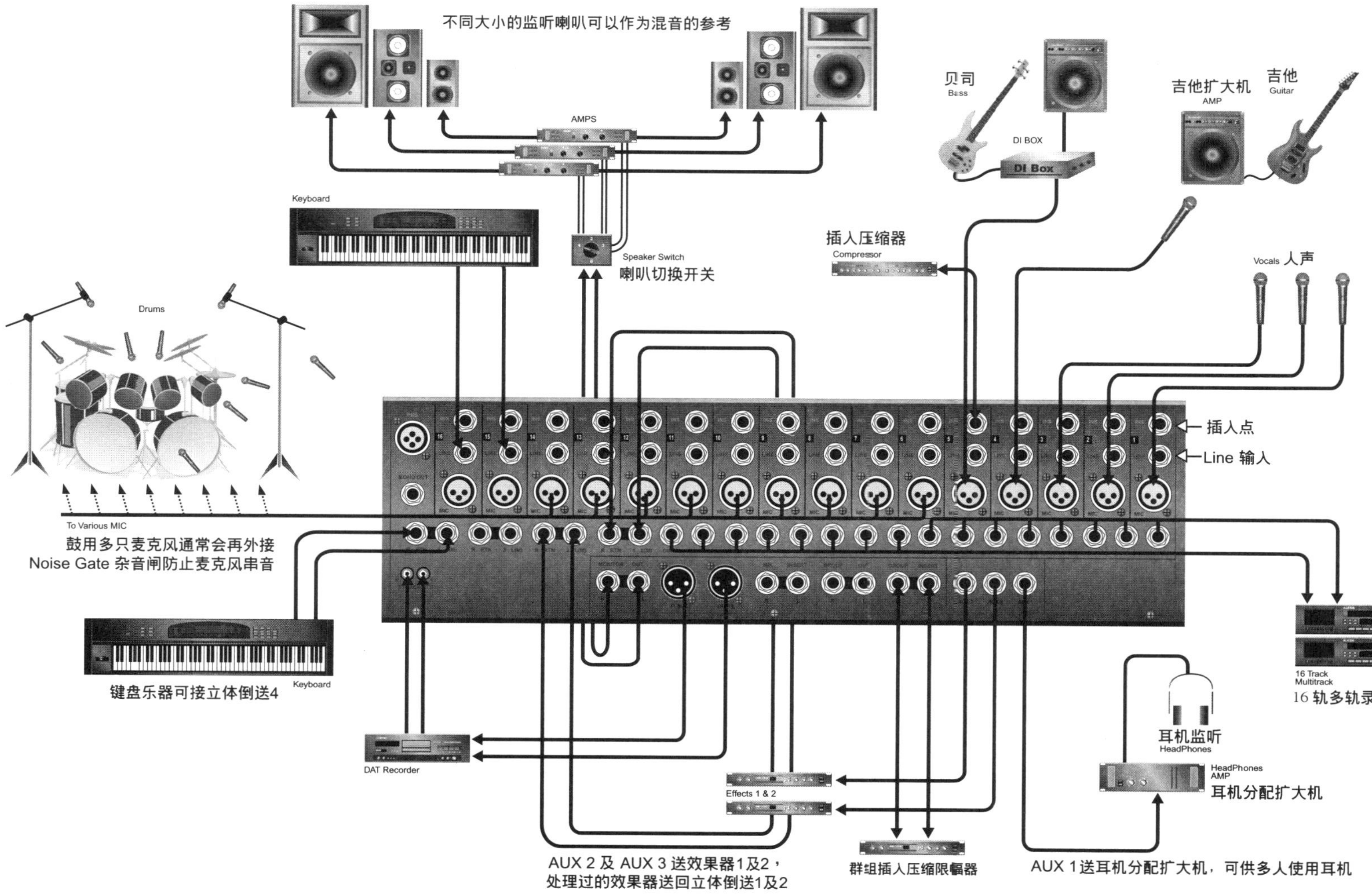
不同大小的监听喇叭可以作为混音的参考
AMPS
贝司
Bass
DI BOX
DI Box
吉他扩大机
AMP
吉他
Guitar
Keyboard
Speaker Switch
喇叭切换开关
插入压缩器
Compressor
Vocals 人声
Drums
插入点
Line 输入
To Various MIC
鼓用多只麦克风通常会再外接
Noise Gate 杂音闸防止麦克风串音
键盘乐器可接立体倒送4
Keyboard
DAT Recorder
Effects 1 & 2
16 Track
Multitrack
16 轨多轨录音
耳机监听
HeadPhones
HeadPhones
AMP
耳机分配扩大机
AUX 2 及 AUX 3 送效果器1及2，
处理过的效果器送回立体倒送1及2
群组插入压缩限幅器
AUX 1送耳机分配扩大机，可供多人使用耳机

2.PA系统器材

混音机

（1）输入：

A.麦克风音源：人声，乐器，环境声。

B.立体音源：DVD、CD、录放音机、CLD、MD、MP3、录影机、电子鼓、魔音琴、MO、音效卡输出、DAT、ADAT。

C.MONO高电平音源：节拍器、无线麦克风LINE OUT、多轨录音机。

D.阻抗匹配盒（直接盒）DI BOX、吉他、贝司、魔音琴。

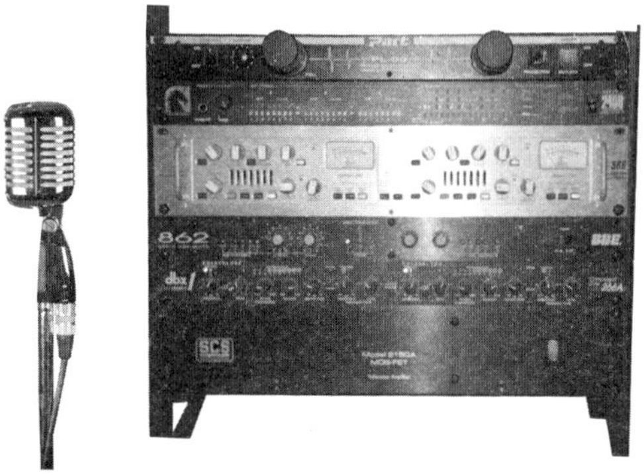

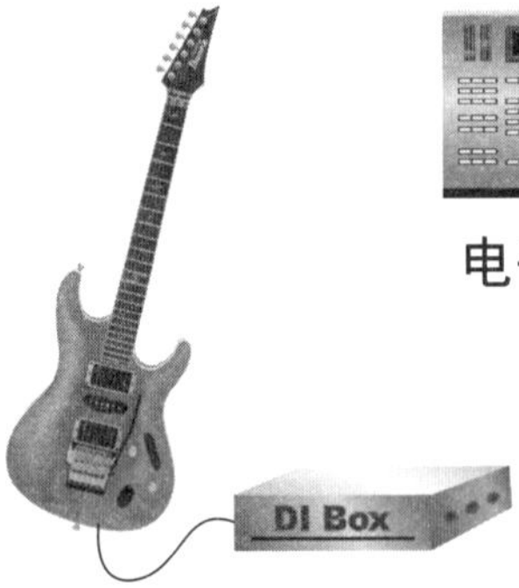

电子鼓

（2）输入与输出之间：

A. 效果器、延迟器、混响机。

B. 声音处理器、扩展器、压缩/限幅器。

C. 图形等化器、参数式等化器。

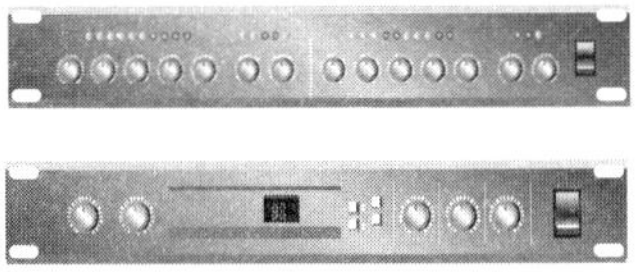

参数等化器

（3）输出：

A. 分音器：两音路，三音路，四音路，超低音。

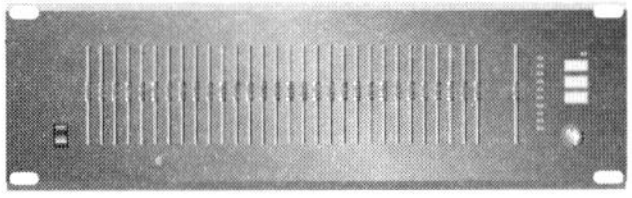

图形等化器

B.扩大机：主场扩大机FOH
(FRONT OF HOUSE)。监听
扩大机 MONITOR、恒压式扩大机。
C.喇叭：主场喇叭FOH(FRONT OF
HOUSE)监听喇叭MONITOR。
D.录音座。
E.讯号分配扩大机。
F. 监听混音机MONITOR MIXER。
G.转播副混音机OB SUB MIXER。
H.多轨录音座MULTI-TRACK
RECORDER。
I.耳机、耳机分配器。

（4）附属产品

麦克风线、喇叭线、光织线、同轴线、SPDIF线、AES/EBU线、电源线、讯号线。

所有的PA器材都必须学会如何使用、设定、接线、组装、统合，是一门又有趣又简单又深奥的学问，PA组合发出声音太容易了，任何人都会做，因此某些观念可能积非成是而不自知，本书提供一些基本常识并以抛砖引玉之心情，期待会有更多前辈能将宝贵的经验及个人修行与PA人共享。

第二章
混音机MIXER简介

CREAST AUDIO 混音机

混音机功能简介

所有音响器材里只有混音机上的开关、旋钮、按键、插座、LED、及推杆FADER等零件最多，面板最花俏，操控最复杂，功能最强大，式样最繁多，令人不知如何下手，本章就是要说明混音机上每一个零件的功能及相关知识，了解之后，使用混音机就可得心应手。

混音机依使用目的约可分为下列五种：

a. 广播用
b. 录音用
c. 现场成音用
d. 会议系统用
e. 舞台监听用

每一种混音机都大同小异，只是因应各种工作场所做功能上的变更以适应各种工作不同的需求，本书讨论的混音机偏向于使用最多的现场成音及舞台监听方面。

混音机可分为：

1. MONO声道
2. 立体声道
3. 群组输出GROUP OUTPUT
4. MASTER主要输出
5. 接线等五部分，以下列举的声道

细节，系以复杂功能的机种为蓝本，6－18节为混音机相关的使用与调整说明，请你多了解，以便将来添购新机可提早上手。

☞ 1.MONO声道

1.麦克风输入 MIC INPUT

麦克风输入经由XLR母座，可接受平衡式或非平衡式低电平讯号，使用专业动圈式、电容式或丝带式低阻抗麦克风，如果使用非平衡式麦克风请尽量使用愈短愈好的麦克风线，以避免电波噪音的干扰。

2.高电平输入 LINE INPUT

高电平输入通常经由TRS 1/4"立体PHONE JACK或TRS 1/4" MONO PHONE JACK送入，麦克风音源以外的讯号都可经由高电平输入至混音机，立体PHONE JACK的输入是平衡式的，相同于XLR的方式，但是如果一定要用非平衡式器材时，可用MONO PHONE JACK，其接线不能太长（4.5米以内）接线细节请参考第九章接线部分。

图2-1

图2-2

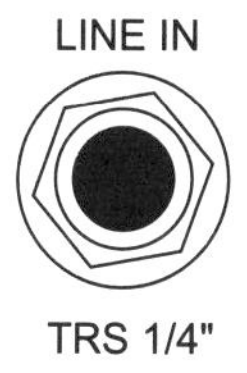

图2-3

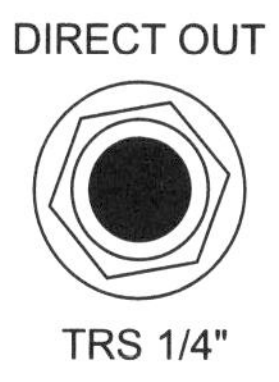

图2-4

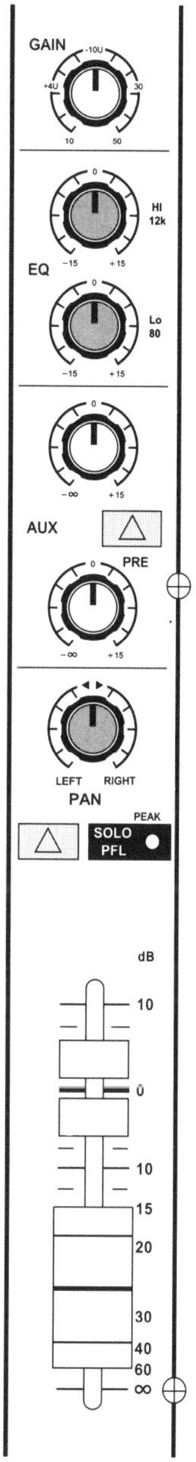

3.直接输出 DIRECT OUT

平衡式直接输出端，可将推杆FADER之前（或者之后，依混音器设计不同而有不同）的讯号输出，不受讯号派送开关或者音场控制扭PAN控制，适合外接处理器，可将讯号送回立体输入声道或立体倒送端子，或直接送往多轨录音机。

图2-5

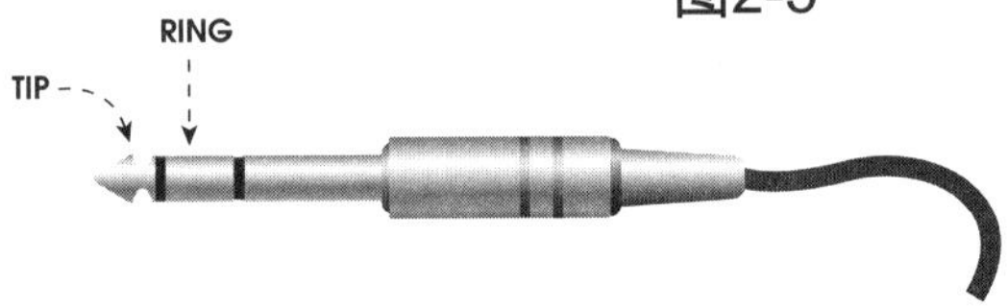

4.插入点 INSERT POINT

大多为非平衡式，EQ之前的插入点是输入声道的一个切断点，可经由它将讯号半途自混音机内取出，送至外部的设备，如限幅器、压缩器、等化器，处理过后再送回混音机继续走完原本要走的路径。此插入插座为一个1/4"的立体PHONE型插座，插头插入时讯号在声道EQ控制之前被切断。讯号可从接头的TIP脚送出，经RING脚送回去混音机。尽量使用短的信号线，以避免杂讯干扰。

图2-6

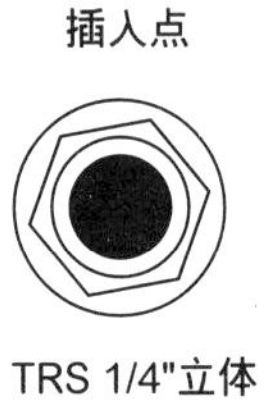

5. +48V幻象电源 PHANTOM POWER

专业电容式的麦克风和许多晶体式麦克风通常需要外接电源工作，专业界已有一个标准的电源系统叫做幻象电源。它利用麦克风讯号线传送48伏特直流电压到麦克风，通过一个总开关，或者各声道独立的开关控制送电与否。

幻象电源一定只能提供给平衡式麦克风，或需要幻象电源的乐器用匹配盒DI BOX，非平衡式麦克风绝不可插入有幻象电源的插座上。动圈式麦克风不需要幻象电源，如果它是平衡式麦克风，插入具有幻象电源的插座没有关系。

[注意] 麦克风插上去之后才可以切换幻象电源总开关，同时请注意某些不标准的麦克风会耗掉非常大的电流（超过4mA），会使电源供应器超载而造成不能工作，此时就需要用独立的电源供应器提供工作电压 。

图2-7

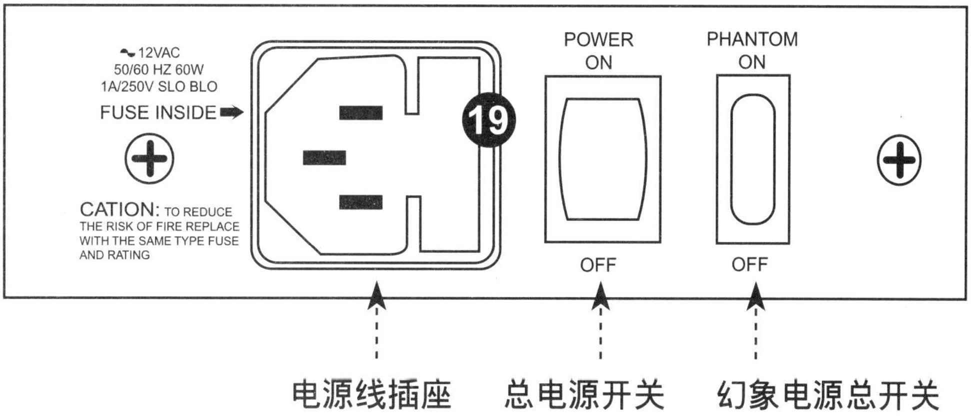

6.相位切换开关 PHASE SWITCH

相位切换开关可以颠倒输入讯号的相位，以防止麦克风摆设位置错误或输入电线接头接错。正常状况，不要按下去。

7.输入灵敏度（增益） INPUT SENSITVITY（GAIN）

本旋钮控制本声道送混音器其他部位电平大小，增益太高讯号会失真，使得声道负荷过载，太低则背景噪音太明显，可能也无法获得足够的讯号电平提供混音输出。使用高电平输入时请将增益转小。

8.高通滤波器 HI-PASS FLITER（低频衰减器 LOW CUT）

按下此键时，输入放大器之后会在讯号路径中串接一个低频衰减器，其衰减率约从75、80或100Hz以下开始，以每八度音减少18dB的方式衰减，称为低频衰减器（或称高通滤波器）。收人声的时候，最好能加上这个滤波器（即使是收男声）。当然，此滤波器也可以用来滤掉“哼”声。

图2-8

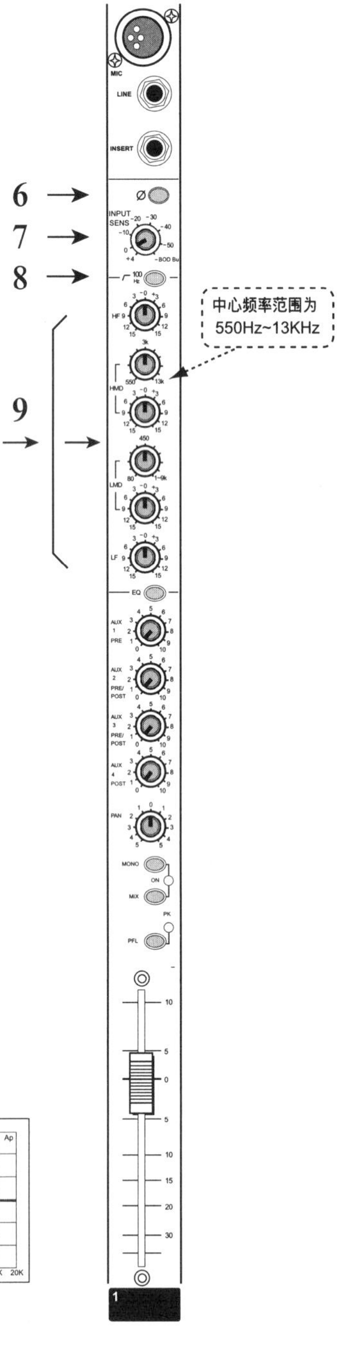

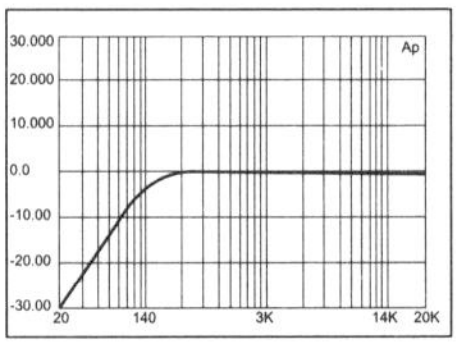

高通滤波器

9.等化器 EQUALIZER

等化器 EQUALIZER(缩写EQ)常见三段与四段型式，四段包含了四个部分。最上面的旋钮为控制高频（高音）增强或衰减，控制范围约为±15dB，最下面的旋钮为控制低频增强或衰减，其控制范围约为±15dB。

但是中间两对HI MID及LO MID旋钮(即可变中频等化控制)，其等化控制的中心频率可以改变。它比传统的等化器控制功能强的地方就是被等化的中心频率约在80Hz~13KHz间变化。此选择频率依各厂牌不同而异，HI MID及LO MID都由两个旋钮组成，一个为选择中心频率旋钮，另一个为增益或衰减控制，中频控制收人声时尤其有用，可以非常准确的修饰演出者的声音。

可变中频等化控制SWEEP MID EQUALIZER

可变中频等化控制和高、低频等化控制一样，可增强或衰减，但是它厉害的地方就是可以找出需要处理的特定频率，同样地，使用衰减要比使用增强较实际一些，当第一次调整中频时，我们将其增强至最大，因此，选择中心频率时，我们可以感觉得非常明显，最好的例子就是在舞台上用麦克风收空心木吉他演奏。

图2-9　四段式EQ，中高频及中低频可选择中心频率

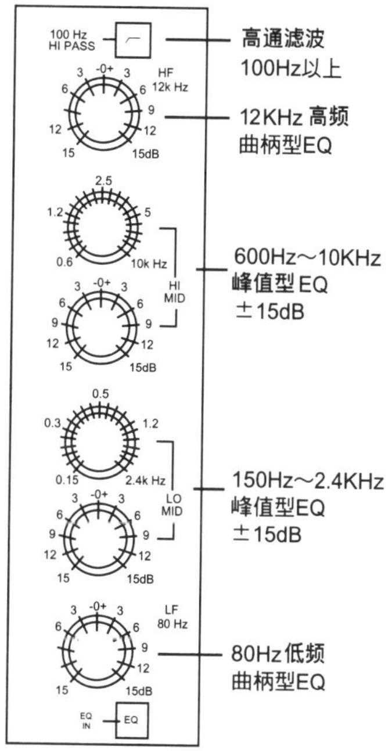

如何运用中频选择等化调整

使用麦克风拾取木头空心吉他的声音时，我们宁可不要太靠近吉他音孔，因为这个位置产生大的音

量，也夸张了吉他琴身的共鸣，甚至产生轰鸣声使箱音太重，要改善这种缺点，那么可变中频选择等化控制就是最好的帮手，如何进行呢？首先我们得找出祸首，就是查出频谱上那一个区域发生轰鸣声，将中频增益开到最大，再旋转频率选择钮，当我们找到“祸首频率”时，就会有很明显的感受，以空心木吉他为例，“祸首频率”可能在中频选择范围的较低频段落，找到祸首频率之后，再将增益钮衰减下来，确实衰减多少可以在调整程序中由耳朵来决定，如果我们找到正确的频率，即使我们衰减一点点，也会得到令人意想不到的效果。

事实上，有些声音可能只要在某个频段上增强一点点就可以得到很好的效果，例如电吉他，在成音混音的时候常常需要一点激昂的效果，同样的，我们将中频增益控制钮开到最大，利用频率选择钮找出需要修正的频率，然后再将增益控制钮降低至适当的增强量，利用耳朵监听作最后的调整。

图2-10

四段式EQ（中心频率固定）

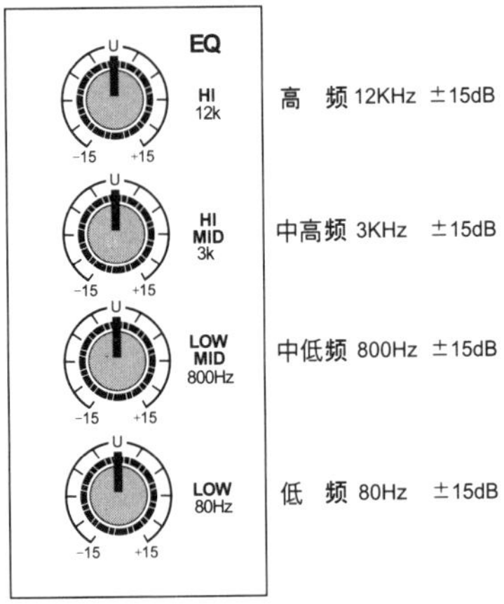

图2-11

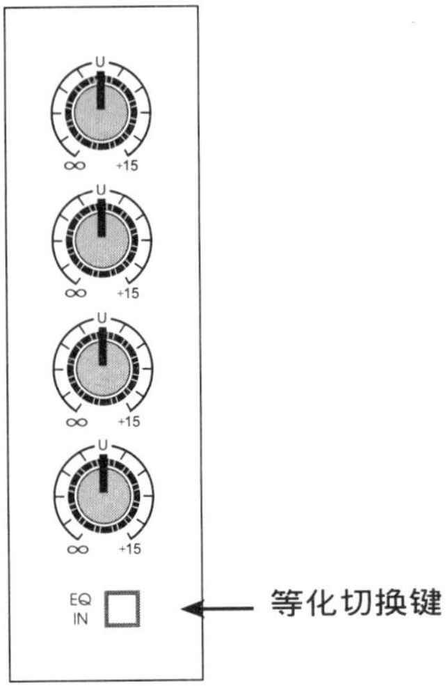

图2-12

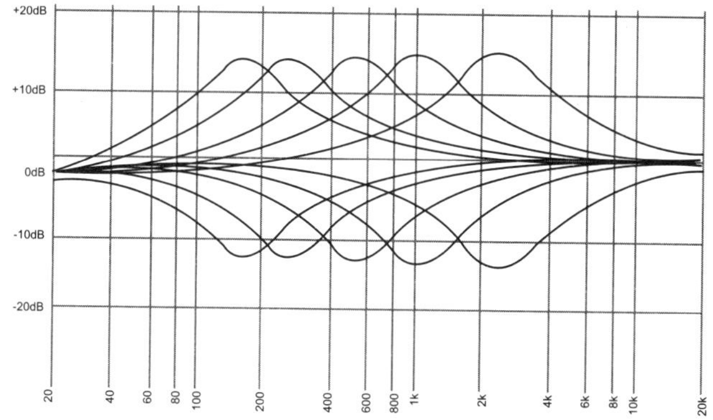

中高音峰值型等化器，中心频率调整范围为150Hz～2.4KHz，本图形系以最大增益和最大衰减表示

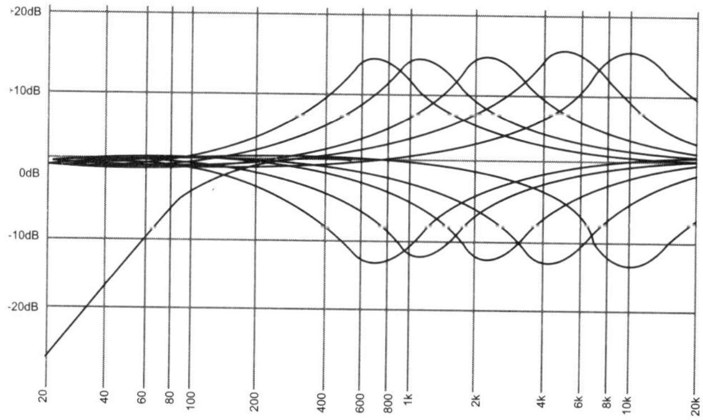

中低音峰值型等化器，中心频率调整范围为600Hz～10KHz，左下角为100Hz高通滤波器的图形，依图示大约为每八度音衰减12dB左右（100到50为一个八度）

图2-13

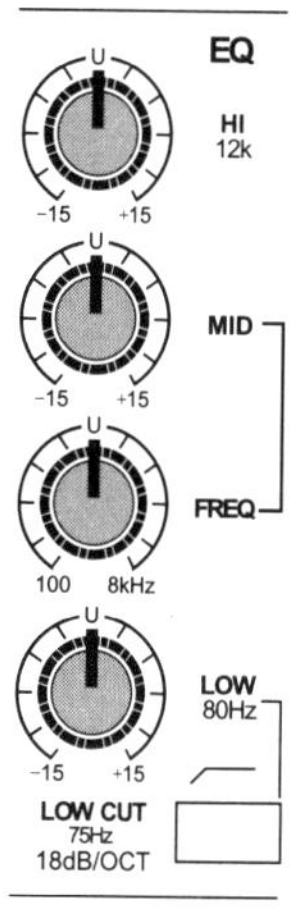

广告词是这么写的：
三段式EQ，中频可选择中心频率，其范围从100Hz~8KHz，高通滤波器将75Hz以下以每八度音做18dB衰减

10.等化切换开关 EQ SWITCH

按下等化切换键即可轻易的比较等化前后的差异。

11. 辅助输出 AUX SEND

AUX这些旋钮用来控制MONO及立体声道的讯号分送至辅助输出的电平大小，但它们的控制并不会影响主输出。所以这些辅助输出可用来当作演出者的监听，或外接回音机。

AUX 1和2的讯号，通常在EQ之后，推杆之前，因此不被推杆控制，适合接舞台监听或控制室监听喇叭等需要独立调整的系统。

AUX 3和4的讯号，通常在EQ及推杆之后，但也可以按下PRE（PRE FADER SEND）键切换成推杆之前，请参照右图。

AUX 5和6的讯号在EQ和推杆之后，因此将被推杆控制，通常用来接效果器。按下静音键时，所有推杆之后的AUX辅助输出也随之静音。

注：有的机种可以在混音机内利用跳线将AUX5及AUX6变更为推杆之前。

【注意】AUX SEND

辅助输出的PRE/POST切换键和声道推杆旁的PFL键是独立控制的，不要混为一谈，AUX SEND管的是送去AUX BUS的讯号，CHANNEL FADER旁的PFL键管的是各声道送进监听喇叭或耳机的讯号（为什么叫AUX BUS或GROUP BUS，笔者认为BUS的中文叫公车，是大众运输工具要载很多人，也可能是空车，在混音机来说，就是要传送很多讯号的意思，这样说您应该懂了吧！）

图2-14

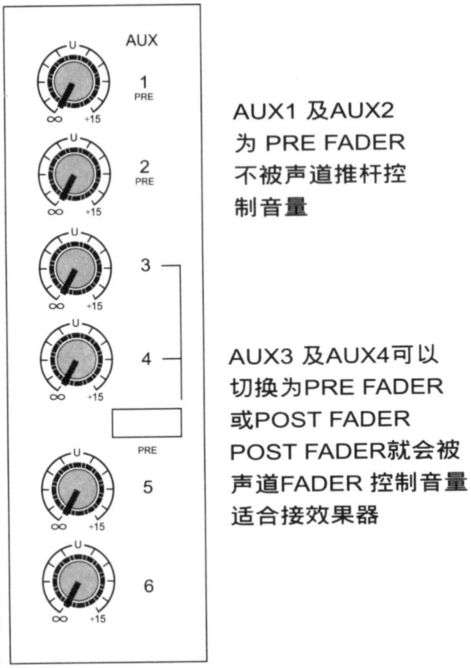

12.音场控制 PAN

音场控制旋钮是用来决定声音在立体音场中的位置。旋钮转至最左的时候，声音在最左边，转至最右边时，声音在最右边。

13.讯号派送开关 ROUTING SWITCHES

讯号派送开关可将输入声道的讯号派送到立体混音L/R输出或立体群组GROUP1-2、3-4输出。

14.推杆 FADER

推杆行程通常有60mm或100mm两种，FADER行程愈长，操控愈有细节，它的主要目的在混音时用来决定各声道混音的比例，通常放在“0”记号位置，如果需要还可以提供10dB的增益。

15.静音键 MUTING

静音键按下后，除了插入点以外所有声道的输出将被静音，LED也会亮起来。较大型的混音器也可利用MUTE BUSES的功能做集体静音控制。

图2-15

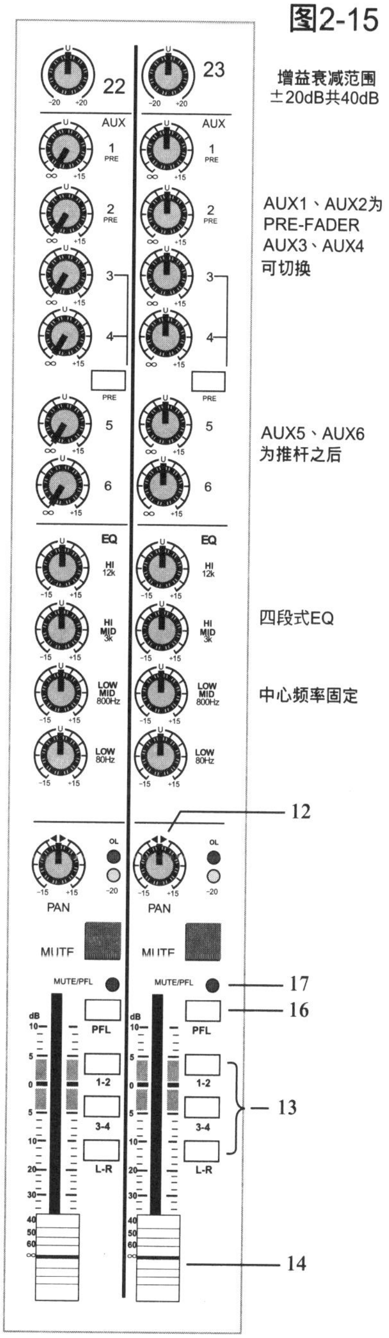

图2-16

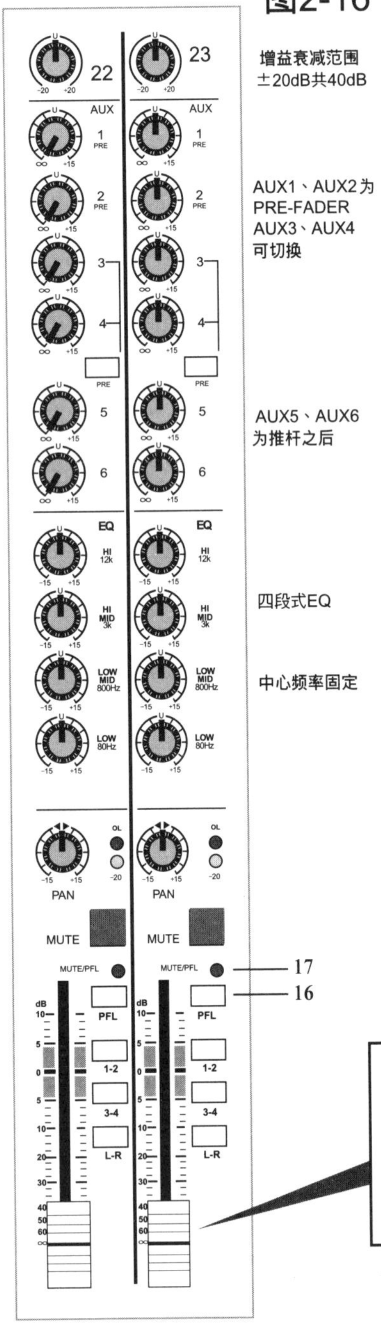

16. 监听 PFL

监听PFL（Pre-Fader-Listen）可以让您个别监听混音机各声道的声音。当某一声道的PFL键按下时，此声道的声音就会被送至耳机监听，且其信号会在总音量表显示出来，用来监控各点的讯号品质，也可以用来寻找问题所在。值得注意的是使用 PFL监听功能时并不会影响立体和 MONO 声道送到主要输出的讯号。

17.峰值指示灯 PEAK

峰值（PEAK）指示灯会亮，用以警告使用者输入声道内的讯号过大。峰值指示灯所取样的讯号是来自声道中的三个点：高通滤波器之后（插入点之前），等化器之前和等化器之后。当讯号大到快要产生削峰失真时（大约6dB的容许空间）此指示灯就会亮，用以警告使用者讯号太大。由于在插入点之前和之后的讯号都被取样至此峰值指示电路，因此即使插入点被外接器材插入，此峰值指示灯依然有意义。

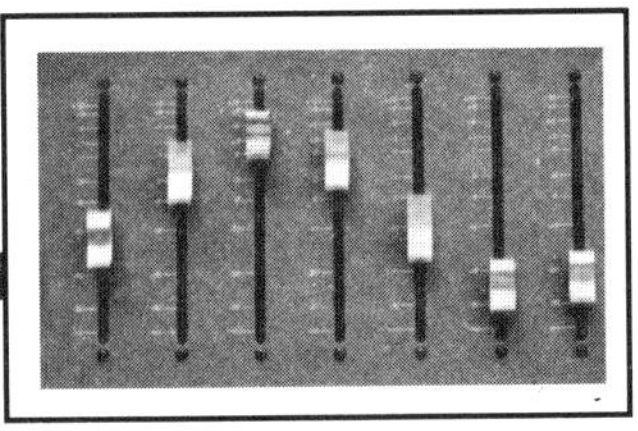

2.立体声道

立体声道各功能仅增益 GAIN，LEVEL TO MIX，左右音量平衡钮 BALANCE 不一样，说明如下：

18.+4/-10 GAIN 增益切换开关

增益切换开关可供选择两种输入灵敏度，+4dBu适合给专业器材音源，-10 dBV适合一般HIFI器材，如果不知道该用那一种设定，请先从+4 dBu试试看，音量不够再切换到-10dBV。

有的混音机也提供像MONO声道一样有可旋转的增益开关，请依使用器材转到适当位置。

19.HF/LF 高频及低频等化

高频及低频等化其作用与MONO声道相同。

20.AUX1/AUX2辅助输出1/2音量调整旋钮

控制AUX1及AUX2送往AUX1 BUS 及AUX2 BUS的音量大小。

21.辅助输出3-4按键

按下此键AUX1变为AUX3，AUX2变为AUX4。

图2-17

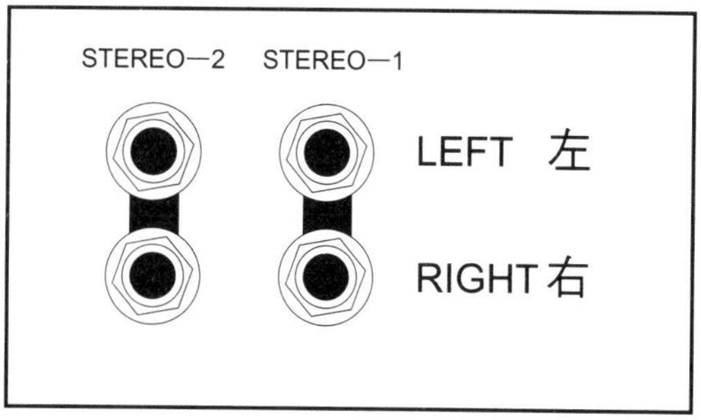

图2-18

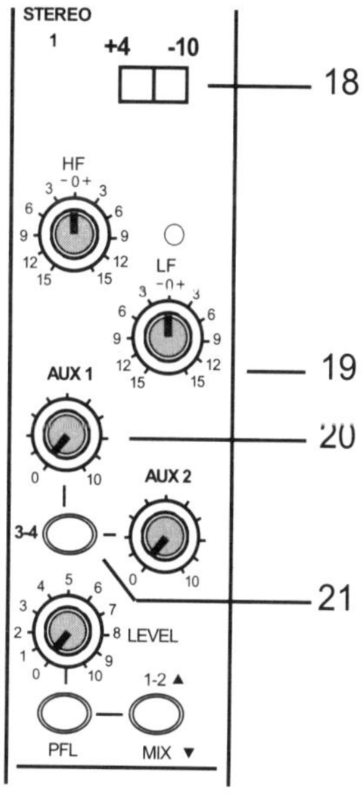

22.LEVEL TO MIX/PFL/AUX1-2往主要混音输出，PFL监听或辅助输出1-2

本钮控制立体讯号电平送往主要混音输出，PFL监听或辅助输出1-2的大小。

【注意】立体倒送的静音不能控制本部分，因此不用时，一定要将此钮关掉。

图2-19

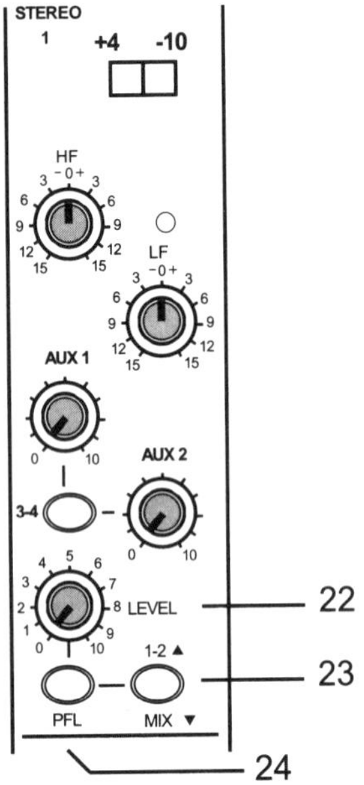

23.1-2 ▲ /MIX ▼ 辅助输出1-2及主要输出选择键

按下此键，立体声道讯号送往主要输出；按开此键，立体声道讯号送往主要输出1-2。

24.PFL键

立体倒送讯号送往PFL监听就按PFL键。

25.BALANCE 左右音量平衡钮

控制各立体声道讯号送到整体混音输出左、右声道的多寡，可以制造立体音场。

☞ 3. 群组输出 GROUP OUTPUT

群组输出为XLR或TRS立体1/4″PHONE接头，并有推杆之前的插入点，群组输出可送给主要混音或矩阵式输出。

群组最通常的一种功能就是利用一个推杆来控制数个声道的音量，例如:鼓收音的麦克风可能有7支以上，我们将所有鼓的收音指派到一个群组，组成独立的混音，这样我们只需要控制一个推杆即可，否则要同时控制7个以上的推杆，这种功能叫做副群组SUBGROUP功能，我们也可以用来控制多位人声合音的混音。

除了副群组功能之外，群组输出可以用来应付复杂的PA现场成音

图2-20

图2-21 多组喇叭系统

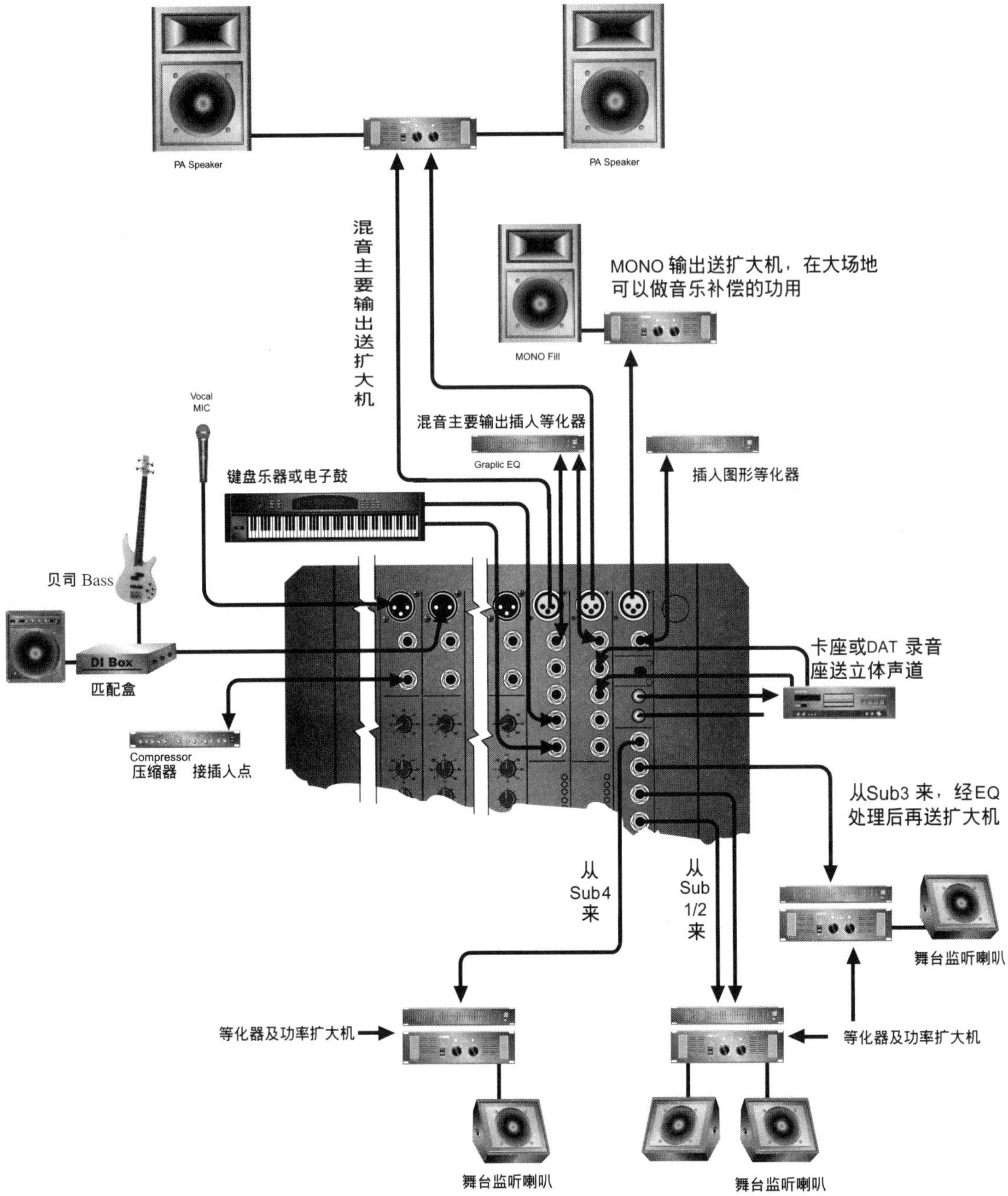
PA Speaker
PA Speaker
混音主要输出送扩大机
MONO 输出送扩大机，在大场地
可以做音乐补偿的功用
MONO Fill
混音主要输出插入等化器
Graplic EQ
插入图形等化器
Vocal
MIC
键盘乐器或电子鼓
贝司 Bass
DI Box
匹配盒
Compressor
压缩器 接插入点
卡座或DAT 录音
座送立体声道
从Sub3 来，经EQ
处理后再送扩大机
从
Sub4
来
从
Sub
1/2
来
舞台监听喇叭
等化器及功率扩大机
等化器及功率扩大机
舞台监听喇叭
舞台监听喇叭

系统，包含各自独立控制音量的喇叭组合，在剧场空间内，某些喇叭可能被保留做额外(OffSet)的音响效果，大型PA场所里，群组的多组输出可供应给主前喇叭及吊在空中的喇叭组合，这样的使用方法和小型成音系统是不一样的，由不同的喇叭分别送人声及乐器会有比较好的效果。

（图2-22）可以告诉我们如何利用群组输出去建立另一组新的喇叭系统，如果只需要增强中央音像定位的效果(大部份人声都设定在中央)，新的喇叭系统可以直接由推杆之后的辅助输出供应，这样我们可将群组省下来作其它用途。

例如将所有人声输人声道的AUX3（POST）音量旋钮做好平衡，将AUX3输出接扩大机送往吊在舞台中央上方的喇叭，利用AUX3 SEND总音量旋钮控制整体人声音量，就可以省下群组输出。

还有一个要谨记心头的是，当音效是配合某一群组讯号来合成时，效果倒送必须被设定到同一个副群组，否则效果电平大小将不能控制，即使移动群组FADER。（效果倒送可以设定到任一对群组，或左右主

图2-22

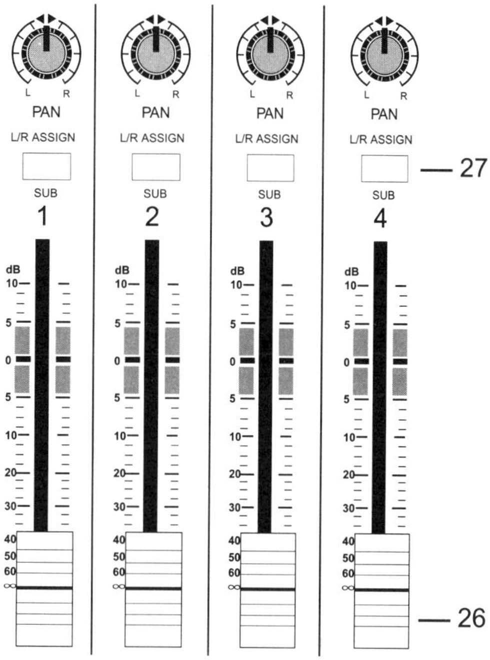

声道）。

26.GROUP FADER群组音量推杆

群组音量推杆在混音时用来决定各群组的音量大小，通常放在“0”记号位置，如果需要可以提供10dB的增益调整。

27.群组输出至混音L/R声道输出

按下GROUP TO MIX键后，可

将 FADER 之后的群组讯号送往立体混音输出，第 1、3 群组送混音机输出左声道，第 2、4 群组混音输出右声道。有些混音器可以设定各个群组送到主要输出的音量及音场选择。

图2-23

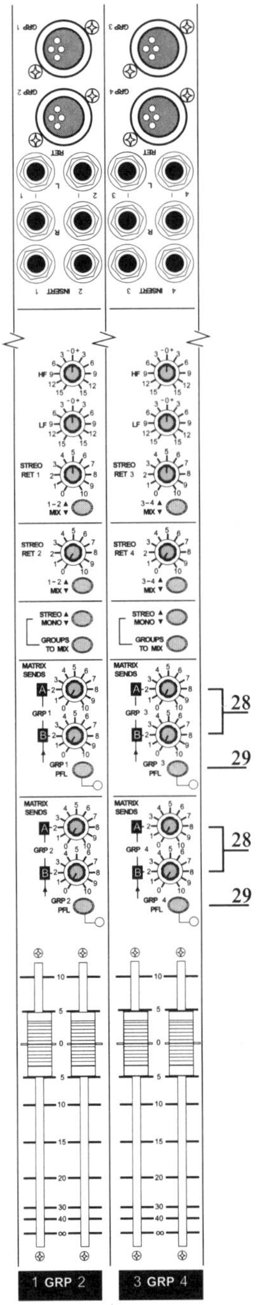

28.MATRIX SENDS矩阵式输出

独立的矩阵式输出可接受每个群组输出，并可以在不影响主要混音及群组输出之下，再增加另一套混音送给其他喇叭系统，矩阵式输出可以说是群组之后的再次混音，本旋钮控制其电平大小，如果不用要完全关掉。例如：矩阵式输出可以从群组配对做立体输出，群组 1、3 送矩阵式输出 A，群组 2、4 送矩阵式输出 B。

29.PFL 监听键

按下此键时，群组推杆之前的 GROUP 讯号会分送至控制室监听输出和耳机输出，此时输出声道的 PFL/AFL 灯会亮，表示输出部分的监听输出和音量表的讯号是由 PFL 指示灯亮的 GROUP 群组输出回路分送出去的。

4.MASTER主要输出

主要输出部分是控制所有输入声道讯号如何送出混音机，它也有推杆 FADER，矩阵式输出 MATRIX MASTER，AUX MASTER 辅助输出总控制，耳机插座及音量调整钮，电源开关显示 POWER ON，监听切换灯 PFL/AFL LED，静音键 MUTING，TALK BACK 对讲麦克风插座及音量调整，MONO CHECK，LED 电表，STEREO RETURN 立体倒送控制钮等，说明如下：

PFL/AFL ON监听选择开关

按下PFL/AFL键后，FADER之前/后的讯号将被送往耳机输出和音量表，取代原来的混音输出讯号，本部分的PFL/AFL会亮，被按下PFL/AFL声道的PFL/AFL LED灯也会亮，适合在不影响主要混音状态下，监听个别输出讯号，以便调整或追踪问题。

通常输入声道才会有PFL功能，输出声道才会有AFL功能。

TALK BACK 对讲麦克风插座及音量调整

XLR座可接麦克风，增益由TB LEVEL钮控制，讯号可被送至AUX1-2，AUX3-4，混音输出或群组BUSES，以便和舞台或外场对讲。

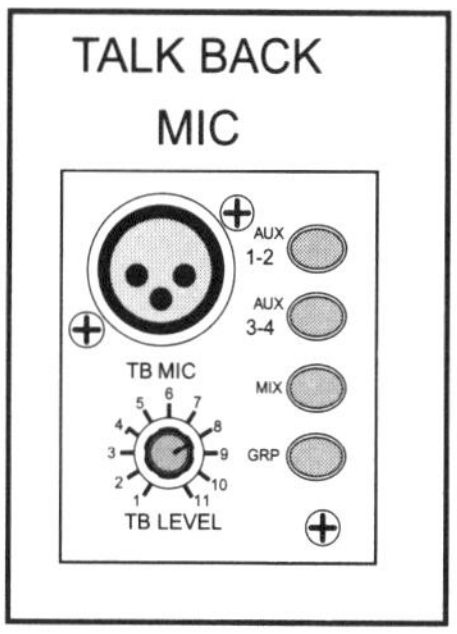

图2-24

AUX MASTER辅助输出总音量控制

辅助输出总音量控制是辅助输出音量的总控制，这些输出和混音主输出是分开的，我们把它视作额外的输出，也可外接效果处理器或当作监听讯号。

MONO CHECK

通常耳机输出端可监听混音立体讯号，按下MONO CHECK键之后，即变为左右声道输出之和，可检查相位问题，主要输出并不受此键控制。

图2-25 辅助输出，辅助输出倒送 群组输出及立体倒送说明

可接12 VDC的灯以利于黑暗中工作

负责控制辅助输出Aux1~6的总音量

辅助输出 AUX1，AUX2 倒送音量控制旋钮可控制送往 AUX1 或AUX2 监听喇叭效果音量大小

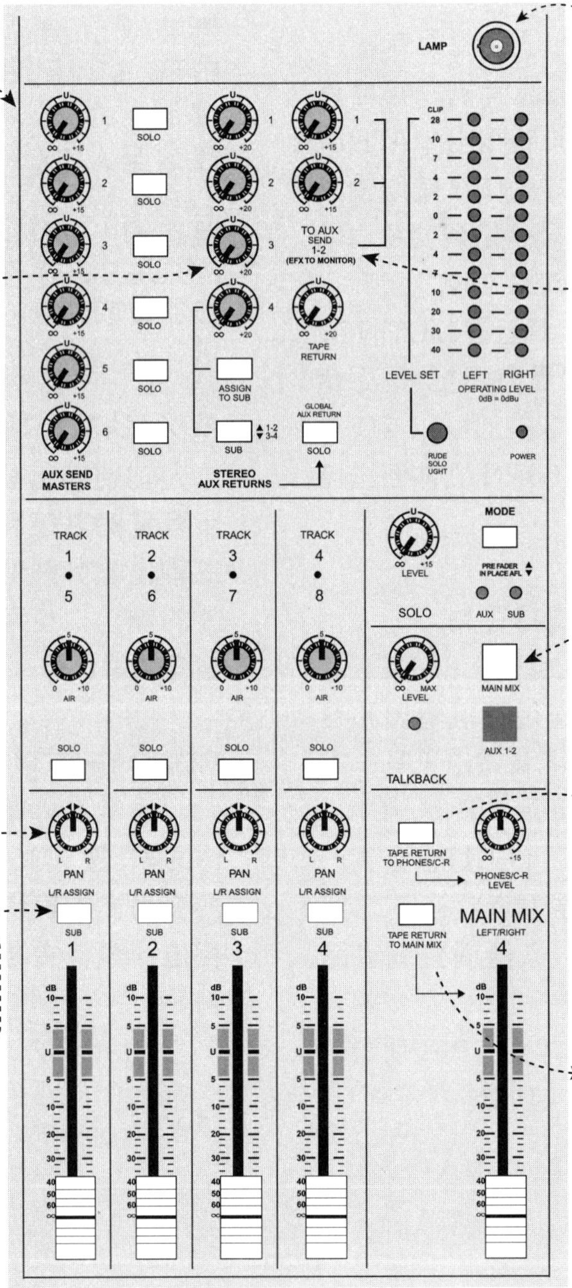

辅助输出立体倒送有4组，可以提供4种不同的效果器，第4个辅助输出倒送还可以分配sub群组，至于分到1-2或3-4则由sub键决定（不按为1-2，按下则为3-4）

TALK BACK 对讲麦克风音量旋钮，按 MAIN MIX 可和观众席区域的工作人员讲话，按Aux1-2 可和Aux1、2 舞台表演人员讲话

音场位置由Pan决定

按下 L/R Assign 键就会把Sub 1的讯号送往 Main Mix 主要混音输出

TAPE RETURN 通常接录音机或CD 等立体音源，如果要将 TAPE RETURN 讯号送往耳机或控制室就要按此键

同理要将TAPE RETURN 送往主要输出就要按此键，否则没有声音，音量大小由上面 TAPE RETURN音量旋钮控制。

MUTE MASTER 群组静音开关

群组的静音开关，可以控制任何一个被设定到静音群组的声道，只要按下M1~M4键，所有相关声道即被静音，LED灯也会亮。

METER 电表

三色电表可监视所有输入、群组和混音讯号，电表为峰值式显示。通常电表有两条LED灯显示，表示混音左、右声道的输出，如果按下PFL或AFL键，则只显示被按声道的讯号。

混音机要能同时提供平均值反应型(VU)和峰值反应型(PPM)电表，如果你认为电表没什么大不了的！那么我们需要解释一下：VU代表音量单位，早期的混音机和录音座都是利用机械式指针表头，这些电表对某些瞬间音响，例如：击鼓，指针移动的速度来不及，无法正确地表示出来，但是它们确实表示出人类可以接收音量的形式，换句话说大声、长音和同样大声的短音，在平均值反应型电表上，前者的数值会比较大，这样的功能使VU表可以统计声音的响度，但是却不能表示短暂的突波，因此就无法警告我们这些突波峰值也许已经产生过载讯号了。例如：大声的小鼓在VU表上读出10dB，其实它真正的峰值电平是比较高一点的。

图2-26 电表

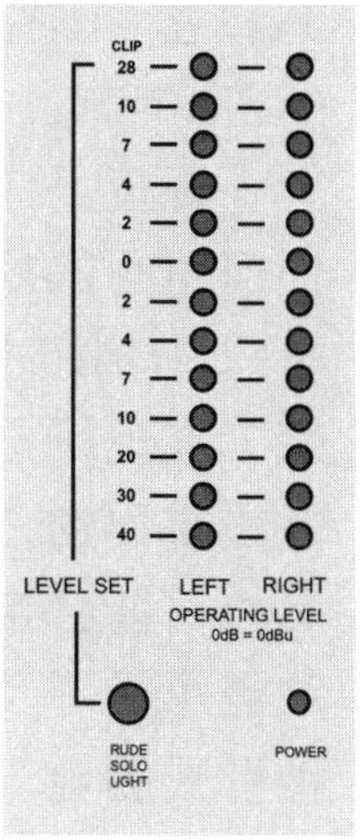

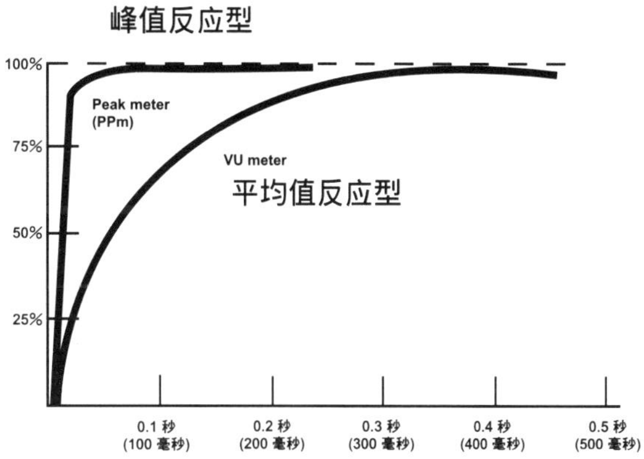

图2-27 平均值反应型及峰值反应型电表响应图

▲请注意:VU和PPM表上，0dB的输出和输入电平即表示为专业+4dBu标准。

峰值反应型电表是为了要记载任何讯号的峰值电平，不论其时间多短暂(例如小鼓)都能正确地显示出来。在现场成音工作上，这个功能是很重要的，因为短时间的削峰失真也可能会带给喇叭系统的高音驱动器承受不了的压力，提供以上两种形式的电表，无非是希望你更有能力控制全局。

STEREO RETURN 立体倒送

立体倒送可将讯号送往立体混音输出或配对的群组输出，适合用来外接回音器、效果器、键盘或其他副混音器输出，如果不用，音量钮要完全关掉。有些厂牌的立体倒送甚至还附有HF和LF EQ调整。

5.接线CONNECTION

有一天接到客户的电话，埋怨我卖他一台不能调音量大小的混音机，我先问明状况发觉音响系统的周边设备是正常的，混音机也有输出，扩大机、喇叭也都在工作，只是MASTER FADER主要输出推杆没有作用，我问他扩大机的讯号来源是接到混音机的哪一个输出端子，他说：“一堆英文有看没有懂！”我请他一个字一个字念给我听，才发现原来他接到MAIN INSERTS主要输出插入点。

大家不要小看接线的工作，完全正确的接线才能确保系统运转正常，不会有意料之外的事发生，我们一定要预留工作时间，匆匆忙忙最容易出错，事前规划也很重要，搭配各品牌的电子设备时，若将其所需要的接线及接头弄错，就麻烦了。

以下范例及解说主要是让读者更容易了解各种场合准备工作的细节，仔细的看图及解释可以很快地吸收前人的专业经验。

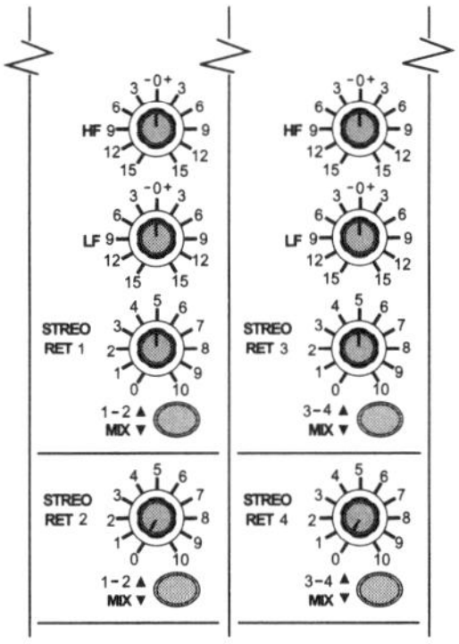

图2-28 立体倒送

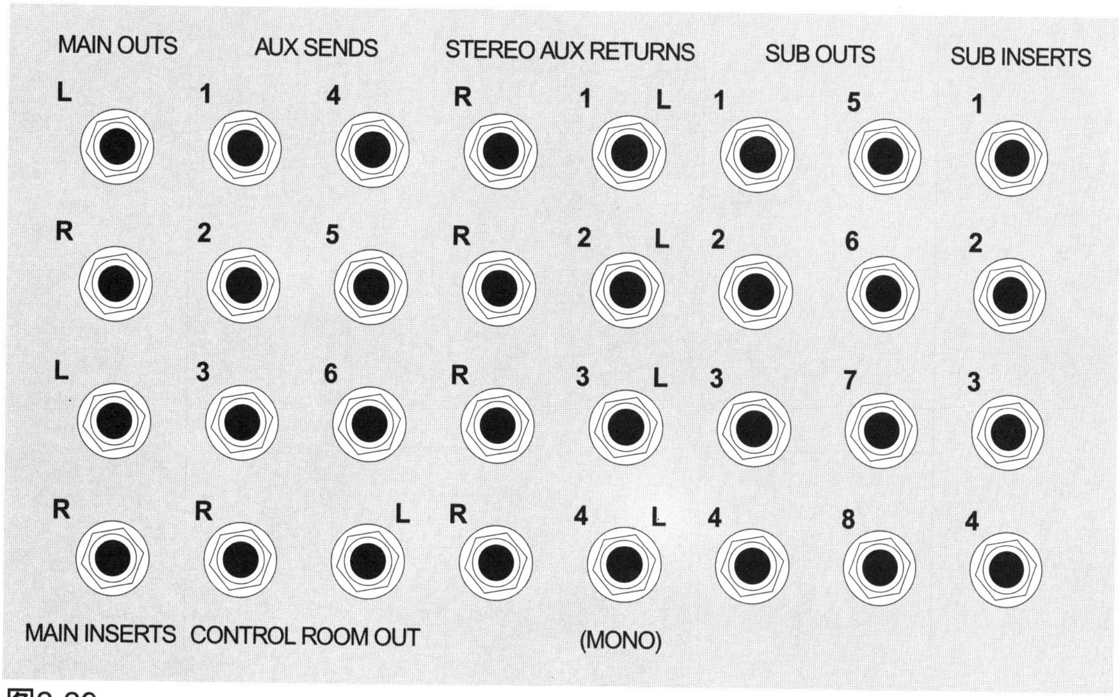

图2-29

MAIN OUTS 主要输出接主场扩大机及喇叭系统。

MAIN INSERTS 主要插入点，可以插入声音处理器。

AUX1～6 SENDS 辅助输出1～6可接效果器或监听喇叭系统。

CONTROL ROOM OUT 控制室输出接控制室扩大机及喇叭系统。

STEREO AUX RETURNS 立体辅助输出倒送可接效果器的输出，或当作额外的立体音源输入。

SUB OUTS 群组输出可建立另一组喇叭系统做监听或外场的补强。

SUB INSERTS 群组输出插入点可插入效果器，针对各群组做个别声音的处理。

（MONO） 如果立体辅助输出倒送所接的音源是MONO的，就只接L左声道。

舞台监听混音机使用实例

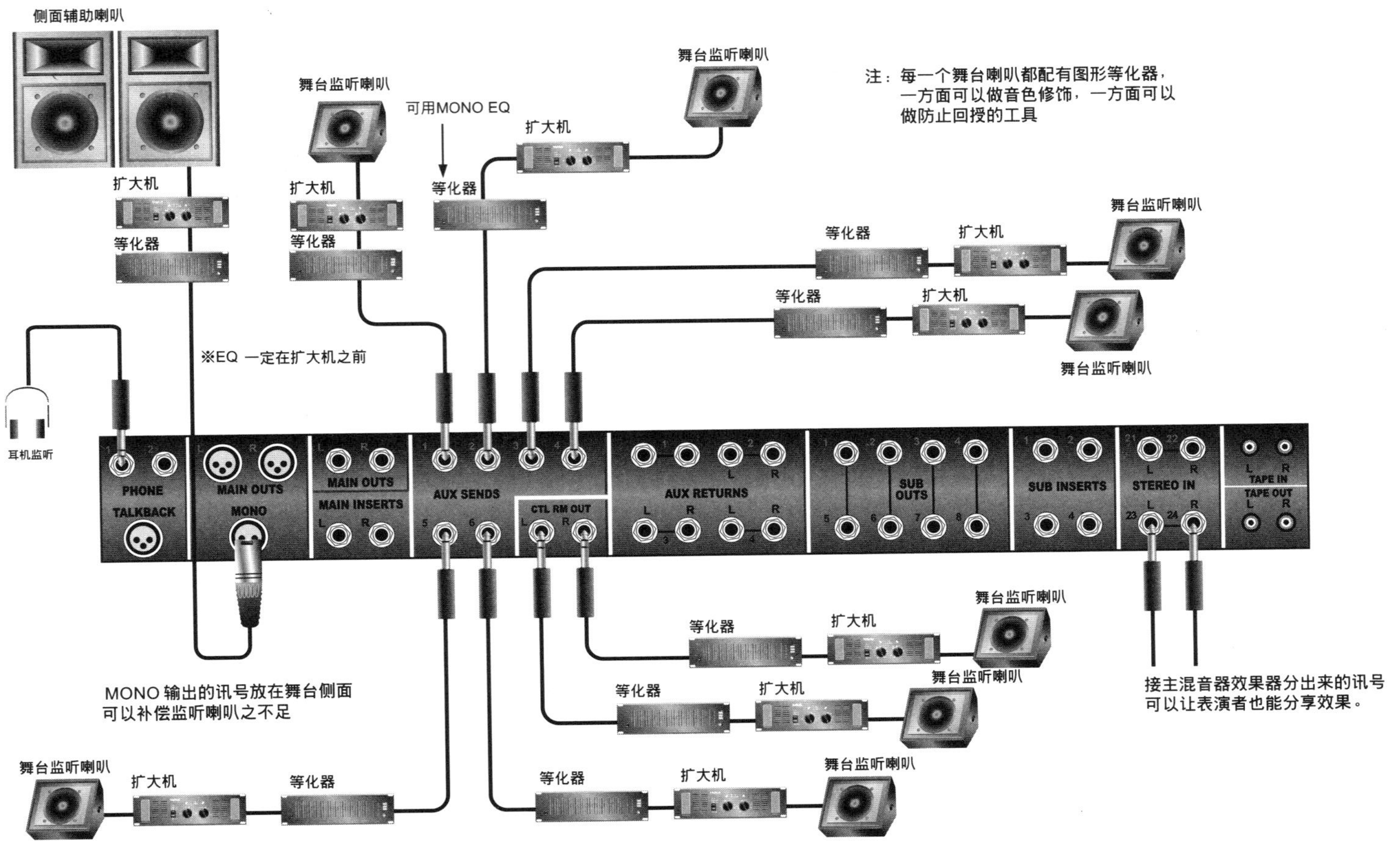

舞台监听混音机的使用方法和FOH主场混音机(Front Of House)不一样，一般都放在舞台侧面，由专人控制，AUX输出全部都送给舞台表演者，每一个表演者都可以有自己的监听喇叭，都可以选择自己想要听的其他人声或乐器的声音，因此所有AUX都要切换成Post Fader推杆之后，以便操控者可直接用Fade控制音量大小。

教堂PA系统实例

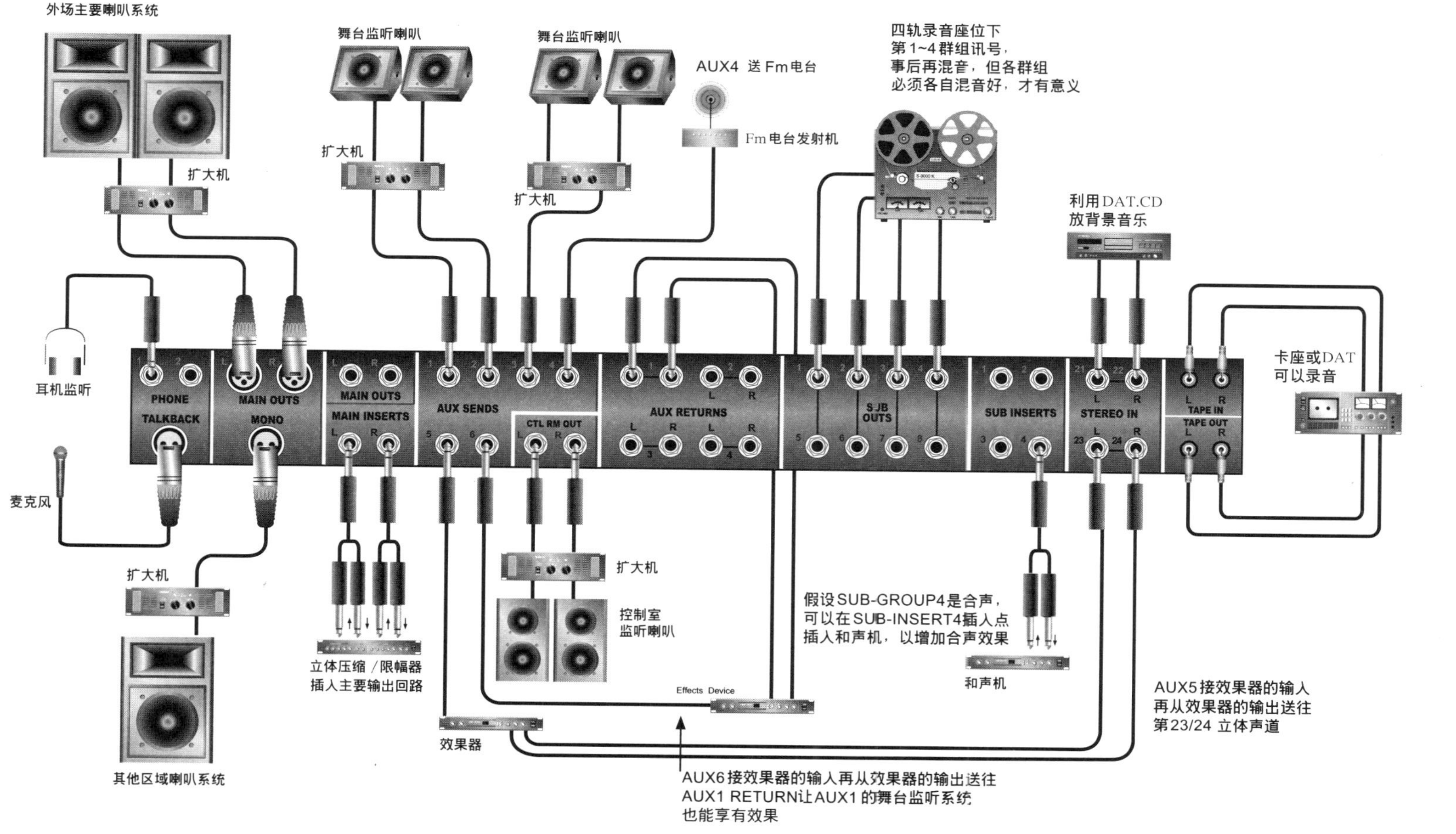
外场主要喇叭系统
扩大机
舞台监听喇叭
扩大机
舞台监听喇叭
扩大机
AUX4 送 Fm电台
Fm电台发射机
四轨录音座位下
第1~4群组讯号,
事后再混音，但各群组
必须各自混音好，才有意义
利用DAT.CD
放背景音乐
耳机监听
PHONE
TALKBACK
MAIN OUTS
MONO
MAIN OUTS
MAIN INSERTS
AUX SENDS
CTL RM OUT
AUX RETURNS
SUB OUTS
SUB INSERTS
STEREO IN
TAPE IN
TAPE OUT
卡座或DAT
可以录音
麦克风
扩大机
其他区域喇叭系统
立体压缩／限幅器
插入主要输出回路
扩大机
控制室
监听喇叭
Effects Device
效果器
假设SUB-GROUP4是合声，
可以在SUB-INSERT4插入点
插入和声机，以增加合声效果
和声机
AUX5接效果器的输入
再从效果器的输出送往
第23/24 立体声道
AUX6接效果器的输入再从效果器的输出送往
AUX1 RETURN让AUX1的舞台监听系统
也能享有效果

录影带或视听软件后制作实例

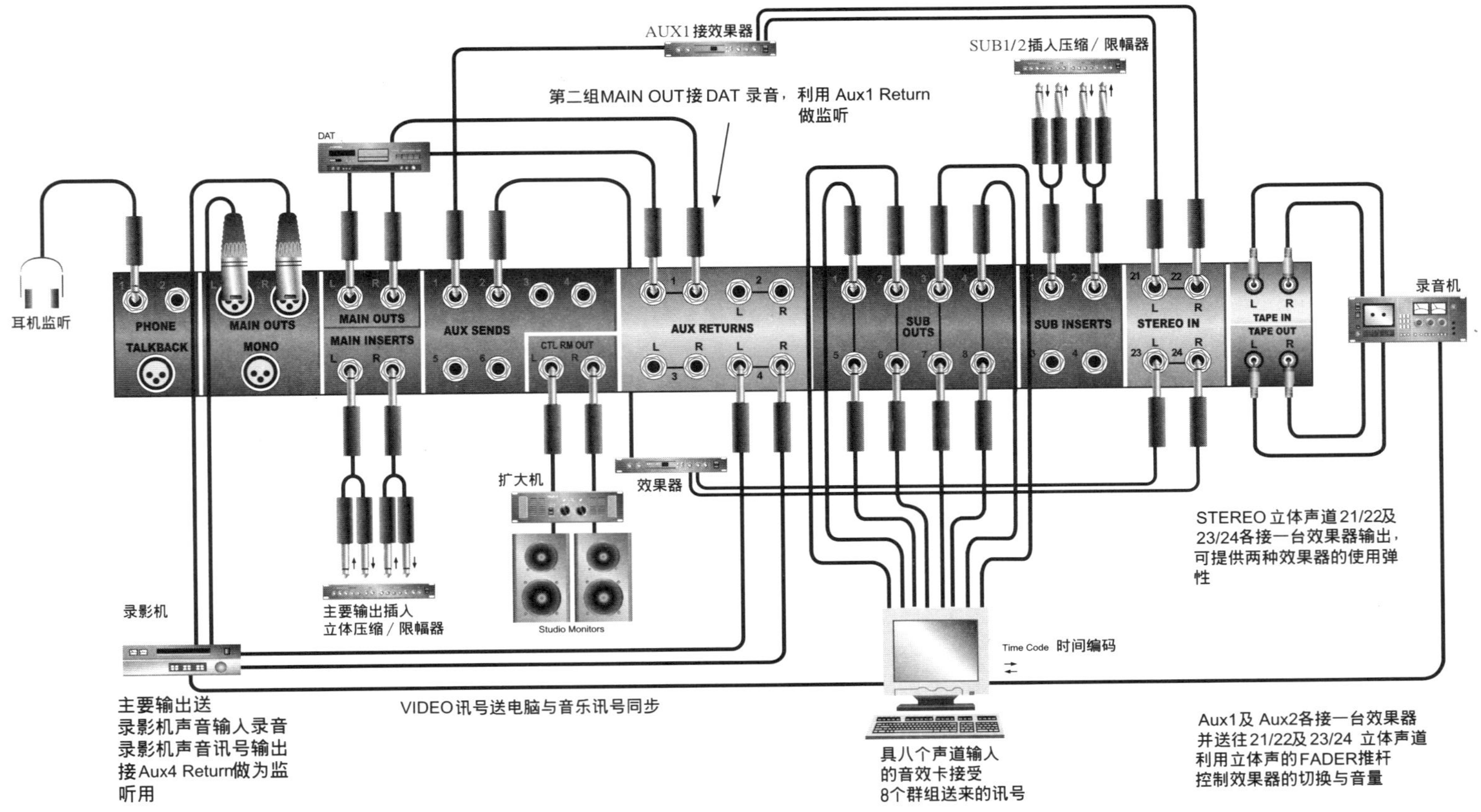

八轨录音接线实例

1. Aux1 及 Aux2 送耳机放大器让录音者用耳机监听。
2. Aux3 及 Aux4 各接一台立体混响机 #1及#2 分别送回 Aux1 Return 及Aux2 Return让耳机使用者也有混响效果。
3. Aux5 接立体混响机 #3 送回 Aux3 Return 让所有混音机输入声道共用混响效果。
4. Aux4 Return作为DAT监听使用。

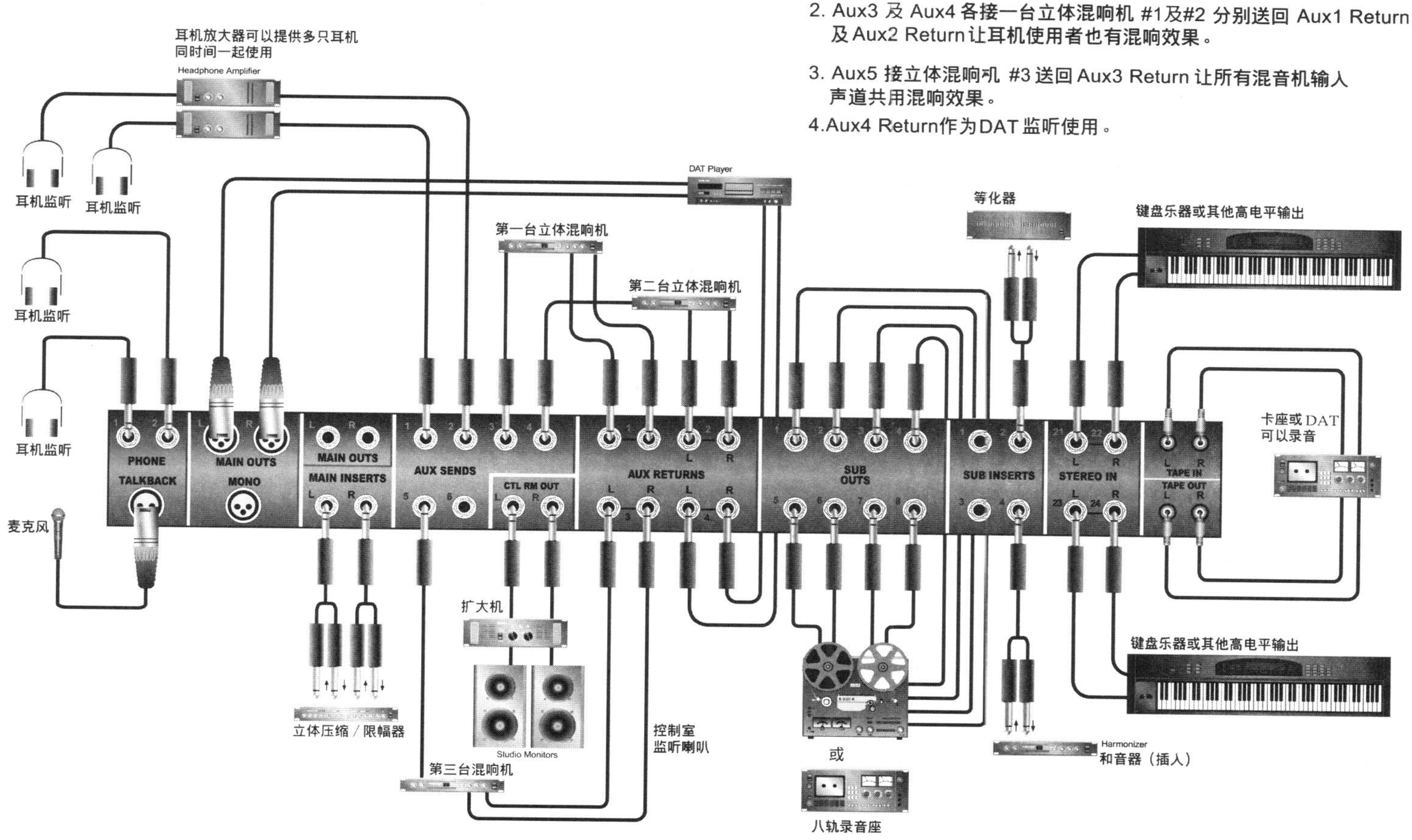

录影带剪辑后制作

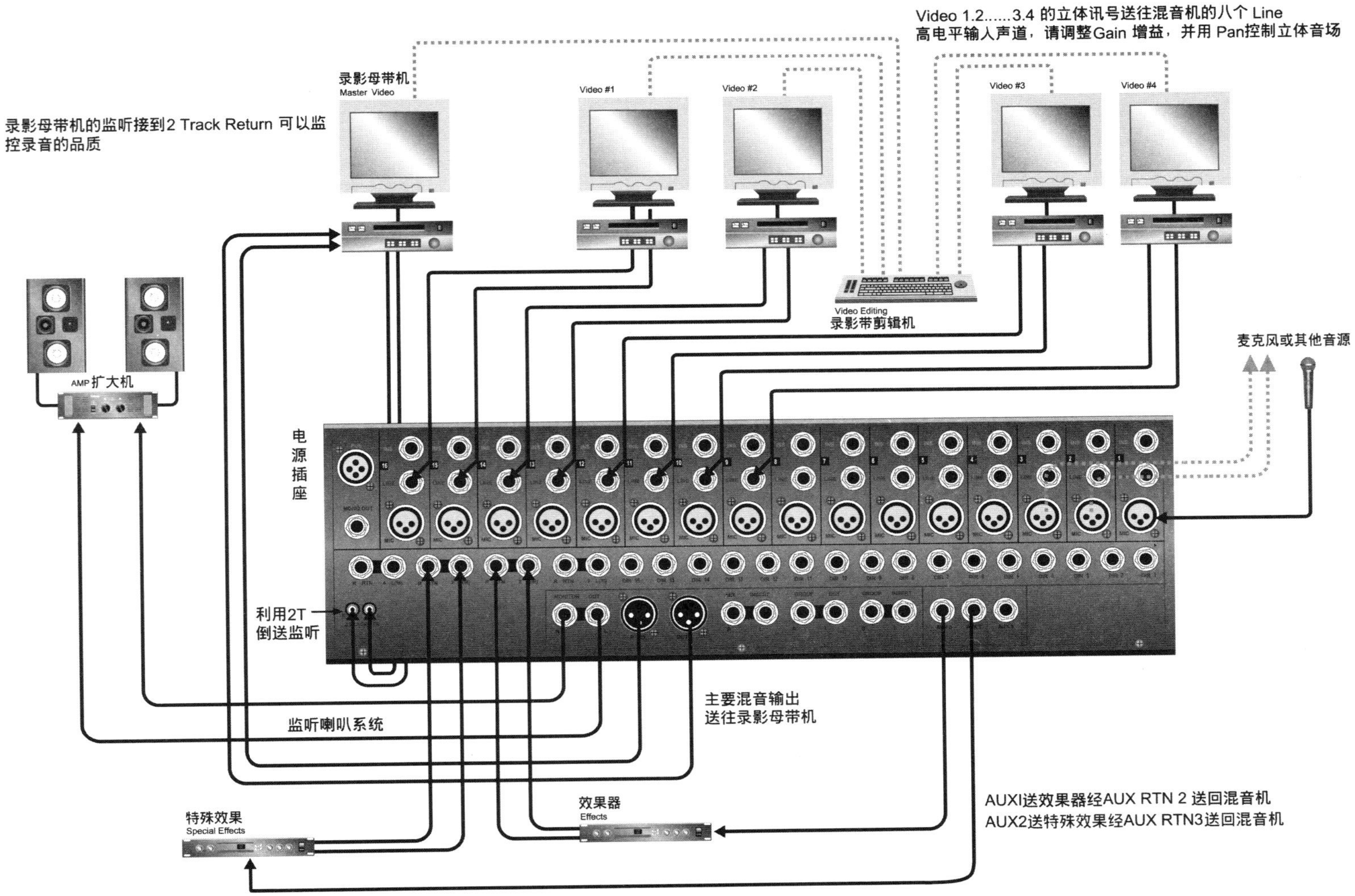
Video 1.2......3.4 的立体讯号送往混音机的八个 Line
高电平输入声道，请调整Gain 增益，并用 Pan控制立体音场
录影母带机
Master Video
Video #1
Video #2
Video #3
Video #4
录影母带机的监听接到2 Track Return 可以监
控录音的品质
Video Editing
录影带剪辑机
麦克风或其他音源
AMP 扩大机
电源插座
利用2T
倒送监听
主要混音输出
送往录影母带机
监听喇叭系统
效果器
Effects
特殊效果
Special Effects
AUXI送效果器经AUX RTN 2 送回混音机
AUX2送特殊效果经AUX RTN3送回混音机

处理器的连接

不论何种PA场合，混音机都可能外接声音处理器或效果器，虽然原理很简单，但是有一些基本规则需要说明一下。

通常有两种基本的音效周边设备：一、处理器、二、效果器，他们的区别不在于如何使用，而在于他们处理讯号的方法，处理器处理整个的讯号；效果器则混合了原始声音和被处理过的声音，通常都牵涉到一些延迟的处理，原始音(Dry)和被处理声音(Wet)的混音可以在效果器内完成，也可以在混音器上完成，分辨处理器和效果器的功能很重要，因为是有特别的规定如何将器材连接在混音器上。

效果器 EFFECT

效果器最好接在混音器的辅助输出Aux Send和辅助音效倒送端Aux Return或叫Effect Send & EFX Return，效果器通常都从混音机Fader推杆之后送，因此效果音电平和原始音电平的比例将被各声道Fader推杆控制，如果效果器从Fader之前送，那么效果电平将永远保持一定，即使将原始音关掉都不会改变，在录音室里，可以利用此特性去创造新的用法，但是，在PA现场的状况，最安全的作法就是永远从Fader推杆之后送讯号给效果器。

混音机的辅助倒送最好有立体输出，适合接驳立体声音处理器，再者，四个立体效果倒送也可指派到左、右混音主声道或立体群组，

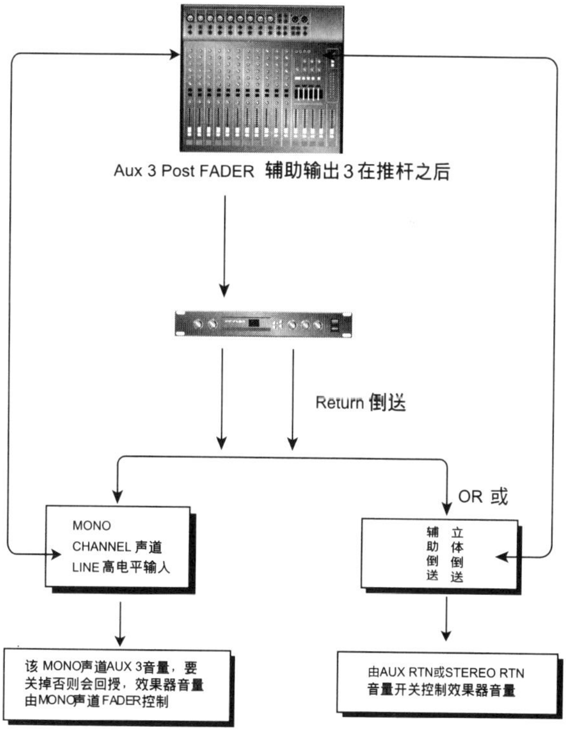

简化了全部群组加入效果的方法，当然也节省了珍贵的输入声道。

效果器的Mono或立体输出应该送给立体效果倒送输入端(如果是Mono讯号就插其中一只，一般为L声道)，万一效果倒送输入已经客满，那只能使用混音机某声道的高电平输入了，对于多台的立体效果器使用立体高电平输入声道是非常理想的。效果器的混合控制钮应该调整在只提供处理过后的效果声(Wet)，因为原始音(Dry)已经由混音机汇入混音当中，如此一来，利用混音机上各输入声道自己的辅助输出钮，即可独立的调整好本声道音源所要加入的音效成份大小，我们得注意，很多表演场所的空间混响已超过实际需要，如果我们再加太多人工混响效果，一定会减低了人声的清晰度。

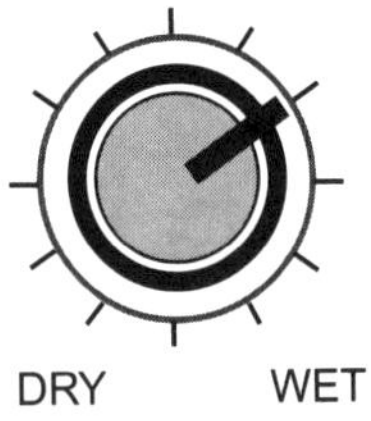

▲ 注意:若某一个声道被用作为效果倒送的话，一定要将其辅助输出调整钮逆时针关到底，否则会产生回授，举例来说，如果Aux4输出给混响机，如果倒送给混音机的立体高电平声道1，那个立体高电平声道1上的Aux4旋钮就要关掉，立体输入声道非常适合用作效果倒送。

效果器也可以接在各声音的插入点，这种接法我们就得利用效果器Dry/Wet的平衡钮来调整效果，每一个Mono输入声道和主要立体输出都有插入点。一般原则，接在辅助输出系统的好处是每一个输入声道都可以分享同一个效果器。然而键盘、录音机等高电平设备，效果器可能会直接接在音源和混音机输入之间，因此Dry/Wet的平衡将由效果器本身来调整。这种方法适用于立体输入声道，因为一部立体的处理器就能处理像魔音琴或取样机输出的立体讯号。

讯号处理器

SIGNAL PROCESSORS

处理器和效果器不同，它可以接在高电平音源和混音器高电平输入之间，或者接在插入点，插入点可以接压缩器Compressor或等化器，用来处理全部的立体混音，处理器也可以接在mono声道的插入点上，以处理个别的讯号。如果我们没有用跳线盘，就必须准备Y型讯号线去接混音机的插入点。Y型讯号线将立体插头转换为两个Mono插头，就是将立体插头的Tip端点和Ring端点各别接两个Mono头，两条Mono讯号线的Screen隔离网都焊到立体头的Screen。

立体插头插入混音器插入点，两个Mono插头分别插在处理器的输出及输入上，接在立体插头Tip的讯号线负责传递处理器的输入，接在立体插头RING的讯号线负责将处理器的输出送回混音机。不想做线的人，市面上也买得到立体双Mono的转换头(Y型讯号线的说明，详第十章)。

处理器通常不接在辅助输出和倒送的回路，因为这种接法的效果不可预期，也不令人满意，大多数处理器都在高电平工作，我们不可能将麦克风直接插到处理器里。

讯号处理器的接法

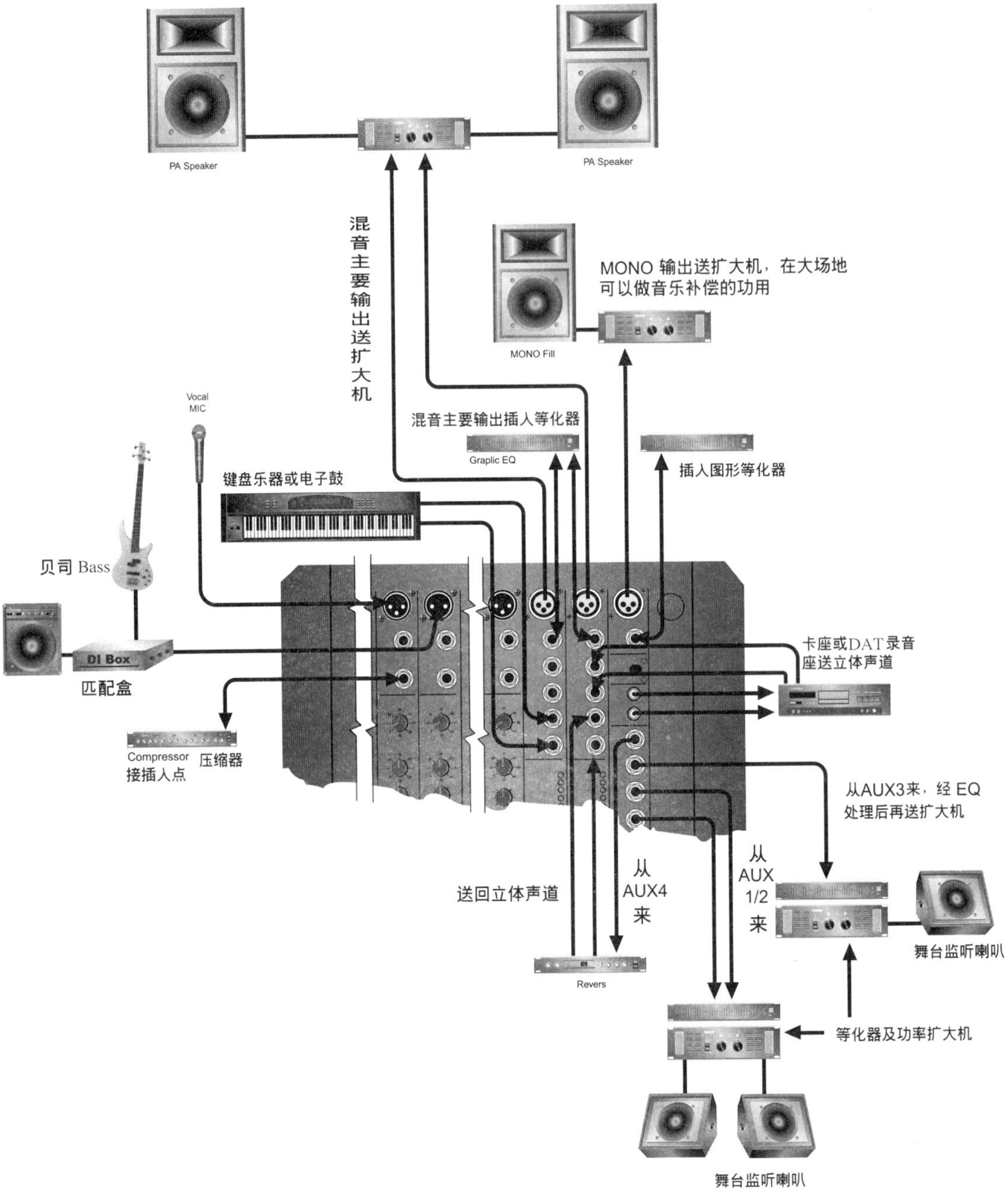

PA Speaker
PA Speaker
混音主要输出送扩大机
MONO 输出送扩大机，在大场地可以做音乐补偿的功用
MONO Fill
Vocal MIC
混音主要输出插入等化器
Graplic EQ
插入图形等化器
键盘乐器或电子鼓
贝司 Bass
DI Box
匹配盒
卡座或DAT录音座送立体声道
Compressor 接插入点
压缩器
从AUX3来，经 EQ 处理后再送扩大机
送回立体声道
从 AUX4 来
从 AUX 1/2 来
Revers
舞台监听喇叭
等化器及功率扩大机
舞台监听喇叭

☞ 6. 如何选择PA混音机 PA MIXER

其实，所有的混音机都做着相同的工作，我们所要求的是当各种录音或现场表演出状况时，混音机可以处理得多好、多快和应付现场变化多端的程度，以最普通水准来说，所有混音机都用来结合两个或两个以上的音源讯号，控制调整他们相对的讯号电平，依各混音机特殊功能条件，混音机所搜集的讯号可以分派到不同的输出端子(例如：多轨录音使用)，而且在各讯号回路还可以经由外接效果设备(例如:混响机REVERB或回音机ECHO)，将其等化或做声音处理。

现代高级电子设计理论的发达，没有理由做不出来一部低价位专业级品质的混音机，关键在于这种混音机操作是否宁静?控制面板是否符合人性设计?是否有足够的余裕以避免失真?我们更需要知道，讯号回路系统是否可以处理复杂的混音工作?是否有足够的辅助输出可让我们外接所有的效果机及设定给演出者监听之混合讯号。符合以上的需求，外型轻便，高品质、高机动性的混音机，一般都有8/12/16/24/32/40组MONO声道输入，三段式等化，立体输入声道也有两段式曲柄形等化(Shelving)，可以仔细地将效果及音乐特性调整出来。除了主要立体输出MAIN OUTPUT，还具备四个混音群组GROUP输出，这样的配备可以再创造副群组混音功能，也可以做多轨录音工作。

很简单 便宜又大碗 原则！

☞ 7. 混音机摆设位置

最理想的混音机摆设位置应该让调音工程师坐在和观众听到音响一样的位置，这可能要拉很长的讯号线，及使用适当设计的输入电路：一条多芯讯号线MULTI-CABLE和舞台连接盒STAGE BOX就可以实际地解决这些问题，这些多芯讯号线应该个别接地隔离，而不是多芯共用单一的隔离。

功率扩大机POWER AMPLIFIER应放在靠喇叭愈近的地方愈好，避

但我们仍然必须保存一个安全空间去避免最高电平部份产生的失真，这样不仅确保讯号电平大得足以压过并忽略背景的杂音，还可以在避免失真之下保持讯号的清晰。这个安全空间在音响的专业术语叫做“容许范围”(余裕Headroom)。好的设计是使用非常低噪音的电路，但是仍然提供很大的容许空间，以避免某些不可预料的讯号峰值引起的削峰失真，PA现场演出时，混音器具有足够的容许空间在实际运用上是很重要的，因为现场讯号电平大小是难以预料的，一部容易产生削峰失真的混音机，加大了损害高频驱动器的危险机率。

电表的设计是将最佳讯号电平设在0VU处，这样的安排可以留下很大的余裕空间去应付那些不可预料的讯号峰值，要监控真实的峰值讯号电平，请使用峰值显示型电表，而不是去看平均值显示型电表。

免使用太长的喇叭线，喇叭线要使用高电流流通量的线，如果错误的使用乐器的讯号线将导致功率和透明度的损失。

☞ 8. 设定增益 GAIN

所有电子线路(也包括混音机内部的电路)都会产生低电平的电子杂音或嘶声，虽然可以利用细心的设计把它降到很低，可是绝不可能完全消除，然而输入讯号电平过高却会使音响系统电路产生失真，因此，设定输入电平必须非常谨慎，才能得到最好的声音品质，理想状态当然是输入电平调整至愈高愈好，

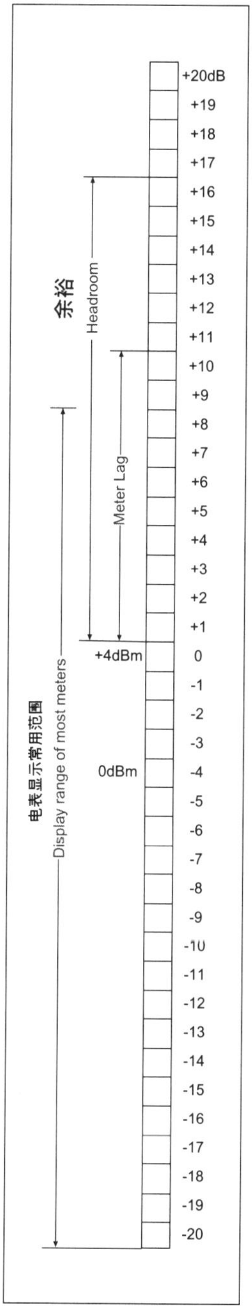

音量表

9. 设定输入增益的程序

(1) 按下欲调整声道的PFL键并经由耳机监听。

(2) 调整输入增益控制钮，以没有突波讯号的人声为例，右上方的LED音量指示表会显示在大约“0”的地方，如果是小鼓声，就得提高至大约+8，这个程序必须在每一个声道重复设定，才能进行其他工作。

如果增益设得太高，则余裕被减少，峰值失真的可能性相对增加，相反地，如果输入增益太小，我们必须在混音机其他部份加以补偿，最后的结果可能只是弄出一大堆不必要的嘶声。

▲请注意：通过效果器的讯号大小也必须调整在最佳状况，辅助输出的控制钮转大约3/4，然后在效果器上调整输入增益，使得讯号峰值大约在效果器本身电表0VU的地方，任何效果器接在插入点，一定也要利用它们本身的输入增益控制，把增益调至最佳状况，如果效果器有输出电平控制，也应该在最初设定时转到3/4处。

处理器接在输入声道或主要输出的插入点时，如果他们可以设定在+4dBu(不是-10dBV)工作就可以不需修改而直接发挥最好的效果.因为所有的插入点都在0dBu高电平中工作。

增益调整的精准应该是工程师的好习惯，也应该是例行公事，我们花一些时间及心思在舞台前仔细设定好，一定能发挥PA器材百分之百的潜力。

假设音响系统在混音机主要输出推杆0dB位置时，在距离舞台10公尺处测得音压为85dB时如果音量需要调整，在电表未达巅峰失真条件下，将推杆推至+5dB位置时，我们即可得知相同位置的音压已变为90dB；推杆退至-5dB位置，则可在该处测得约80dB的音压，有此相对的结果，我们才能知道推杆移动之下，到底改变了什么。

10. 眼观四面，耳听八方

选择混音机另外一个重要的因素是机器能否很容易又很快速地监听到混音的每一道组成单元，如果没有追踪讯号路径的功能，那么在演出的时候要诊断声音的病情，再去对症下药就很难了。

监听系统的精心设计，使得控制面板可以正确地告诉我们那一个讯号是正在被监听的，现场演出的场合，耳机输出可以用来监听某关键声音讯号而不会干扰到表演，只要轻轻按一下开关就可以检查辅助输出5、6或7、8，群组1~4或甚至立体倒送音量旋钮之前的电平，这表示我们可以检查某效果器是否正常工作(即使效果倒送电平被完全关掉)，经由一对峰值显示型电表，我们可以看到任何被选择音源(需要检查)的音量大小。

11. 回授的去除 FEED BACK

如果需要使用图形等化器帮助克服室内建筑声学的缺陷，我们可以把它加在混音机输出和后级扩大机输入之间，也可以把图形等化器加在混音机和舞台监听扩大机之间，帮助避免回授问题。

使用图形等化器值得注意的重要观念是利用衰减的形式去调整，比利用增强的形式调整好，因为这样才能产生较自然的声音，也减少了回授的机率，决定喇叭摆设的位置也可以帮助减少回授，把麦克风指向喇叭箱是绝对禁止的!

大型系统里图形等化器常用在舞台监听系统，因为监听喇叭密集和麦克风之间产生回授的机率大增，我们需要图形等化器帮忙减低其机率。

测试音响时，通常的程序是慢慢地把系统音量增大到产生回授，然后利用等化器把最先发生回授的频率衰减，训练有素的工程师几乎可以马上找出正确的回授频段位置，但是经验差的使用者只好给他们机会去试了！解决第一次回授的频率后，再把增益加大到又产生回授，然后再用上述方法利用EQ去衰减这次肇祸的频率。

等到几乎所有会产生回授的频率都被抓出来修理好以后，系统增益应该降大约6dB左右，以便预留一点容许空间(余裕)，其他细节调校其实可以不必去烦恼，因为当观众进来了，或者气温升高或湿度的改变，都会使室内音响空间变得不一样!

尔来拜数字科技贡献之赐，市面有回授终结者的产品问市FEEDBACK DESTROYER，其使用方法和本节叙述类同，只是由微电脑来帮助我们计算衰减回授频率的程度，记忆回授的频率，其等化Q值非常大，如此可减少影响相邻频率，而产生不自然的副作用。

12. 设定PA的混音 INITIAL SETUP

＊开机时，所有扩大机音量关至最小，这样可以避免产生不被欢迎的回授以及保护喇叭。

＊先将EQ转至平坦位置或无增益、无衰减位置，将每一声道的输入增益调整好。

＊如果有低频背景噪音问题，

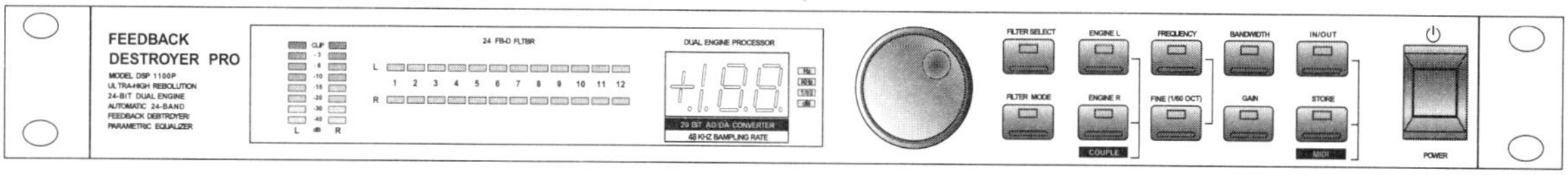

BRHTINHGER

将所有使用中的麦克风声道高通滤波键打开。

＊利用人声麦克风测试整个系统，利用等化器去补偿修正被抓出来的任何惹麻烦的频率，最好是用1/3八度音的等化器，例如ARX的EQ 260等。

＊先设定主要人声麦克风的最大工作电平，使不产生回授，然后减弱一点，保留一些容许范围(余裕Headroom)，多参考前一节的说明及经验。

＊设定背景人声麦克风，然后检查主要人声和背景人声麦克风一起使用时不回授。

＊如果回授，则减少主增益控制直到停止回授，如果回授还有问题，请考虑将PA喇叭往前移一点，而且还要检查舞台背后是不是将声音反射得很厉害，以致某些从房子产生的声音又反射到麦克风里，增加了回授的机率。

＊现在再比对人声麦克风音量对乐器麦克风和其他Line高电平输人电平的大小。

＊最后检查所有与混音机连接的效果器，正确的设定未处理和处理后声音的混音比。

＊尽量避免过度使用等化器，因为它会增加回授机率，也可能弄坏了声音基础的本质，我们不要把EQ当做是一种可以得到显著效果的机器，而应该将之视为一种微调的工具。

舞台监听喇叭的使用也会使回授现象变得更糟，我们送的音量只要让表演者能舒服地听到就好，不必太大声，而且音箱的位置不要正对麦克风。

其他的监听系统还有一种装在三角架上的小监听喇叭或者请表演者戴上耳机监听，监听系统里等化器是需要的，因为它可把产生问题的频率解决掉，监听喇叭音量校准的程序和FOH系统一样，但是最后的校正一定要和FOH系统同时进行，才能确保两个系统不会互相干扰而破坏或甚至中止重要的表演。

＊将混音器摆在可以听到舞台表演的地方(像观众一样)，确定你可以清楚地看到所有表演者。

☞ 13. 现场成音混音秘诀

＊机器摆定位后，功率扩大机要最后开机，开机前确定混音机音量开关要先关掉，这样做是为了防

止效果器或乐器打开电源时产生低频的扑声。

＊不要在鼓或吉他扩大机前面试人声麦克风。确定喇叭不会被观众阻挡，而且大部份的声音可以直接打向观众，不是打向后墙或侧墙。

＊首先设定人声麦克风，因为人声如果听不到，再好的鼓声也没有用。

＊将人声设于音场中央，不仅可使人声较自然，也可以提供一个产生回授之前最大的人声音量，再者，因为左、右两边的喇叭都可同时发出人声，使人声音量够大，却不会产生失真。

＊不用的麦克风把它的音量关掉，可以减低回授机率也可以避免拾取舞台上不必要的声音。

＊一定要保留一点增益弹性，以防表演途中临时需要加大音量。避免在小型PA系统送人大音量的低音吉他或低音鼓声，因为这些讯号很可能使PA系统过载而产生失真，就会影响人声品质，如果您需要利用小型PA系统放大这些讯号，请尝试先将低频率衰减一些，这样才可以使主要的讯号得到较多的音量，且不会将系统过载。也许你已经买了一台混音机在做现场PA的工作，它也可以拿来当录音用混音器，只要它非常的安静，有清楚的讯号路径，操作简单，所做的录音甚至比那些较贵的录音专用混音机还好，你并不一定要是合格的录音师就可以使用的很好。下面几节，我们介绍一些现场演唱和多轨录音的应用。

14. 现场录音 LIVE RECORDING

有8/12/16/24组麦克风输人声道，很适合做现场直接立体录音到DAT、盘式录音座或卡式录音机，准备工作也和现场成音架设差不多，然而把混音器放在另一个房间，不受到现场演唱音量的影响，有助于获得最佳的混音控制。

虽然被录音的艺人有他们各自的PA系统和麦克风，把你的麦克风跟他们的摆在一起，会比试着要求从他们的混音器送讯号过来给你简单得多，专业用昂贵的麦克风分配

录音范例

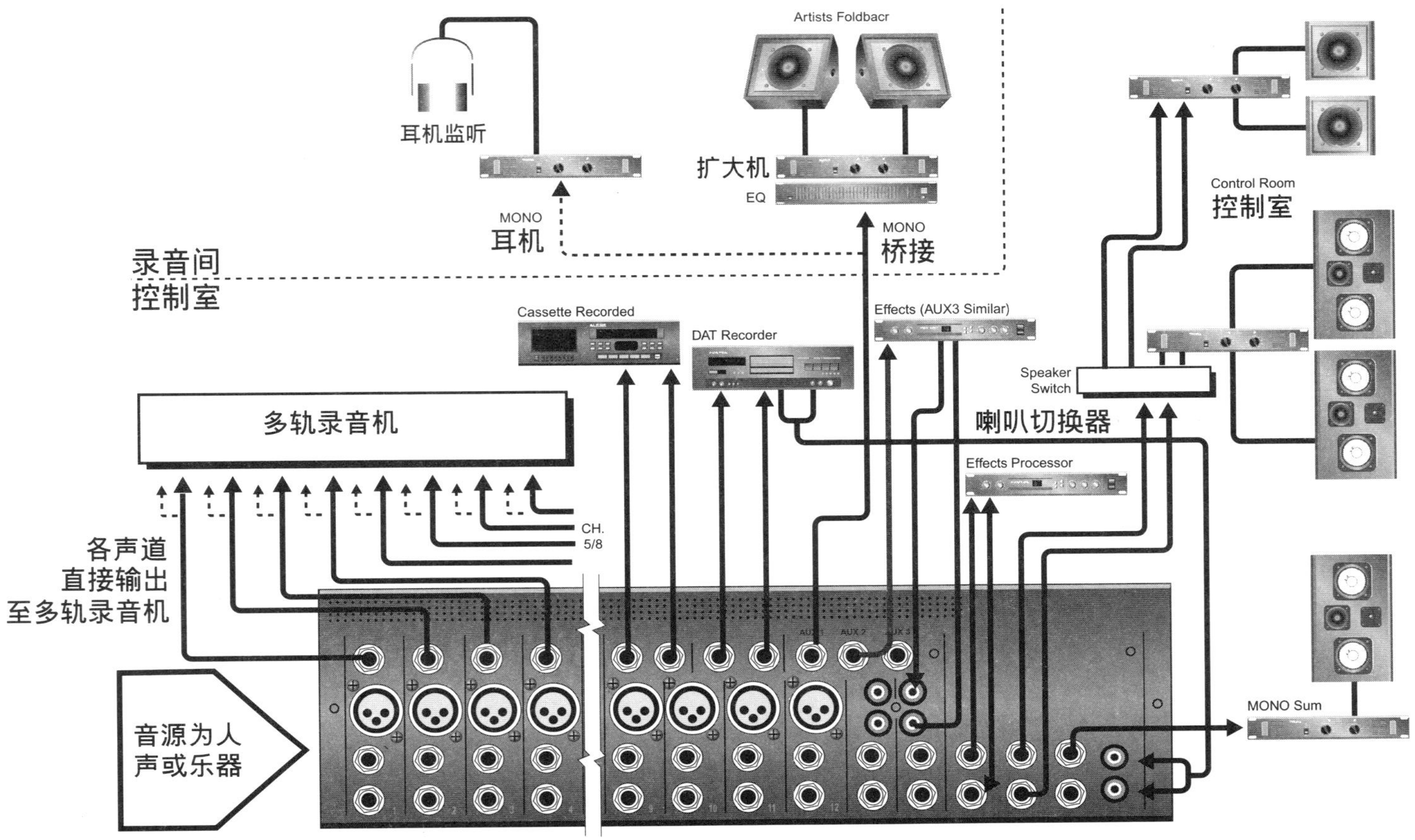

1.AUX1送进录音间给录音者监听。

2.AUX2送效果器，送回立体倒送。

3. 控制室输出接喇叭切换器，利用大小喇叭监听比较，作为混音工作的参考。

4. 各声道将讯号直接输出至多轨录音机。

盒是可以得到另一组从舞台传来的麦克风输入讯号，但是做小场子就不实际了，而且大多数的PA工作者也不喜欢别人的机器接在自己的系统。

当麦克风的数量有限时，最受欢迎的录音方法是用一对麦克风做整体的立体收音，两个声道转到极左、极右去收全部的音源，然后再用剩下的麦克风去加强个别表演者，例如：表演者、吉他和鼓。键盘乐器和BASS吉他的收音可经由主动式DI Box，大多都各有一个插座容许从DI Box在不影响原始讯号路径下输出讯号至混音机。

个别的音源应照着多轨混音那一节讲的做混音，然后用耳机会比

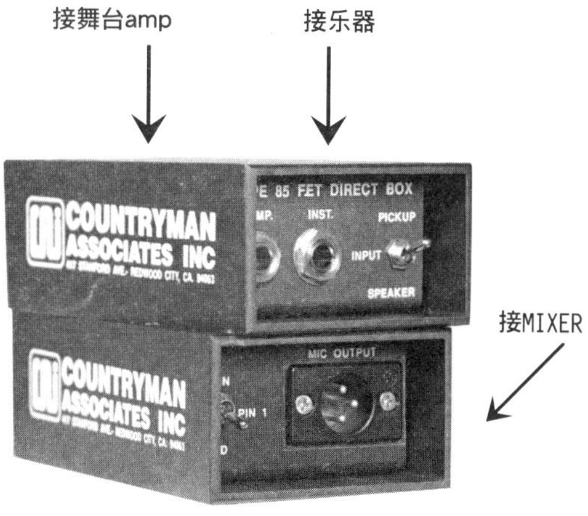

COUNTRYMAN TYPE-85

DI BOX

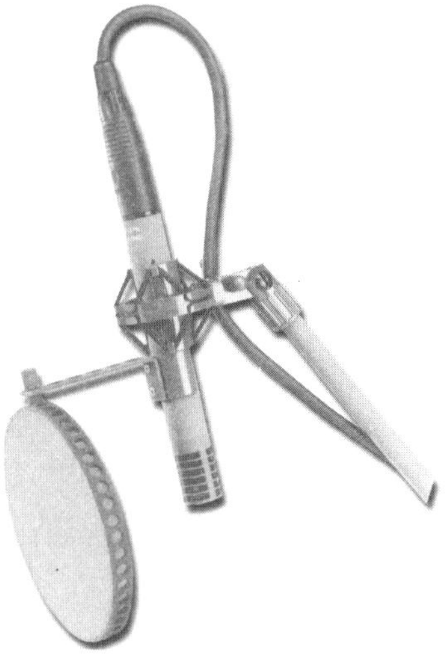

SCHOEPS

口水罩可以防止吹麦，电容式麦克风灵敏度较高，演唱者从口中发出的空气常会产生不悦耳的声音

用监听喇叭实际，封闭式耳机可以适当地隔离外面的声音。注:为防止吹Mic的情形，试试用一块丝网放在歌者及麦克风之间。

15. 视听A/V成音制作

从幻灯片介绍到电影和录影带的声轨剪接编辑，都需要用到混音器。制作过程中常用到已制作完成的录音、CD或录音机的立体音源，混音机的立体输入声道最适合这样的工作，我们只要利用一只推杆和一个EQ控制钮就可以同时调整立体

音源讯号。如果是幻灯片介绍，至少要用四轨录音座：第1、2轨录音源；第4轨录幻灯机控制讯号；第3轨空白。

16. 副混音

现代音响系统可以容纳更多的声音来源，尤其使用MIDI乐器，提供了更多声轨输出，音源数目增加相对地也需要更多输入声道的混音器，但是大型混音器在价格、储放空间和使用复杂性来说，对某些人形成问题，所以加第二台小混音器把其混音输出贯给主要的第一台混音器的做法会比较实际，这种安排叫做副混音。

副混音机把输出贯给大型的录音系统或者主混音机，例如：可以把主要输出贯给另一台混音机两个声道或是辅助倒送。辅助倒送系统最常被使用是因为它能提供一个最短及最干净的讯号路径，而且还可以省下两个输人声道。

17.多轨录音MULTI-TRACK RECORDING

多轨录音需要的混音器要有很多讯号派送和录音监听的功能，因此专业录音室混音器就要求有复杂的讯号路径插接系统和独立的监听线路。群组系统可以轻易地搭配四或八轨录音工作，混音器功能可分为两个部份：录音时混音器一定要能接受范围宽广的输人讯号，适当地混音并送到正确的录音座音轨，它也一定要有提供监听混音的功能，这样音乐家在叠录Overdubbing新的部份能够听到先前录音的内容，甚至给音乐家的监听混音可能需要和混音器主要输出的平衡有差异，例如：在叠录Overdubbing人声时，歌者可能要求人声和节奏吉他声音大一点。等录音完成之后，混音器用来结合和平衡从录音座各个声轨的讯号完成最后立体混音；最后混音时，效果器可能加在个别的音源，或许某些声轨的EQ要做调整。

小的立体混音器，并不是设计从事复杂的多轨录音，但是他们可以同时做录音和监听录音带讯号的工作，八轨录音的摆设方法，利用四个群组把讯号音源送往录音座，可以同时录四个不同的录音带声轨，前八个混音机声道被当做录音带倒送使用。大多数家用的多轨录音工作室使用者，常常每次都利用一或二轨来进行音乐创作，这样可使用的声道业已足够。录音座的输出送往混音机前八声道并将讯号指派到主要左右混音输出，因为讯号路径系统已经可以把同一个声道的讯号同时送给混音和群组输出，所以经由录音机的回授就不可能产生了。

连接的效果器，可以把讯号送往主混音机输出，因此他们的效果可以在多轨录音时听得到，却不会真的录进多轨录音机里，这个功能可以使得在最后进行混音时，每个音轨都可以选择不同的效果器或不同的效果设定。当要将录好的多轨带作最后立体声合成时，我们只要在录到立体录音座之前调校平衡，音场位置和效果电平大小即可。

以上介绍的讯号指派方法很像录音室里专业的工作，好的混音机是在改换录音和混音工作时，不必重新安排接线，再者，因为监听混音在录音时已被调好，所以大部份的最后立体混音工作在这之前已经完成。

因为有简单而干净的讯号线路设计，利用它来做多轨录音，可以比很多大型录音室混音器的水准还高。再者，立体输入声道非常适合连接立体MIDI乐器(通常MIDI讯号都会和多轨录音同步)。

18. 多轨录音混音秘诀

当我们进行多轨录音时，较聪明的作法是将所有低音和主唱人声Pan到中央，背景人声和其他乐器设定到左或右声道，效果器的立体输出通常都设定在极右或极左声道，这样可以产生较宽的立体音像。

先平衡节奏组之后再加其他乐器进来，最后再加人声，这样才不致于将人声音量混得太大声淹盖了其他声音。加一点混响可以帮助产生专业水准的人声音响，混音程度好不好，最好的办法就是打开房门在隔壁听，没有人知道为什么，但这种办法可以马上听出来到底人声太大声或太小声。按下录音座监听键可以听录音带重播的声音。

EQ可以用来加强某些声音的特色，例如吉他或低音鼓，但是自然的声音，例如人声最好只加一点，我们在EQ那一章再讨论。

第三章 喇叭SPEAKER 功率处理的能耐

功率处理的能耐

喇叭的天敌就是承受功率过载，过载是烧坏喇叭的第一号杀手，本章将讨论喇叭如何发声，以及如何损坏。

☞ 1. 喇叭是怎么发声的

喇叭单体将电子能量转换为我们可以听到的声学能量，及我们听不到的热能，当不同的电子能量传至线圈时，线圈产生一种能量与磁铁的磁场互动，这种互动造成纸盆有所动作，因为电子能量随时变化，喇叭的线圈会往前或往后移动，线圈和圆椎式纸盆连接得很紧密，因此圆椎式纸盆、喇叭支承圈和定盆悬环（纸盆周围支撑物）跟着线圈一起同向移动，这些动作搬离了空气而发出声音。

☞ 2. 扩大机是怎么摧毁喇叭的？

有两种方法可以弄坏喇叭：

第一种：长时间超负荷驱动喇叭，将因为过热而弄坏喇叭，因为线圈的温度升高，使某些结构部分产生熔化、破裂或烧毁，正常使用下线圈的温度就可能超过摄氏 180 度，不正常使用之下就可想而知！

第二种：机械 负荷的

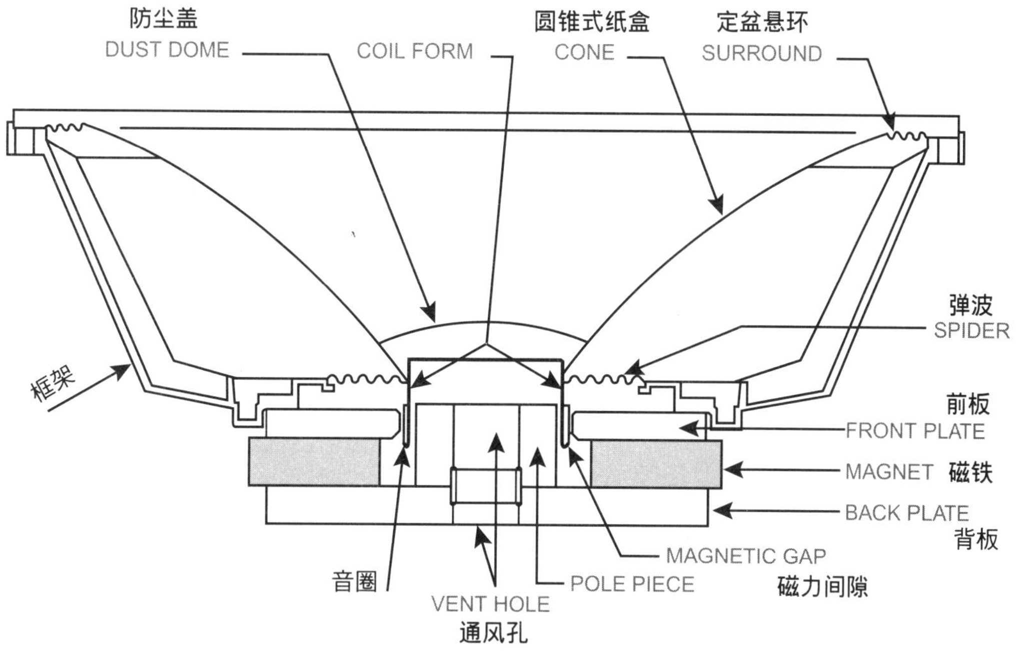

驱动喇叭使得圆椎式纸盆移动超出范围并和线圈分离，或线圈和线圈座分离，定盆悬环（纸盆周围支撑物）或喇叭支承圈被扯破，以上任一种情形一旦发生都可以使喇叭故障，当定盆悬环（纸盆周围支撑物）或喇叭支承圈被扯破，线圈将会和它们摩擦，因为圆椎式纸盆组件已不能适当地在中心位置悬吊，小的破裂也许刚开始感觉不出来，但是经过一段时间，当裂缝变大了，喇叭跟着坏了。

喇叭故障也可能是以上两种方式的结合，例如：功率扩大机突然传送过来一个很大的瞬间能量（例如麦克风掉到地上），喇叭将产生一种波形，这会使得线圈组件向外旅行过远而离开了磁力间隙，当它回去时可能偏心失误无法回到原位，这样将使整个机构的动作被圆椎式纸盆带向前方，偏离原始停留的位置。结果纸盆已经静止不能发出声音，但是能量还一直传送给线圈，线圈又离开了磁力间隙（正常状况下磁力间隙是一个很好的散热空间使得线圈经常保持在正常的温度工作），它将很快地过热而被烧毁。

好的低音单体必须在工厂设定的额定功率及频率范围内保持正常工作，可承受高功率的低音单体其最大机械移位约可达1/2英寸（如果失真被忽视），如果考虑失真其距离（将依设计而不同）应只有1/8~1/3英寸的距离。

目前只讨论圆椎式纸盆式喇叭（例如低音喇叭单体），中频或高频喇叭也可能发生相同的故障，高性能压缩驱动器可能发生的故障是圆形顶部变形，金属圆顶变形是因为受到常态性的过度应力压迫，它将像破玻璃一样破成碎片而故障。

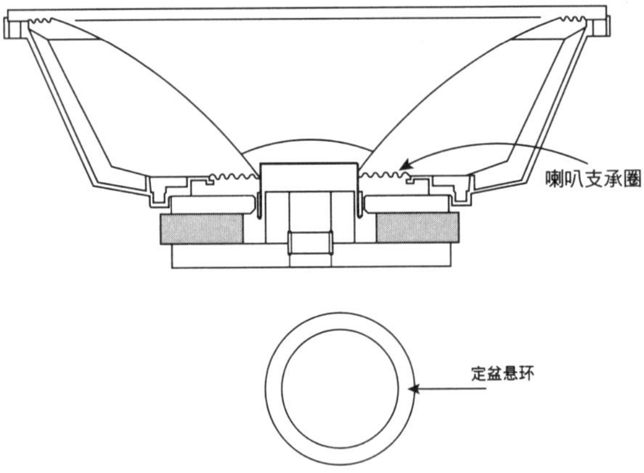

3. 过热和机械故障的关系

现实生活中音乐都含有：（一）一个长时间平均的讯号电平，这个决定我们到底听得到多大声。（二）会有一个大约是正常讯号电平10倍的瞬间超载电平，虽然这些尖峰电平对于音量大小的贡献很小，但他们是音响重播一定存在的现象。

长时间平均功率输入造成线圈的高温，瞬间尖峰电平虽然比长时间平均讯号电平大很多倍，却不会造成线圈的过热，因为

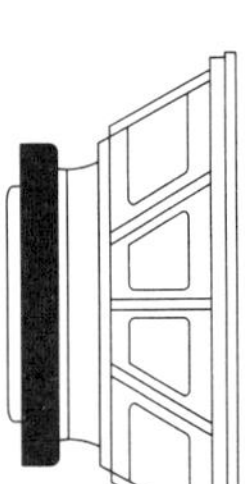

它们时间不够，所以实际音乐的世界中，承受比平均讯号电平大4~10倍（6~10dB）并不会过热地损伤喇叭，然而各种意外事件产生的大容量尖峰电平（例如麦克风掉到地上，音响突然开机等）的确能机械上地破坏喇叭。

4. 额定功率的游戏

因为每一家工厂都吹牛它们的喇叭比别的厂牌可承受更多更大的功率，每一家都有不同的规格，因此美国电子工业协会EIA及音响工程协会AES尝试为工业界定义标准测试步骤，但是很多工厂并未依照办理，因此目录上的规格不可全信，我们要注意连续功率、峰值功率、音乐功率到底代表什么意义！

最有名的塑胶音箱喇叭

美国EV公司发表这款塑胶音箱Sx喇叭系列，其优异的音质，减轻的重量，特殊的造型，引起喇叭制造工业界的革命，各个制造厂无不竞相设计生产类似的产品。

5. 测试讯号

为了要了解喇叭的承受功率该如何严厉地被测试，我们需要知道两件关于输入讯号的事，第一件：我们要知道是用那一个频率，例如：如果使用1000Hz的频率送给一组多个驱动器及分音器网路系统，只有能产生1000Hz的喇叭能被测试，测试结果无法告诉我们低音喇叭有多耐用或高音喇叭有多好的清晰度。

我们利用设计好的音源去测试，藉以得到较实际的测试结果，我们需要将各种的频率讯号送进喇叭系统内，白噪音是很好的选择，它听起来像调频电台之间的嘶声，是随机噪音的一种，其每一个频率功率都相同；粉红噪音亦是随机噪音的一种，其每一个八度音程具有同样的功率（例如100－200Hz、200－400Hz、400－800Hz等）。

ECM 999

粉红噪音及白噪音，虽然它们含有各种频率，就像真实情况的人声、乐器演奏，却比实际讯号中含有更多的高频及低频能量，用来测试喇叭的可靠性，它们不代表一种真实特别的测试，但它们将会对低音或高音单体做更严苛测试。

第二件我们要知道有关输入讯号的特性是它会持续多久时间？这个问题跟我们之前谈的承受瞬间大功率输入有很大的关联，例如一个1000Hz RMS Sine 正弦波测试在本节就不适宜，如果它延续很久，那是在测试喇叭对1000Hz耐热程度，然而1000Hz RMS Sine正弦波峰值功率只不过比长时间RMS值大两倍而已。

这表示根本无法测试喇叭机械式损伤，因为实际使用的峰值电平可能比长时间平均值大10倍以上，因此随机噪音比较能提供真实的测试，随机噪音可以设计得到立即模拟现实的峰值电平以利参考。

☞ 6. 有意义的测试

既然随机噪音非常接近真实的声音状况，大家都喜欢使用它们来做测试，如果只用粉红噪音测试，可能对喇叭或喇叭系统太苛求（在频谱的两极，高频及低频部份），因此整形过的粉红噪音比较适合实际测试的需要，噪音的整形，通常都是顺应被测试的喇叭或喇叭系统本身工作的频宽或标准规格，虽然整形过，其讯号可以设计成在高频及低频部分含更大的能量，这样的测试是超过喇叭正常使用的需要，但是却可让消费者得到品管更好的产品。

噪音测试讯号产生的不只是全部“长时间平均值”或“连续”电平，也包含那些比平均音量高很多倍的瞬间峰值电平，就像现实生活一样。我们利用长时间平均音量测试喇叭耐热度的程度，而瞬间峰值则可以测试纸盆、震膜的机械耐用度。

喇叭到底能够忍受这些虐待多久？忍耐时间是很重要的数据，实际使用上，所谓长时间平均电平只不过存在约1、2秒而已，但是测试时间竟长达数小时来保证其产品的可靠度。

7. 效率VS.最大功率或只要买一個承受400瓦的喇叭

如果喇叭只注重功率，也许有一天一个厉害的业务会卖给你灯炮，灯炮可以承受很大的功率，但是它们不必发出声音，喇叭到底能干啥？它们转换电子能量成为声音及热量，因此小心不要被喇叭承受功率400瓦的数字给蒙蔽了，我们可以买到一个号称能承受超级功率的喇叭，但是工作效率很低，就有可能发生以同一台扩大机驱动另一支承受功率小但高效率喇叭，其声音却比较大。

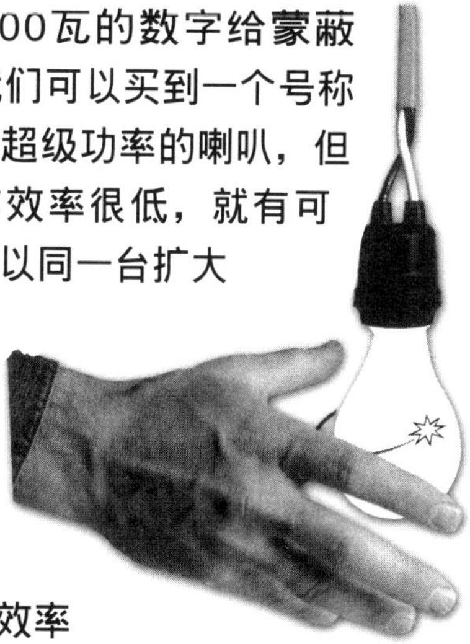

举例来说：比方一支承受功率200瓦的喇叭，其规格为：输入200瓦在距离喇叭1公尺之处可测得120dB，另一支承受功率400瓦的喇叭，如果输入200瓦距离喇叭1公尺之处测得117dB，虽然第二支喇叭承受功率较大，但是它需要输入400瓦才能和前一支一样大声（达到120 dB）【注：为了要增加3dB的音压，需要加倍使用扩大机才能成功】显然400瓦的喇叭效率没有承受功率200瓦的喇叭高，因此，在你决定要买专业用喇叭之前，以其规格特性做判断标准固然不错，但也别忘了厂

商的测试依据及条件，更要考虑它的效率，仔细观察它的最大音压SPL数据，再作决定，以免被“数字游戏”所误导。

8. 到底要用多大的扩大机来推我的喇叭

那么我们是否只要买和喇叭承受功率一样规格的扩大机就没问题了呢？如果事情有这么简单，这本书就不必写了，但是我们并不是说输出功率100瓦的扩大机推不好承受功率100瓦的喇叭，喇叭系统和扩大机输出的功率的匹配需要一些准则及概念来帮助我们做智慧的选择，有些不合理的规格，例如：峰值功率100瓦或音乐功率75瓦等，是无法讨论的，因为它留下一堆未定义完全的规格让人质疑，让人选择错误，以下我们提供一些原则来帮助大家学习挑选适合自己的器材。

Crest Audio

9. 一般使用的喇叭系统分为两种：全音域，单音路或多音路（二、三或四音路）系統。

（A）将喇叭系统使用至全功率安装音响工程及熟悉操作原理的音响专家，喜欢用的是2~4倍于喇叭长时间平均噪音额定功率的功率扩大机，经过他们调整，可得到最佳音响。

这种安排仅针对专家或者有自知之明者能不任意将系统音量推大，或者绝对不会发生任何意外，例如回授或将麦克风掉到地上，掉麦克风会产生一个足以机械式破坏喇叭单体的峰值，回授则可能使线圈过热而摧毁高音喇叭，特别是那些中、高频单体，因为那些频率正是回授效果的最爱，大功率的扩大机可以很容易地就摧毁喇叭单体，不小心的犯错代价是很高的！

这里所讲的大功率扩大机除了可以容许喇叭系统到达它长时间平均承受功率之外，还有余裕可以处理瞬间峰值也不会伤害喇叭，这种扩大机容许喇叭可承受比长时间平均承受功率高3~6dB的瞬间峰值，比较不容易在处理声音上产生削峰失真，然而如果整个系统的电平被推得太高，扩大机开始在某些频宽产生峰值时，喇叭线圈的温度可能已经过高了。

(B) 中等保守型：使用相等于喇叭长时间平均承受噪音功率的扩大机，一样可以做到接近于专业的喇叭输出功率，但是仍然会使系统推至峰值而产生削峰失真，那些失真状况大多发生在高频率，也因此会影响高音喇叭，这些不正常的音源可能已将高音和中音负载过荷了。因此，如果我们选一个中等保守型的扩大机，却让它产生严重的削峰失真，也可能会很快地把高音烧掉，反而比我们选大功率扩大机更快烧毁单体。

(C) 非常保守型：扩大机输出功率约等于喇叭长时间平均承受功率的0.5~0.7倍，这样对喇叭更多出一些保险空间，而且音响工作也可在水准之上，但是我们不能掉以轻心，还是要处处注意。

各种悬吊喇叭的方法

10. 单音路系统

多音路系统喇叭产生的问题也会在单音路喇叭系统发生，但是为了表演需要由扩大机产生削峰失真，故意使高频率失真的效果，必须不会伤害喇叭。

11. 音乐乐器喇叭

典型的音乐乐器喇叭有：吉他扩大机、贝斯扩大机及魔音琴扩大机的喇叭，在这种市场里，扩大机削峰失真是他们需要的音响效果，因此峰值电平经设计并不会比长时间平均承受功率大太多，如果你将80瓦扩大机接上一个200瓦的吉他喇叭上，相信他绝对会比人声或麦克风乐器收音更容易产生削峰失真的效果。

LANEY

12. PA喇叭系统

想在一个音响不好的场地得到正常的人声音响是很困难的，如果能多了解场地建筑声学特性和喇叭系统规格之间的关系，可能会有很大帮助。物理学上一项非常有名的反平方定律INVERSE SQUARE LAW告诉我们离喇叭愈远所听到喇叭直接音愈小声，实际现场里，任何从墙壁，天花板反射回来的声音和直接听到的声音性质不同，因为他们不是从某一点传过来，他们是从所有的墙壁和天花板一起传过来的，事实上，在房间任何一个角落混响音量都差不多，所以，这代表什么意义呢?

我们离喇叭愈远，对于混响来说，直接音将愈来愈弱，当我们退到某一点刚好直接音和混响音量一样大时，这个距离我们叫做临界距离CRITICAL DISTANCE实际的临界距离将因喇叭指向特性而有所改变，喇叭系统指向性愈高，则临界距离愈大，所以喇叭设计者希望喇叭对观众的指向性愈高愈好，而对墙壁和天花板的朝向则愈少愈好。

喇叭摆设的位置对声音也有很大的影响，如果表演场地天花板很低，举例来说，我们可以将喇叭置于前方稍高处，角度朝下指向后排观众，使得打到天花板和后墙的范围愈少愈好，如此一来前排观众听到的音量不会过大，而后排观众听到较大的直接音正好弥补了因距离较长而损失的音量。

如果喇叭放得太低，并直直地朝前，那么前排观众将吸收大部份的声音，其结果将是前排观众聋了，后排观众还听不清楚。(如右图)

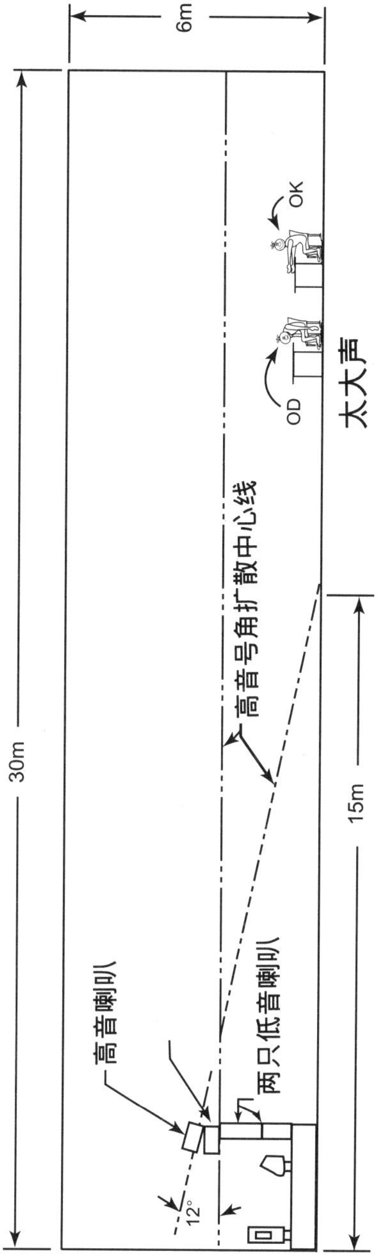

13. Bi-Amp双扩大机 Tri-Amp参扩大机 多音路喇叭系统

在多音路喇叭系统有Bi-Amp双扩大机及Tri-Amp参扩大机两种扩大机匹配的方法：

Bi-Amp双扩大机：两音路喇叭音箱内装有中／高音单体及低音单体，分别用两台不同的功率扩大机驱动，并可以个别调整音量。

Tri-Amp参扩大机：三音路喇叭音箱内装有高音单体、中音单体及低音单体，分别用三台的功率扩大机驱动，并可以个别调整音量。

如果以喇叭接扩大机的模式来看，这其实是单音路系统的组合，我们要小心的是各组单体和扩大机匹配的问题，可别用推低音单体的扩大机去推高音号角，号角喇叭的效率可远比纸盆式低音喇叭来得高，一下子就会将它过载冒烟了！

14. 使喇叭延长生命的威而刚

喇叭事实上是个很耐用可靠的器材，如果仔细观察，您会发现圆椎形纸盆只不过是一张重量未超过14.18公克的纸，有时候铜线绕的线径只有0.0254公分，我们很惊讶喇叭竟然能承受如此大的功率，每秒经过上千次的循环而不会被拆散，如果我们不虐待它，它可以为我们提供很多年的服务，以下几点可以让喇叭延长生命：

1.在电子电路加装高通滤波器以防止超低频率作祟，超低频率可能低于喇叭系统可以处理的频率，我们听不到它的存在，实际上它却让大型圆椎纸盆前后剧烈移动，施予喇叭机械应力使得低音表现变得混浊不清，高通滤波器是一种滤波器，它会拦截某一频率以下的声音，只让该频率以上的声音通过，例如：如果音响系统的频率响应表现只能低到50Hz，那么就需要一个45Hz的高通滤波器帮系统拦截45 Hz以下的声音，让系统保持好的清晰度。

2.选购有（DC）直流电漏电保护电路、开机延迟、峰值输出显示灯的功率扩大机，如果扩大机故障而漏出直流电，会把线圈烧掉，开机延迟线路可以防止扩大机在开机时直接把大电流送往喇叭，产生很大的噪音及机械性的破坏，峰值输出显示灯在操作音响帮助很大，通常它们会在距离真正产生削峰失真数dB之前，亮灯警告，这时我们要注意，不要再把音量推大了，否则……

3.如果音响系统的混音机与扩大机是分离式的，那么开机时混音机一定要比扩大机优先，如果相反，混音机开机时产生的突波会被扩大机放大送往喇叭，喇叭发生的声音会吓你一跳！

EV高音驱动器

关机时，同理可得要先关扩大机再关混音器，如果现场作业途中有人不小心把系统电源线踢掉，可别马上插回电源线，请依关机程序关机再重新开机。

15. 高音驱动器介绍

高音驱动器也可称为压缩驱动器，高频驱动器或中频驱动器，它是一个连接在号角后面的一个组件，能够将扩大机的功率转换成为人耳听得懂的声音。

驱动器不连接号角也可以产生声音，但是声音不好也不够大声，号角将喇叭震膜的瞬间动作引入空气中，产生了一种高效率号角式喇叭，经过好的设计，驱动器和号角确实是最好的组合。

驱动器可分为PA（或中频）及

高性能两种，一般来说PA（或中频）驱动器必须产生5000~8000Hz之间的频率，高性能驱动器要更高于此范围，这个定义使得高性能号角喇叭的设计变得异常困难。

16. 喇叭震膜

驱动器的心脏就是喇叭震膜，喇叭震膜的表面会前后移动来产生音响，喇叭震膜连接在音圈上并由连接扩大机的音圈驱动。

震膜通常用石碳酸饱和布来制作，比较耐用，然而重量太重却又不够坚固，因此只能产生有限的高频表现，大部分只适合用来做警车用警笛，工厂、医院护士呼叫器及其他主要以人声为主的扩音设备系统。

铝制震膜常用来制造高性能驱动器，因为重量轻可以产生更宽的频率范围，有些高性能驱动器的震膜甚至使用复合式材质：震膜中心使用铝制材质，震膜外圈使用较耐用的材质做成悬吊物质（可容许前后移动的动作）。

精密设计的高性能驱动器，其震膜及音圈重量甚至比1克还轻，却能产生30瓦的功率！

17. 相位栓 PHASE PLUG

为了使号角达到最高效率及最有效容许能量转换，有一个最重要的设计为相位栓，在PA式驱动器里相位栓是一个简单的设备，它有很少数量的开孔使得5000~8000Hz的频率从震膜的各个位置产生通过它之后，可以同时到达号角的喉部，在高性能驱动器，相位栓设计比较复杂，它有很多开孔，可容许将高频率的表现延伸到20KHz。

18. 高频率输出衰退现象 ROLL OFF（高频滑落）

高性能驱动器虽然观念及设计很先进精良，但是它无法在很高的频率产生固定的输出功率，这种状况可以利用号角来弥补，因为号角可以使声音的能量更具方向性，然而高频率输出衰减现象会在频率响应曲线明显表现出来，而号角喇叭则会因频率增高而使平均扩散的角度缩小，其实这正是我们想利用的特性。在这种情况下，平顺的高频功率其衰减现象将在3000~6000Hz左右产生，这是自然的，这是因为采用既耐用又轻薄的材料所致。实际使用上自然功率的衰退，可以用等化器把高频率增益以做补偿。

19.如何选择高表现驱动器

驱动器因震膜半径及驱动器重量来区分大小，一般的规则是：大型驱动器对低频率的表现有帮助，可以应付大功率，高频率比较受限制，如果分音器分频点较低，并第一优先地考量高频的延伸，那么小驱动器是最适当的。

熟悉各个喇叭工厂喇叭单体的规格数据，对于设计搭配是很重要的功课。最有效率的系统是两音路喇叭与高性能驱动器是其最佳选择；一个两音路喇叭系统是利用驱动器涵盖中、高频率（例如800Hz~20000Hz），利用低音单体涵盖低频率（例如50Hz~800Hz）。

号角是将驱动器产生的能量集中传送到空气中的一个工具，号角也可以说是一个变压器，但不像直接辐射式喇叭，它有着独特的功能---可以控制方向，用这个功能我们可以将某一频宽，利用号角均衡地将声能扩散，并涵盖某一块范围，这种特性在设计高品质系统时特别有用，特别要重新表现自然人声时更重要，号角可以设计成各种扩散角度，例如水平90度搭配垂直40度，或水平60度搭配垂直40度等等。

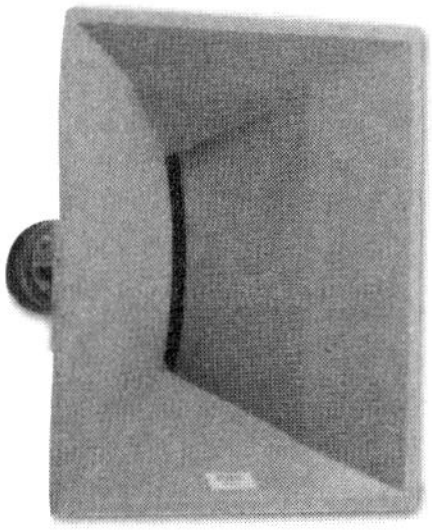

20.号角简介

21.号角的基本形式

号角具有高效率及涵盖方向控制的特性，这种号角通常体积较小，外形简单，只用来达成高效率的基本功能，但是即使是一个简单的号角，它还是可能做得到方向性控制的功能，特别是只表现中音频率的号角，这种控制功能就是大角度均匀地涵盖某一块地区，然而要在窄的涵盖区域内控制一组较宽的频宽，那就只能用大的高级号角来做了。

为了增强其对声音方向性的控制功能，有一种多细胞式的号角，它是早期研发的技术一直沿用至今（如图），这种号角体形很大，大概由10个或10个以上的小型号角组合而成，是一种控制声音方向性的方法。在低频到中频范围内它控制得很好，但是在高频率方向性控制比较差，因为每一个小型号角特别在高频重播时，都有扩散角度在远端扩大区域的问题，相邻的小型号角将会有重复涵盖的区域，使得声音比较不清晰。

另一种形式的号角是简单的扇形号角（或叫辐射型号角），扇形号角是因它的鸟瞰图很像扇子而得其名，扇形号角扩散声音的角度通常是定义为水平方向涵盖的区域，号角的形状呈现上下两个相同弧形曲率，驱动器发出的声音由小驱动器送到大开口的号角，然而号角的弧形表面并不能促进号角控制垂直方向的涵盖角度，实验的结果显示，扇形号角垂直涵盖角度将因频率不同而改变，频率愈高其涵盖角度愈小，因此扇形号角水平与垂直方向声音的扩散方式不能匹配，扇形号角喇叭只适合某些特殊设计的使用。

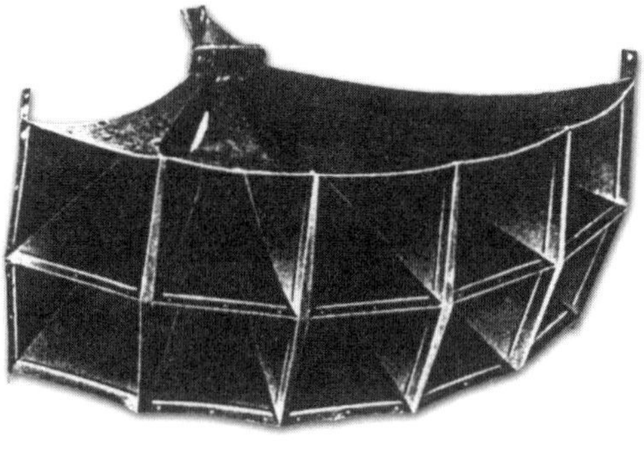

图：多细胞式的号角

22. 如何选择适用的号角

通常号角会有一系列不同的型号，如何正确地挑选使用是一个学问。我们之前提过扩散角度大小跟频率高低有很大的关系，大型号角其扩散角大约可以支持低于一个八度音的频率，因此我们可以得到如下的推理：同一系列的号角其特性可有以下的可能：

1. 扩散角度一样，体积小，分频点较高。

2. 扩散角度一样，体积大，分频点较低。

3. 体积一样，扩散角度小，分频点较高。

4. 体积一样，扩散角度大，分频点较低。

依场地不同配置不同特性的号角喇叭，涵盖整个区域以便使每一个角落的观众都能用相同的音量听到清晰的节目内容。

第四章
等化器EQUALIZER

1. 简介

音响世界里等化器有好多种，它可以是HIFI音响组合扩大机前面板上的高音、低音旋钮；也可能是专业音响使用的图形等化器或参数式等化器，等化器使用简单，效果又明显，人人会用，但很多人都误用，产生了不满意也不能接受的结果。

我们是否需要等化器？要选哪一种？要怎么选？如何使用？要回答这些问题，就得了解等化器是什么？本章对于等化器的介绍希望能帮助各位有智慧的去选择及使用或不使用等化器。

我们听音响的时候，如果又想听更大声一点，音乐被转大声时，其全部音乐频率的音量也被增大相同的程度，这与只增加低频或高频的等化器是不一样的，如果我们只转大低音等化旋钮，那么只有低频增大，我们听到的音乐可能会变得更丰富圆满，如果关小则音乐可能会变的声音尖尖的，没有力道的感觉。

CPS = CYCLE PER SECOND

2. 频率

声音是由振动而产生的，每秒钟振动的次数称为CPS也叫频率Hertz简写为Hz；例如一秒振动一次是1Hz，一秒振动440次就是

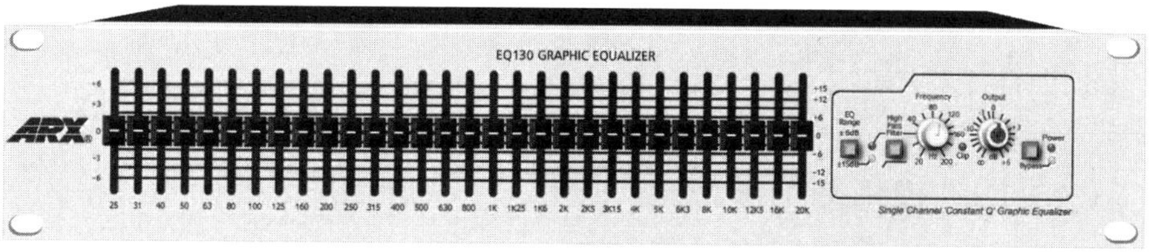

ARX EQ 130

440Hz，人类耳朵可以听到的频率范围号称为20Hz~20kHz，所以我们发现几乎所有扩大机提供的频率响应规格都是20Hz~20kHz，其实很多人根本听不到 20Hz 或 20kHz，甚至有的目录标榜超级规格频率响应可达10Hz~40kHz，我不知道这是给谁听的，大概是赶老鼠用的吧！

3. 八度音OCTAVE

八度音是一种2：1频率关系，440Hz 是中音音高为 A 的频率，所谓比 440Hz 高一个八度，表示要加倍为 880Hz，低一个八度就要除以 2 成为 220Hz，因此利用乘法或除法我们可以得到某一个频率的相关八度，这些八度音对音乐有很大的影响。八度音频率不同，但是一般人感觉PITCH相同。

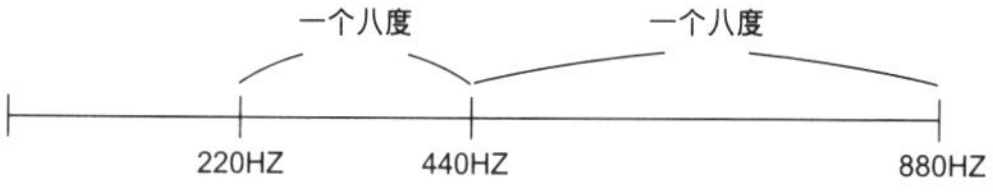

4. 基音及泛音

音乐是由基音及泛音组成的，泛音是基音的倍数，第一泛音就是基音本身，第二泛音就基音频率乘以2，第三泛音就是基音频率乘以3，以此类推音乐中泛音结构影响了它的音色及音质。

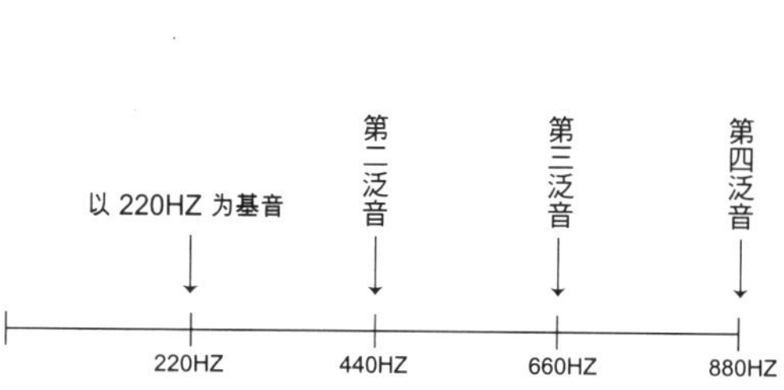

☞ 5. 音响频率范围

依下图可清楚的看出来各种声音型态坐落在频谱20Hz~20kHz上的位置，大部分音响的规格都标示着可以表现20Hz~20kHz，而我们将讨论1Hz~20kHz。

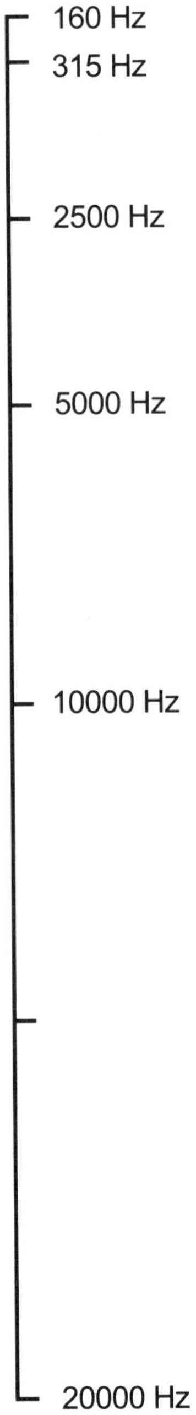

超低频率范围1Hz~20Hz大约4个音八度音。

这个频宽人耳应该听不到，如果它们的能量很大的话，我们可以得到压力的感觉，教堂内的管风琴及地震就可产生这些频率。

非常低频率范围20Hz~40Hz 1个八度音。

这个频宽的声音大多是风声、房子共鸣声、空调系统的低音、远距离的打雷声等等。

低频率范围40Hz~160Hz 2个八度音。

这个频宽的声音大多是鼓、钢琴、电子琴及大提琴或电贝斯，都是构成所有音乐的基本。

低中频率范围160Hz~315Hz 1个八度音。

这个八度音的音通常被指为低音或中音的范围，出现在中音人声的低频部分，或喇叭、黑管、箫及长笛也有这个频宽的表现。

中频率范围 315Hz~2500Hz 3个八度音。

人耳很容易能判别这个频宽，事实上如果我们单独听这个频段，它的声音品质像电话筒里听到的声音，必须要增加低频及高频才能悦耳动听。

中高频范围 2500Hz~5000Hz 1个八度音。

人耳对这个音程特别敏感，声音的清晰透明度都是由这个音程影响的，公共广播用的号角喇叭，就是设计用来播出3000Hz左右的频段，音乐段落中明显的大音量也被这个频宽影响，人声的泛音也会在此出现。

高频范围 5000Hz~10000Hz 1个八度音。

这个频宽使音乐更明亮，然而它们只会占音乐的一小部份，齿音、唇音、舌音等高频率，都在此范围内。

超高频范围10000Hz~20000Hz 1个八度音。

这是音乐频率范围内最高音程，只有很高的泛音才会到达这个范围，而且这个频宽如果在音乐中不见了，大多数人也听不太出来，然而这个频宽有很丰富的泛音，我们也不能缺少它，它对每种声音本身的特点有很大的影响力，去除它声音就显得不真实。

6. 等化器特性

等化器最早是被定义为某个特定频率的音量控制开关，它可以把该特定频率变大声、变小声，其变大变小音量的单位是dB，dB也是测量音压的单位，等化器一共有两种形式：

（1）曲柄型等化SHELFING EQ

曲柄型等化器最常用在家用HIFI音响的高音、低音音色调整钮或中低价位的混音机，所采用的频率，在低频可能在50~100Hz之间，高频在5000~10000Hz之间，曲柄型名称的由来是因为使用曲柄型等化器时，其等化曲线因应使用情形改变的样子很像Shelf，Shelf的意思有书架、崖路、暗礁等，在专业音响用语则解释为曲柄型，其改变等化曲线的情形是由指定频率之前从0dB增益或衰减电平直到指定频率之后不再改变，而指定频率以上或以下频率的增益或衰减都保持在相同的电平。

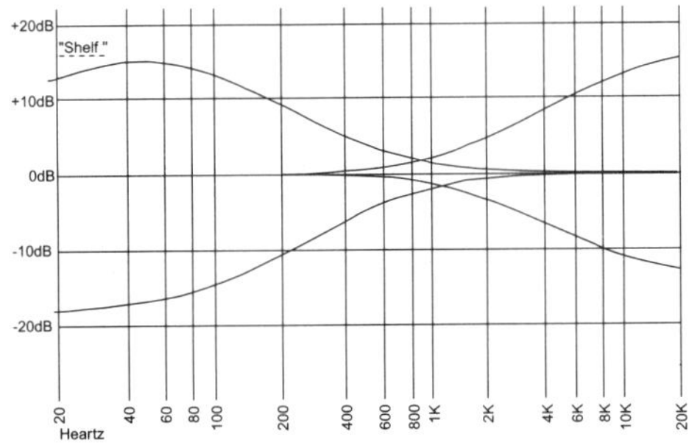

曲柄型等化

（2）峰值型等化器 PEAK EQ

峰值型等化的方式，是由0dB（未等化的电平）改变电平至“中心频率”（此时为最大改变电平）然后再改变电平一直回到0dB为止，这种等化曲线在增益时看起来像山峰，在衰减时看起来像山谷，因而得名，这种方法会影响中心频率的邻居频率，音响器材里如果有中频的等化控制大多采用这种方式。

“Q”值是等化曲线的另一个基本特性，也同时跟曲柄型和峰值型

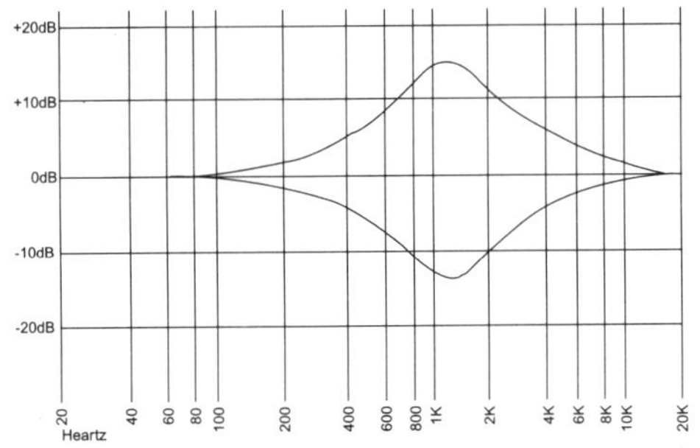

峰值型等化

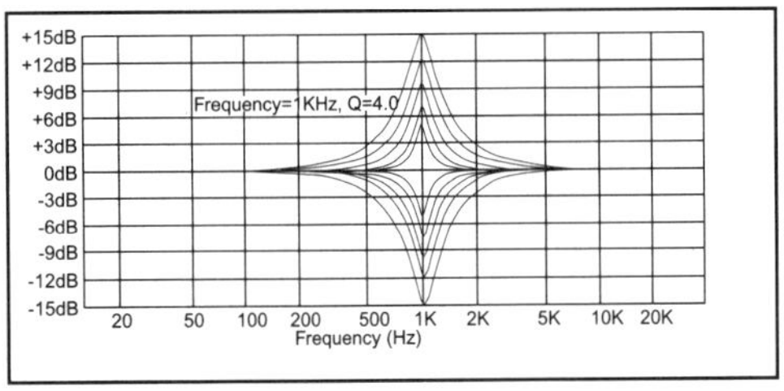

1KHZ 增益／衰减 15dB Q值=4.8

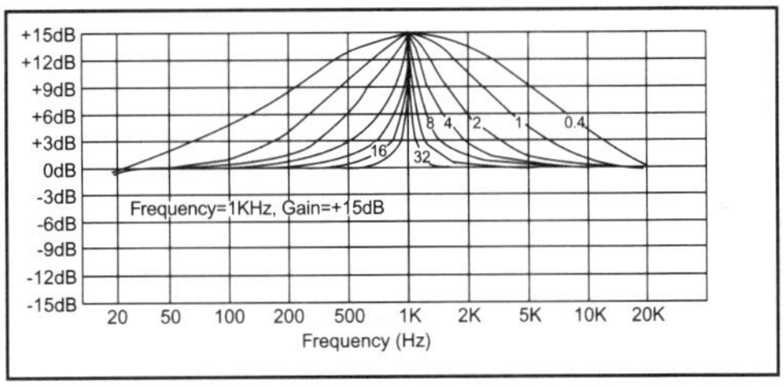

1KHZ 增益15dB，Q值不同
其影响邻近频率的程度就不同
Q值愈大，曲线愈陡

等化曲线有关，Q值可以解释为等化器决定中心频率左右相邻频率同时被影响的范围大小，因为实际运用上，等化发生的效应不会只针对中心频率而已，从测量及实验结果画出来等化曲线，以数学的理论得知曲线的改变与斜率有关，斜率可以表示曲线是陡还是较平坦，其曲线就有很大的差异，对等化曲线而言这种因素就叫做Q值，大多数中低价位的等化器混音机或前级扩大机上等化器的Q值都设计为固定不变，专业的机种有改变Q值的功能，Q值大

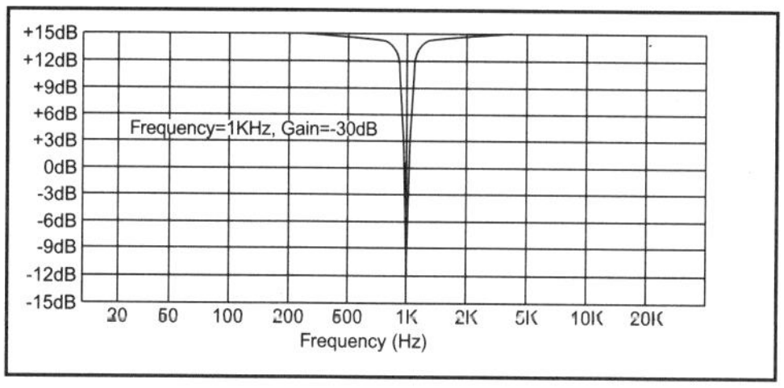

1KHZ，衰减30dB，Q值＝128

则曲线较陡，Q值小则曲线较平坦。

7.等化器的基本形式及其他设备

等化器有很多种，音响系统外接某种形式的等化器可以产生非常大的效果，然而我们要如何选择适合自己系统的等化器呢？这个问题确实一直存在，因为很多人不了解等化器，不知道该如何选择，常常买了很昂贵很高级的EQ，有很多功能却不常用或买了太简单不适用的等化器，甚至搭配不适合的系统使用，当然会造成工作上的不便。

等化器通常有内建式及外接式两种，内建式就是音响器材本身附有等化的功能，例如：混音机，前级扩大机等，外接式等化器是独立一台机器，需要电源可以和任何音响器材连接使用。

(1)音色调整

等化调整对于声音的修正和创意的改变有很大功用，但是必须小心使用，声音需要等化修正表示要克服或补偿不完美的建筑声学先天缺陷、价廉却不物美的麦克风或不正确的喇叭系统，基本上我们至少应该尽全力把音源弄正确，但是现场成音控制和录音室最大的不同就是在现场所能掌握的条件有限，所以等化器是我们的最佳利器，确实在现场成音的条件下，等化器是达到起码音质最常用的机器。

在等化部份包含一个可切换的高通滤波，可以用来减少任何不需要的低频率，例如：交通噪音、风噪音和从麦克风架子传来的舞台震动。被滤掉的低频是在大多数音响器材能发出低频之下，如此才能保证我们声音品质并未因使用此功能而有所妥协，在人声（尤其男性）收音时也常被推荐使用。

增益一些高频和低频可以将音色变得亮丽或温暖一些，但是最多请转1/4圈就够了(特别低频部份)。问题是，您可能只想增益某一特别频率，例如低音鼓冲击声或铜钹，但是，以上所说的控制方法，其实使频谱改变了相关的一大部份，如果低频增益太多，我们可以发现低音吉他、低音鼓和任何其他低频率的声音，都变得非常松软而无法控制，因此混音出来的音乐显得很混浊，被低劣地限制，这是因为频谱中低频率的部份也被影响了，同理，增益太多的高频，声色会变得粗糙多边或录音带嘶声被显著地增强。现场成音的情况，在频谱任何部份太过的等化增益，将会增加由人声麦克风引起的回授。

切记着以上的说明，正确的用法就是只使用少量的增益(特别是现场表演)，换言之，等化衰减一定会减少很多问题，为了避免增益某特定频率，我们较常使用衰减过度增益的部份，那么可变中频的等化控制功能就很有用了！

(2)二段式等化

一般HI-FI家用系统或专业混音机的高、低频等化控制即为二段式等化，大多数人都很熟悉，均针对各一个高、低频做曲柄形等化控制，旋钮转至中央位置表示没有任何增减效果，顺时针转则增益或者逆时针转则衰减，虽然操作很简单易懂，效果明显，但不可过度使用，否则声音只会更差。

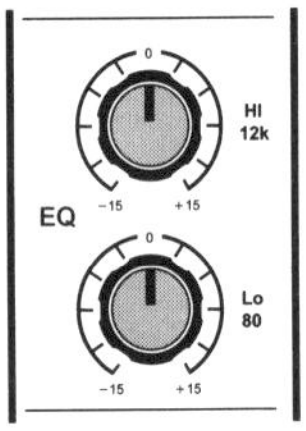

(3)三段式等化

三段式等化又加一个中频等化控制，有的甚至还有中心频率选择增益控制及“旁通”功能，“旁通”按键可以帮助我们做立即比对等化前后的声音，而不必移动等化器旋钮，如果不需要EQ，则旁通EQ的功能可以使我们得到一个声音较清晰、路径较短的讯号通路，中频选择增益控制请详混音器等化说明。

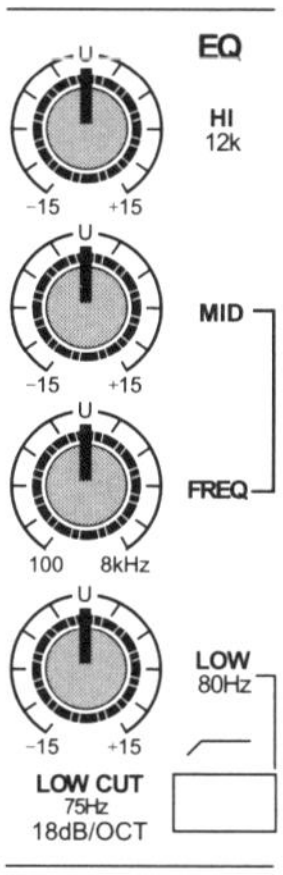

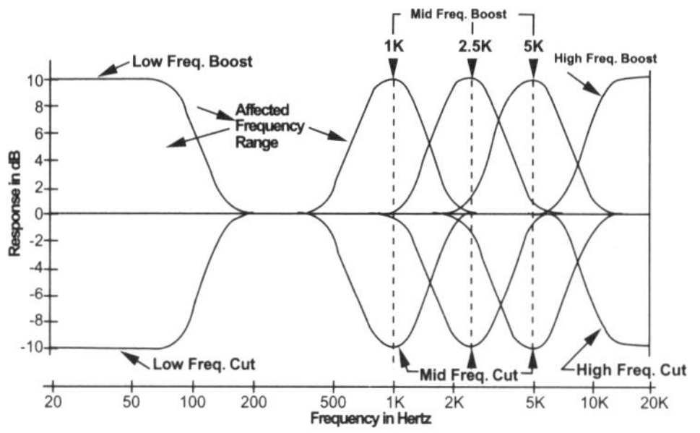

频率

低频衰减　　中频衰减　　高频衰减

（中心频率）

(4)四段式等化

四段式等化把中频等化控制分为中高频，中低频等化控制，做峰值形等化控制，高级的机种也都各有中心频率选择，使等化控制效果精确，四段式参数式等化控制更能发挥。

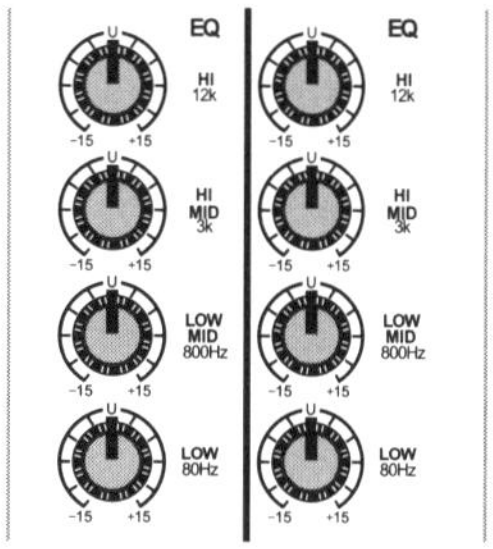

四段式 EQ

中心频率固定

ARX EQ 215

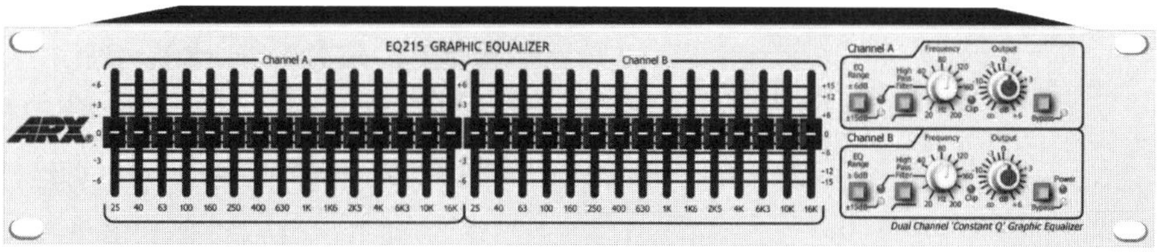

8.图形等化器

有时候四段式等化器也不够我们用时，图形等化器可以同时提供我们很多选择的频率以应工作需要（有15段，30段等）图形等化器是峰值/峰谷型的，其Q值多为固定。

（1）ISO中心频率

ISO（International Standard Organization）国际标准组织为图形等化器建立的标准中心频率，这些特定的频率都被所有的制造厂商采用，ISO标准频率的建立使得等化器有了统一规格，方便了使用者，因为任何同等型式的等化器都有相同的频率范围可调，即使您使用不熟悉品牌的产品也不怕不会操作。

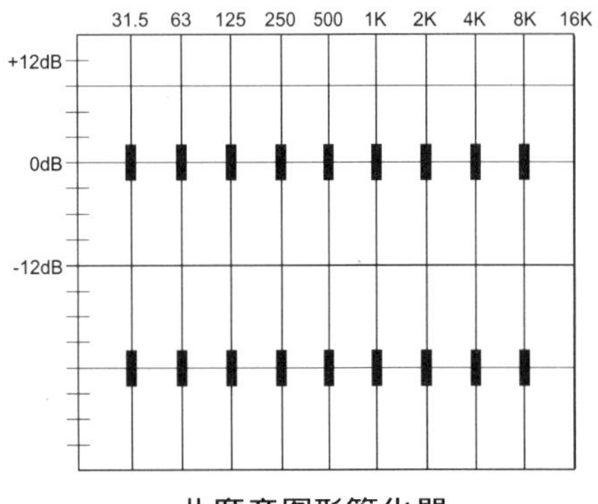

八度音图形等化器

（2）八度音图形等化器

八度音图形等化器是最普遍被使用的，由10个频率组成的等化图形，每个中心频率以1个八度音做间隔，Q值通常是固定的，ISO为八度音图形等化器规定的标准中心频率为16、31.5、63、125、250、500、1000、2000、4000、8000、及16000Hz，共有11个八度音ISO中心频率，因为16Hz里含有的音乐能量太少，大多数的等化器都没有采用16 Hz，所以只有10段，可调整两个声道，通常附在混音机上，可以做简单的等化设定。

（3）1/3八度音图形等化器

1/3八度音图形等化器的等化段数是八度音图形等化器的3倍，有30段，Q值几乎也是固定（有的厂牌则为可选择式的）其中心频率为16、20、25、31.5、40、50、63、80、100、125、160、200、250、315、400、500、630、800、1000、1250、1600、2000、2500、3150、4000、5000、6300、8000、10000、12500及16000Hz，最常用作调校喇叭或建筑物声学补偿或解决回授的等化修正，录音室人声的等化等等，

立体1/3八度音图形等化器面板使用说明

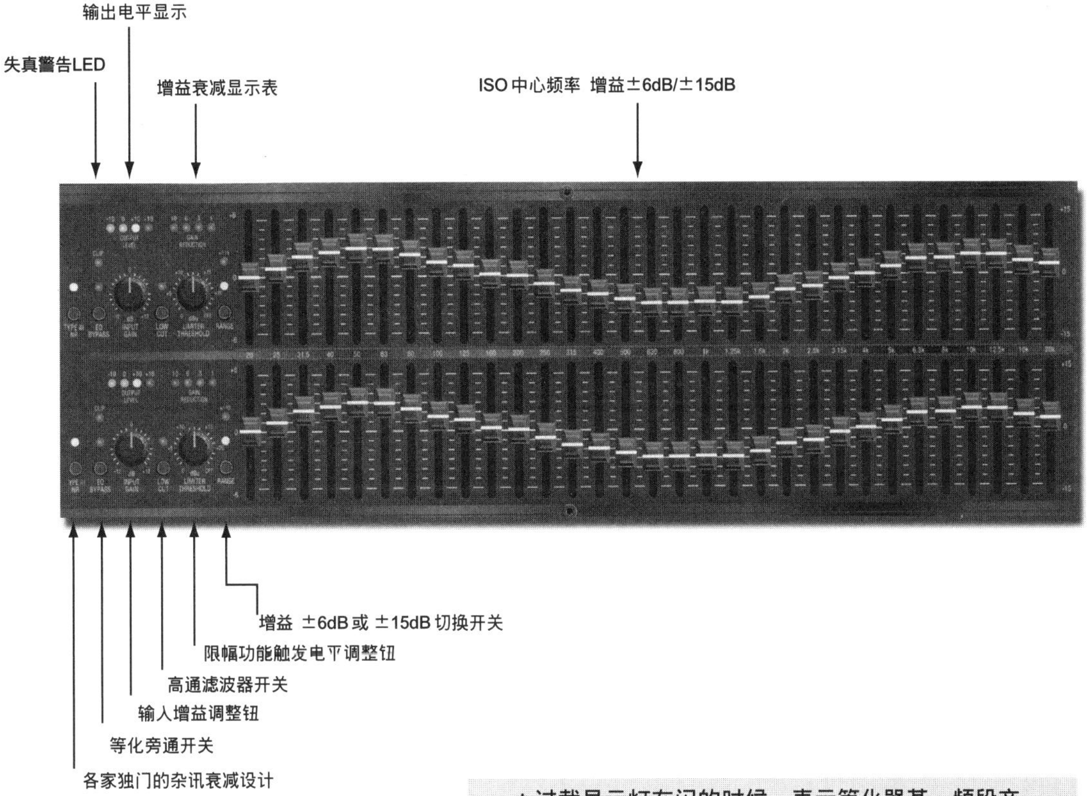

＊过载显示灯在闪的时候，表示等化器某一频段产生削峰失真，一般状况，闪一两下是视为正常，但是如果持续很久，就要把电平控制钮转小，或是把输入讯号减小，以免产生音响失真。

五段参数等化器面板使用说明

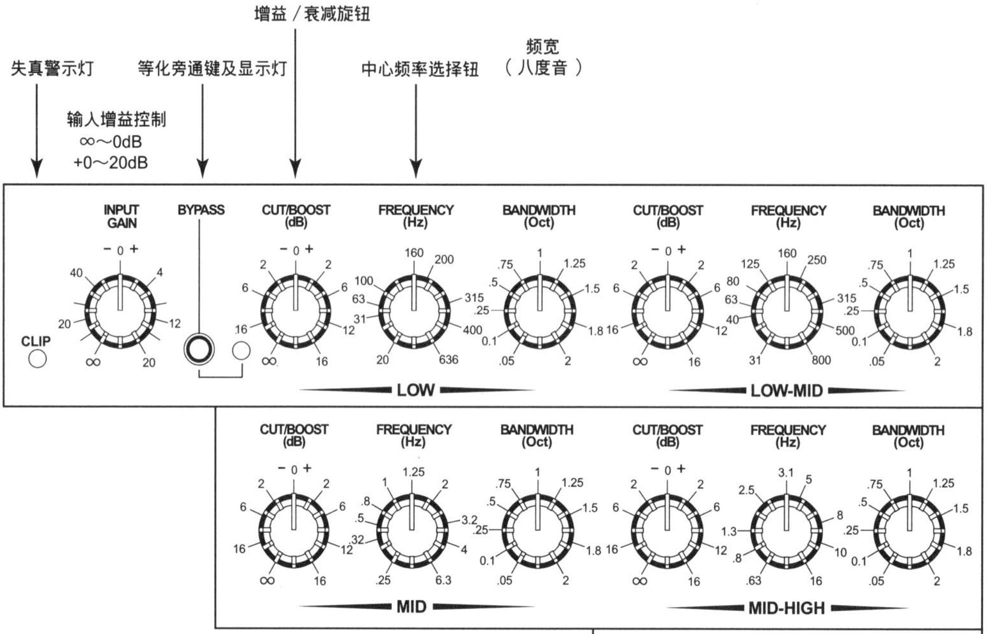

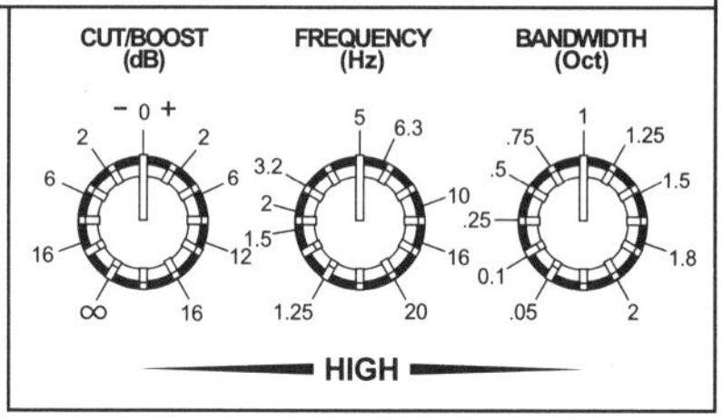

	衰减	增益	频率选择	频宽以八度音为单位
低频 LOW	∞	+16dB	20Hz~636Hz	0.05~2
中低频 LOW~MID	∞	+16dB	31Hz~800Hz	0.05~2
中频 MID	∞	+16dB	250Hz~6300Hz	0.05~2
中高频 MID~HIGH	∞	+16dB	630Hz~16000Hz	0.05~2
高频 HIGH	∞	+16dB	1250Hz~20000Hz	0.05~2

* 以八度音为单位的频宽其意义与Q值相同，但数值相反，数值愈大，Q值愈小，因为影响频率涵盖的八度音大，表示图形较平坦即Q值较小，被影响频率涵盖的八度音小，表示图形较陡，Q值即较大。

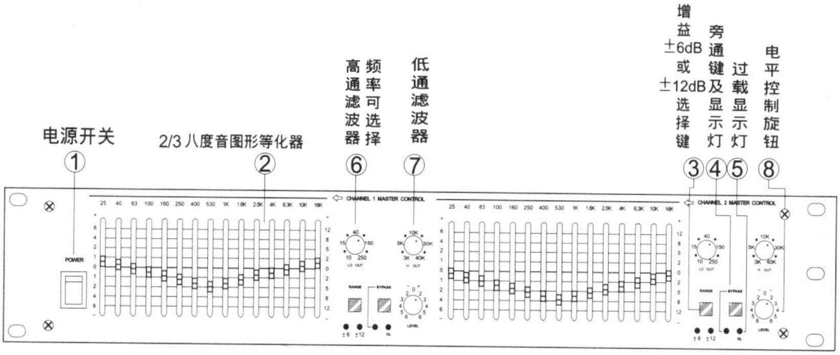

有单声道及双声道的机种其机身高度从1~3U都有，依FADER扬程，单声道或双声道有所不同。

（4）2/3八度音图形等化器

八度音图形等化器和1/3八度音图形等化器之间，还有一种2/3八度音图形等化器，有15段，Q值几乎也是固定值，其ISO中心频率为16、 25、40、63、100、160、250 400、636、1000、1600、2500、4000、6300、10000及16000Hz，价格比1/3八度音图形等化器便宜，如果不需要30段的等化器，15段双声道等化器也是不错的选择。

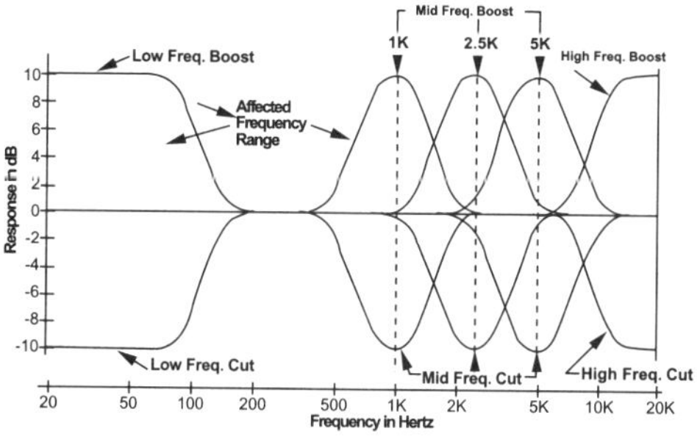

频率

低频衰减　　中频衰减　　高频衰减

（中心频率）

图形等化器可以同时调整多个中心频率，它可以改善声音也可能误用而将声音弄糟，使用者必须确定他选对了等化器，也做了正确的调校，如果还达不到预期的效果，那还不如不要用。

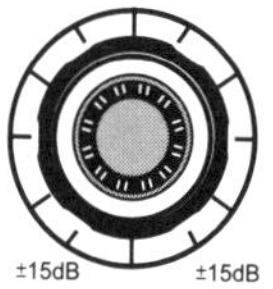

（5）可选择中心频率的等化器

以上所讨论的都是调整固定中心频率的等化器，使用的方法都是我们听了音乐讯号后，依经验判断想调整的频率，然后在图形等化器上找一个最接近的频率去调整我们渴望的效果，但是不一定每一次都“宾果”，如果找不到最接近的频率，我们还得另外接一台可以用的

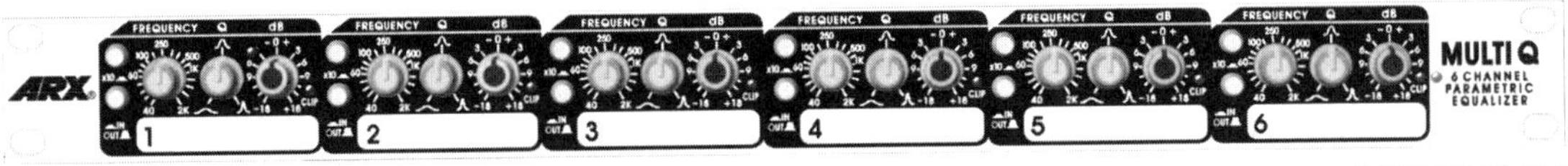

ARX MUILT Q

等化器，可是一时之间到哪里去找呢?

如果有一种等化器其频率可以像收音机的选台器一样提供选台的功能的话，就可以解决这个问题，中高等级的混音器其中频就提供这种好用的功能，通常是由两个旋钮或子母钮来操作，第一钮选择中频

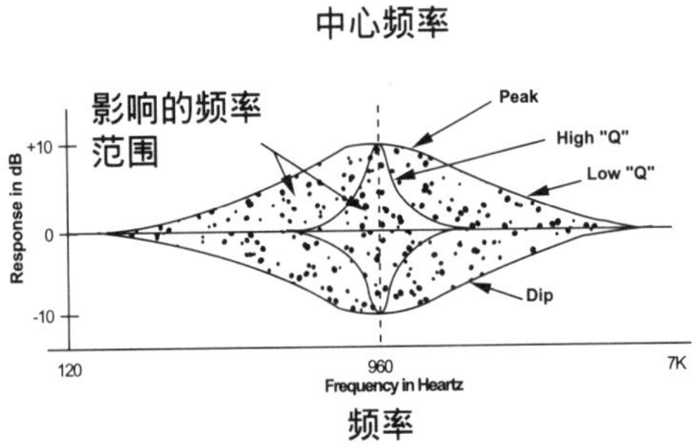

中心频率，大约从100~8000Hz，第二钮是增益衰减大约±12 ~15dB，值也是固定值，子母钮则是由大小两个圈组成一个旋钮，小圈负责选中心频率，大圈负责增益衰减，这样的设计是节省空间，使混音器体积可以小一点而已，功能则相同。更高级的混音器更具有四段式等化，其中，中高频及中低频均可以选择中心频率，提供了更多的方便。

☞ 9.参数式等化器

可选择频率的等化器大部分等化曲线Q值是固定的，然而，某些场合也需要调整Q值，有一种具有可调Q值及可调频率的等化器叫做参数式等化器，由于Q值可以调整，我们可以改变等化器对邻近中心频率的邻居频率受影响的程度，又可以准确地选到我们想调整的频率，对一个内行的使用者参数式等化器是工作上最佳的利器。（唯一的缺点是无法像1/3八度音图形等化器一样，可以同时控制30段中心频率）

☞ 10.参数图形式等化器

参数图形式等化器是参数式等化器及图形等化器的结合体，它具备两种等化器的功能，当我们既需

四段式真空管等化器面版使用说明

频率范围表

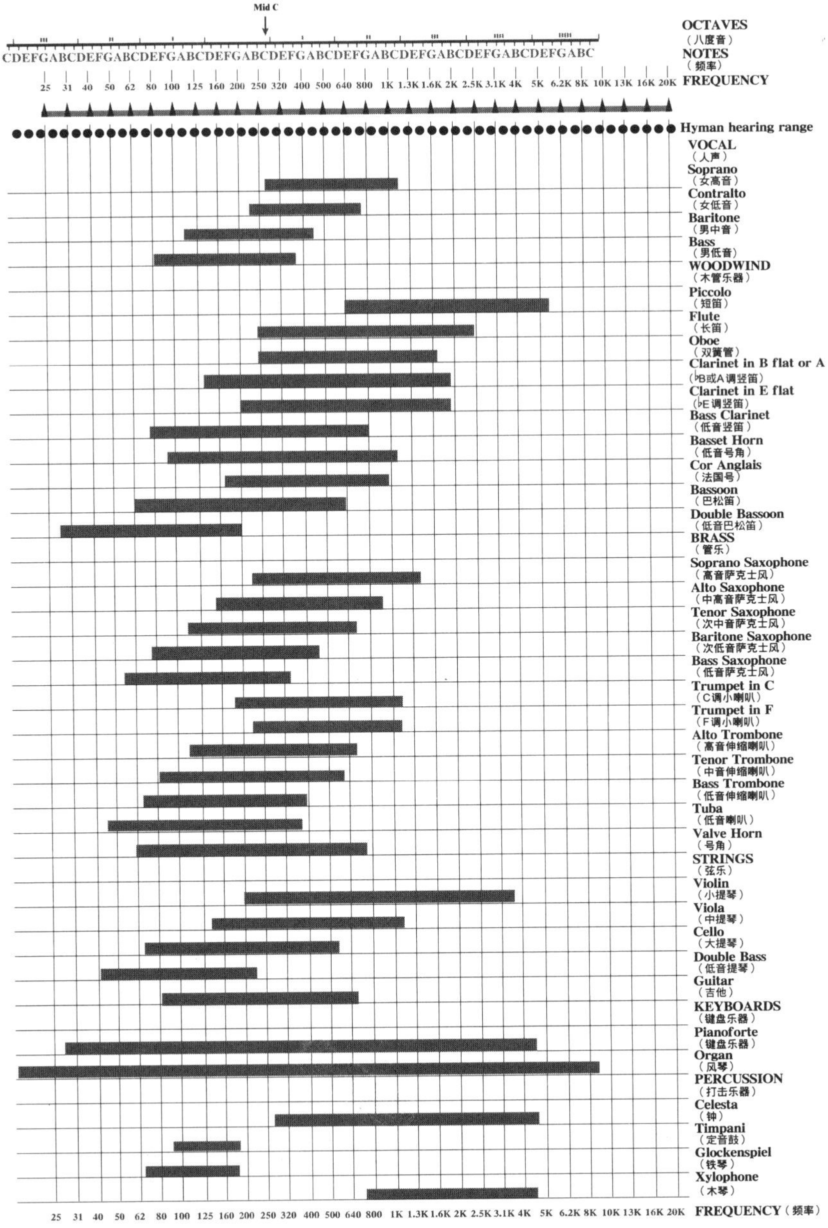

各种乐器及人声涵盖的频率一览表

要同时调整多个中心频率，又要调整某些中心频率的Q值的时候就需要参数图形式等化器，最常见的是八度音参数图形式等化器，其10组中心频率均可以选择中心频率及Q值（中心频率的范围在各该八度音内，只要找到中心频率，再设好Q值就可以达到各位希望的效果）。

参数图形式等化器最常用在室内人声补偿，我们常会在室内碰到产生峰值或峰谷的频率不在ISO中心频率上，有了参数图形式等化器就可以在特定频率上给予本身适当的增益或衰减及决定邻近频率被影响程度的多寡，来正确地解决细节问题。

混音机三段式等化器低音等化钮控制80Hz，对女性人声没有什么效果，因为80Hz在女性人声频率之下，动了也没用！

11.使用等化器的基本原则

说了这么多，我们现在才要进入如何使用的主题，我们必须知道如何使用等化器才能将等化器的功能完全发挥，这一节介绍一些使用等化器的基本原则，希望能对大家有所帮助。

（1）要了解各种人声及音乐乐器的基本频率。

如果我们用等化器调不好各种人声或乐器的音色，有可能是我们选错了频率，我们增益、衰减的结果并未针对主要人声或乐器的能量，当然愈调愈糟，我们一定要了解各种乐器、人声或音响它们的基本频率，才知道要等化哪个范围，请看“乐器、人声基本频率一览图”。

请注意表上所标示的频率仅是该项人声、乐器的基本频率，所有的音色包括其泛音（比基本频率高），这些泛音会影响人声及乐器的音色，通常比基本频率小声，有时候调整这些泛音的音量也可以得到很好的效果，当然任何情况，请先从基本频率做起。

＊请看以下使用等化器应注意及避免的原则:

人声从上表得知人声频率大约80~1.6kHz左右，现在市面上一般的混音器都有三段式等化器可调，其低音等化钮（80Hz）对女性人声没有什么效果，因为它控制的频率在女性人声频率之下，其对男性人声比较有效，我们还要注意高频等化钮，其针对的频率大约在12k~13kHz之间（依厂牌不同）对人声也没有什么效果，它只会增加一堆齿音、唇音等不太悦耳的杂音，反而我们应该衰减一些，真正该影响人声频率是在1kHz~3kHz之间，我们应当用可选择中频等化器来调整，同样的，一定要小心，万事过则不当，高频加太多，会有嘶嘶声。如果错将人声频段之上或之下的频段加以修改，恐怕会造成其他乐器音色的改变，而变出来一些我们不想要的声音，一定要多加练习多吸取经验，才会成功!

(2) 建筑声学等化补偿

建筑声学等化补偿可以写一本书，本书不准备深入这个主题，只想介绍一些简单却重要的准则来帮助您了解一些皮毛。

等化器可以接在混音机与扩大机之间，在录音室、剧院、体育馆及聆听室都需要等化器去修正喇叭系统的频率响应来顺应一个不完美的室内环境，室内频率响应是可以用仪器测出来的，有了测量结果就能决定要做什么的等化工作，虽然

回授产生时，用手遮麦克风会更惨，因为手掌好像反射板将更多的回授音送回麦克风内……

喇叭系统自己可以表达可接受的频率响应，室内建筑物都会修改频率响应造成某些频率的峰值或峰谷，图形等化器可以消除这些峰值或峰谷，1/3音八度图形等化器是最佳选择。

如果没有仪器可测，那只能用自己的耳朵了！我们要用自己熟悉的音乐当作范本来调校，但请千万注意别调校低于喇叭系统所能表现的低音频率，那不会改善任何事，反而容易伤害低音单体（详第三章）。

另一个常用的功能是减少表演会场或舞台监听喇叭的回授，最有效的方法是在试音时先将等化器所有频率设在0dB之处，试音完毕后，慢慢地增加系统的音量直到回授发生，回授一发生，我们凭经验就能听出来是哪个频段，我们可以试着衰减那个频段的某一频率来解除回授，到底是哪一个频率呢？我们必须要搜寻才能找到正确的频率，这也需要一点经验！

解除第一个回授之后，我们又可以再将系统音量推大，直到又发生回授，我们又可以找到另一个导致回授的频率，再解决它。这个步骤重复数次之后，可能会有好几个频率被衰减（通常只有几dB而已），但是却能使现场系统与舞台监听系统在回授之前得到更大的音量，操作者必须注意，因为衰减的频率可能造成音响频谱的空洞，因此我们在做衰减时下手要轻一点以便尽量保持音乐原来的风貌，解决回授问题是一种不断尝试的工作，既要音响好又不想发生回授是互相矛盾的事，有时操作必须面临两难的抉择。

（3）别过度使用等化器

等化器有改变人声和乐器频率特性的功能，但是过度地使用会让声音变得很奇怪，当我们增益某个频率时，事实上我们让某个频段的音量变大了，而这个结果会使得混音机或音响系统的余裕变小了，因此较容易发生失真讯号，我们下手时都要很谦卑，切记等化器是个有利的工具，也是一个让你搞砸的麻烦制造者。

请花一点时间了解各种乐器及人声的频率内容，花一点时间摸熟等化器的操作功能，经验等化器所能改变频率的特性，别怕多做多错，一定要错了再试，你命中注定要错很多次，就像其他操作者一样，唯有勇于尝试汲取经验的人，才能把事情做好，才会进步。

12.一些有用的EQ设定

■低音鼓

为了增加低音鼓冲劲，除了把低音EQ增强之外，同时将250~300Hz的中频做某种程度的衰减，这样可以产生一个无箱音，坚固有力道的低音，如果增强一点高频，可以增加低音鼓的冲击力量。

■小鼓

可以和低音鼓调整的方式一样，或者将6kHz的中高频增强一些可以产生较清脆的声音，或者试着增强1kHz可以得到一种“科技”的声音。

■木头空心吉他

250Hz衰减一点，可减少轰鸣声，混音时低频等化衰减可使声音较为细腻些，高频增高一些可以使声音明亮一些，4kHz和6kHz的中频增益也可以达到类似效果。

■人声

尽量愈少用等化愈好，除了可以保有自然的声音之外，在现场演出中也可避免产生回授，如果一定要调整，则尽量在高低频等化钮调整，不要去动中频，吹麦现象用EQ的方法如果效果不好。我们可以利用口水罩放在歌者和麦克风之间来解决。

■电吉他

依电吉他不同在3kHz和6kHz之间增强一些产生激昂的效果，如果声音太模糊，则低频衰减或许有些帮助。

CMH8C

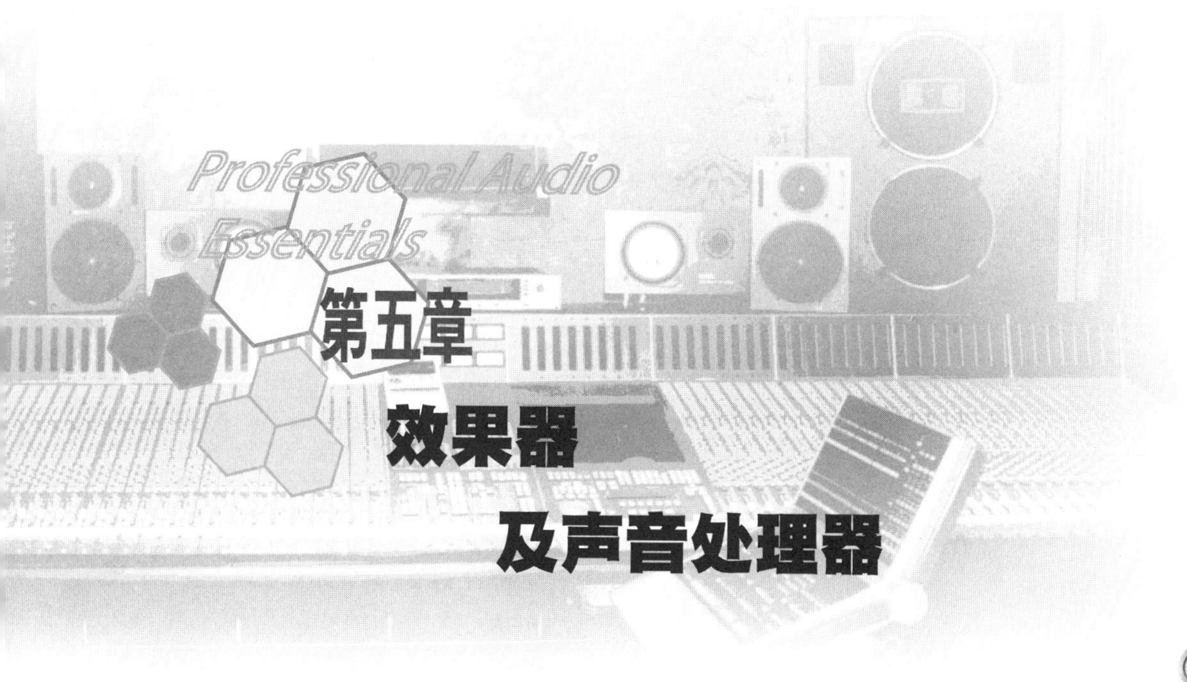

第五章 效果器及声音处理器

☞ 1.延迟器 / 回音器 DELAY / ECHO

延迟（DELAY）及混响（REVERB）的基本原则是，在一段时间内复制一至数个输入讯号源，其运用的时机必须依照机种设计的特性及使用目的而定。

延迟器的定义是接着讯号源之后某特定时间内复制一个讯号源，产生延迟效果有三种方式：

1. 磁带延迟（TAPE-DELAY）

【已停用，1970年代以后已被类比及数位延迟方式取代】磁带延迟是利用循环重复播放的录音带，一个录音磁头及一个或一个以上的

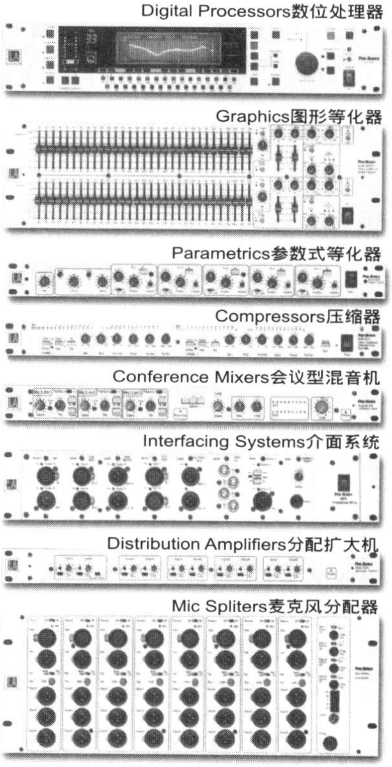

BRITISH TELECOM 公司是英国最大的电影及录影带制作公司，利用ISDN传送数字音响讯号

放音磁头组成，放音磁头之间有一个距离，当录音磁头录下一个讯号，放音磁头重播时，就有延迟的效果，只要调整录音带转速的快慢就可以控制延迟音的速度。

2. 类比延迟（ANALOG-DELAY）

类比延迟采用的方法是将讯号源以每秒约25000次的取样率来修改各取样点的参数，然后再重播出去产生延迟的效果，在数字机种未出现之前，是市场上的主流产品，现在还应用在乐器效果器上。

3. 数字延迟（DIGITAL DELAY LINES，缩写为DDL）

【目前最流行】数字延迟采用的方法与类比延迟类似，但是取样率每秒高达30000~50000次，而且附有ADC类比数字转换及DAC数字类比转换器，它把改变参数的工作都以数字的方法处理，运算快，功能强，设定简单，还有记忆功能，是现在音响工业的标准。仍然有一些表演者喜欢使用类比延迟的音

从白宫广场到林肯纪念堂距离约3.333公里，有一百万观众，需要20座喇叭塔传送舞台上的声音，每一座喇叭塔的延迟时间都不一样，要让一百万人都听到清楚高品质的音响，这才是真正的PA

（1）离舞台最远的观众听到的声音将会延迟3333m÷344.4m/秒音速＝9.67秒

伤脑筋！

（2）如果每座喇叭距离相等，其间隔距离约为166公尺，因此塔与塔之间的讯号延迟时间是0.48秒

$$
\begin{array}{r}
0.48 \\
344.4\overline{\smash{)}\,166} \\
13776 \\
\hline
28240 \\
27552 \\
\hline
688
\end{array}
$$

色，但是反而让人听起来比较温暖，因为类比延迟器取样速度慢的设计影响了高频响应的表现。其实我们可以用等化器将数字延迟器产生的属于高频率边缘的较高频率滤掉也可以得到比较温暖的效果。

延迟器主要有两种目的，第一种是建立一个延迟系统，在大型户外演唱会中，后面的观众离舞台很远，必须另行架设副喇叭塔来弥补舞台两侧主系统PA之不足，但是主系统PA喇叭讯号传至后面观众，其所走的距离比副喇叭塔远，后面的观众于不同时间（差很少，但是已经有明显不好的效果）听到相同的节目，会很不清楚，尤其是打击乐器特别严重；这时就得利用延迟器使得副喇叭塔发出的讯号延迟，并和舞台两侧主系统PA喇叭讯号同时到达后面观众聆听范围，就可以完成任务。计算的方法很简单：主系统PA喇叭与副喇叭塔之距离÷声速＝延迟的时间，延迟时间的单位通常是毫秒。

【注：声速＝344.4 m/秒】

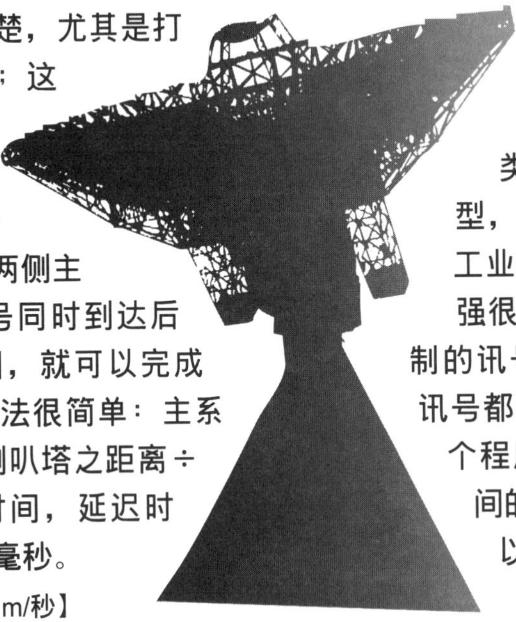

另一个例子，我们常在有线电视台或电视台SNG转播时发现主播讲话的声音和其嘴形不能吻合，因为SNG可以利用微波一起传送VIDEO及AUDIO讯号回电视台，讯号传回电视台之后，必须要解码微波才能变回VIDEO及AUDIO讯号，但是解码VIDEO讯号比较慢，因此声音解码出来之后，要再做延迟才能和VIDEO画面同步，有的电视台将AUDIO及VIDEO用不同的介面传送，AUDIO用ISDN，VIDEO用微波传送，ISDN与微波的速度本来就不一样，那就一定要用DELAY来解决。

第二种更普遍广为大家运用的是为了音响效果，一般也有类比式与数字式两种机型，数字式机种已逐渐成为工业的标准，在使用功能也强很多，是可以调出数个复制的讯号，当然每一个复制的讯号都将比前一个讯号衰减一个程度，每一个复制讯号之间的时差也可以调整长短，以应现场需要，有的数字机种还有工厂预设值供使用者参考应用。

2.混响机 REVERB

混响机的定义是复制数个输入的讯号源，可调整复制的速度及复制的数量，适当地加入混响效果可以将人声或乐器声的内涵更加丰富，让小的表演空间显得更有深度更加宽广。

早期混响机会在机箱内使用弹簧来制造效果，转换电子讯号为弹簧的机械式震动，改变弹簧震动的参数后再转换回电子讯号，完成加入混响效果的任务，这种机器很便宜但是不能满足大家的需求，因为很难调整混响复制时间，对于混响特性改变又缺乏有效的解决办法，自从数字式混响器问世之后，挟其强大的功能，还有传统机器无法办到的特效——即可程式调整各种参数优点，迅速占有了市场，取代了传统的混响机。

数字混响机采用DDL类似的设计，但是程式设计比较复杂，以用来计算混响的速度及数量，通常被复制的讯号会比复制讯号能量更大，高频响应也比较好，这样的设计是因为实际音乐厅或礼堂里的混响其高频的衰减是最快的。

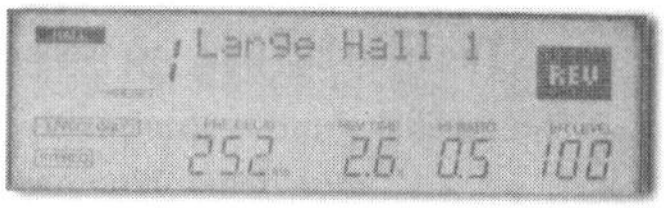

大型LCD显示幕展现效果形式名称及目前设定资料。

旋转混响时间控制钮，可以目视混响时间变化图形。

旋转Hi-RATIO控制钮可以即时地显示高频率衰减的状况。

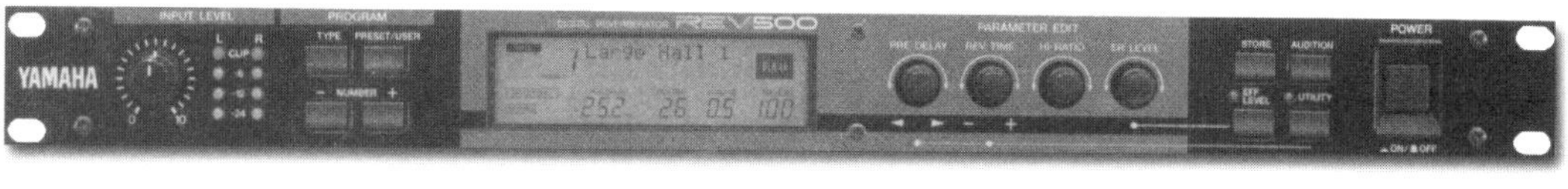

YAMAHA REV 500 混响机

☞ 3.压缩/限幅器 COMPRESSOR/LIMITER

压缩器及限幅器的基本目的是帮助讯号电平维持在一个可以工作的动态范围，不管是为了人耳或配合系统的极限，简单地说就是衰减比设定的讯号电平多出来的增益量，也可以称为增益减少，我们依其衰减前后讯号电平为座标画出来的斜线斜率，定义为其压缩比例，一般机器都提供压缩比例可选择的功能以利各种不同的应用。

使用压缩器及限幅器主要是确定讯号电平一定不会超过某一电平，或者减少因超过触发电平而产生剧烈的电平变化。基本上压缩器和限幅器的功能是一样的，唯一的差别在于它们可以对抗衰减增益的量（一定是超过触发电平，才会有动作），一般来说压缩比例在10:1以上时就归类为限幅器。

限幅器对于系统的保护是最佳利器，它可以真正地保护功率扩大机、喇叭或避免系统其他部分的过载，而导致失真，例如功率扩大机。

系统保护时，限幅器应接在分音器之前，因为如果有状况发生，限幅器开始作用将增益拉下，因此系统的增益并不会产生对功率扩大机或喇叭不安全的输出。

使用主动式分音器时，最好的保护喇叭方法是被分割的高、中、低频讯号都各有限幅器，才能完美保护功率扩大机及喇叭不致过载。

> 一般定义：
> 压缩比
> 10:1以上就是限幅器
> 10:1以下就是压缩器

我们想减少不悦耳的动态峰值或要保持人声或乐器的讯号在一个有限的动态范围，就得将限幅器调为低增益压缩比例，通常调整在2:1或4:1的压缩比例，请用自己的耳朵去比较一下，送人一个大于触发电平的音源，调整压缩比例，去体会一下比例不同所产生的结果，记取这个经验作为将来现场设定的参考。

如果过度地使用压缩，采用很高的压缩比会使得声音不自然，因为压缩启动或释放时间太快，反而引起不良效果，特别是使用在MASTER INSERT时，千万要注意MASTER INSERT过度使用压缩，

压缩/限幅器面板使用说明

立体连动，可以利用第2频道完全模拟第1频道操作模式工作

此部分为扩展器 / 杂音闸

此部分为压缩器　第1声道

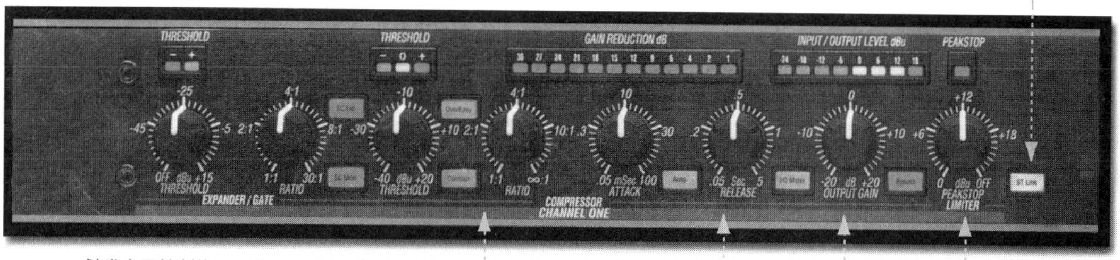

触发电平控制旋钮至少有60dB的调整空间

扩展比例从1:1~30:1

触发电平控制旋钮 -40~+20dBu

压缩比例从 1:1 ~ ∞:1

启动时间从0.05毫秒－100毫秒

释放时间从0.05秒~5秒

输出增益 -20~+20dB

自动停止限副之峰值调整钮

旁通键

预防低频泛滥

电表显示输出或输人选择键

自动调整启动及释放时间

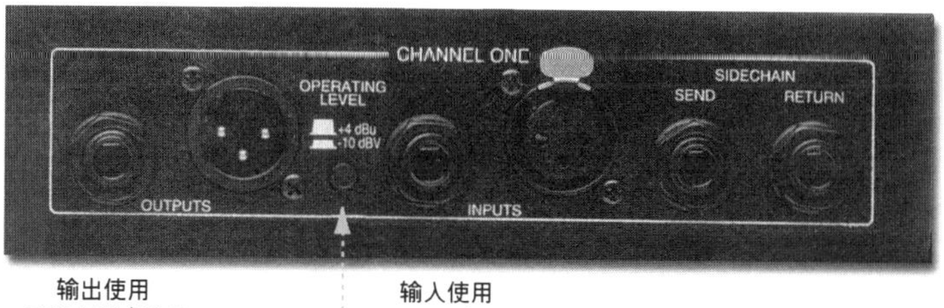

输出使用 TRS1/4″或XLR

输入使用 TRS1/4″或XLR

工作电平 +4dBu及-10dBv 切换开关

将对整个节目内容产生影响，不好就是全都不好。

另一个过度压缩的缺点是反而更容易引起回授，因为当讯号源低于触发电平并令压缩功能消失，系统将增益恢复至正常时，很容易产生回授，唯一的办法就是调高触发电平之值，让过度压缩迟一点发生，但未发生的讯号电平也必须符合节目的需求（当然最好勿过度压缩）。

如何设定触发电平

压缩/限幅器的使用有下列几种参数：

触发电平 THRESHOLD；

启动时间 ATTACK；

释放时间 RELEASE；

压缩比例 RATIO。

一般市面上的机器其触发电平有两种形式：

第一种：触发电平固定的压缩限幅器，并有讯号输入增益及输出增益调整旋钮，讯号输入负责将输入讯号提升至触发电平，输出电平负责将被处理过后的讯号离开机器。

第二种：可选择式触发电平，触发电平是操作者的靠山，反正一超过触发电平就在一定时间内把增益拉下来，等大音量过了又可以恢复正常音量，这种机型比较贵一点，但是比较好用。

压缩或限幅功能的发生与还原跟时间有关系，ATTACK是启动时间，RELEASE是释放时间（释放什么？释放压缩/限幅功能）通常快速启动及快速释放的调整是用来保护喇叭及打击乐器的平衡，启动和释放时间如果太快将会产生低频的削峰失真，幸运的是新的机种很多厂商都已有自动消除此种失真压缩的功能，请使用中度的启动与释放时间，一定要多练习多体会才能调得精准，一般情况，慢的释放时间很重要，它可以使节目有平顺的动态响应，也可以避免产生一种喘不过气来的效果，但是释放时间太慢也不行，这样会演变成机器侦测到一个高音量进行压缩之后，原本应该恢复正常的讯号电平，但因为释放时间太慢，机器还在压缩，连正常讯号电平也受影响，启动时间太慢更不行，因为机器侦测到高音量发命令要压缩时，如果启动时间太慢，还未完成压缩，高音量已经使扩大机产生削峰失真，甚至高音喇叭也已经没声音了。

图(A)　益增衰减比例4:1，8:1及20:1，压缩比在2:1到4:1之间是用在压缩人声和乐器声，压缩比8:1通常用在保护喇叭单体或防止扩大机产生削峰失真。

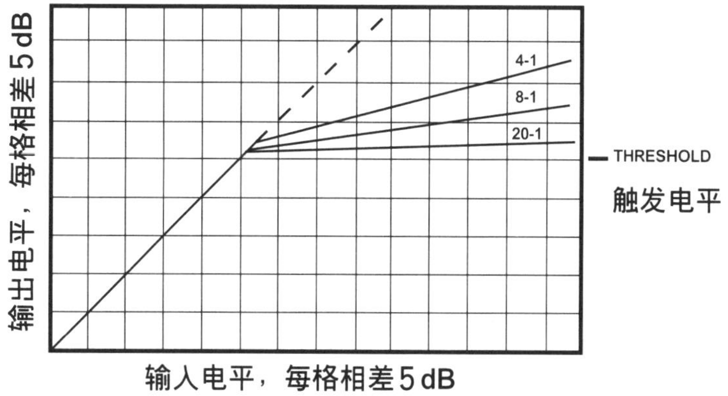

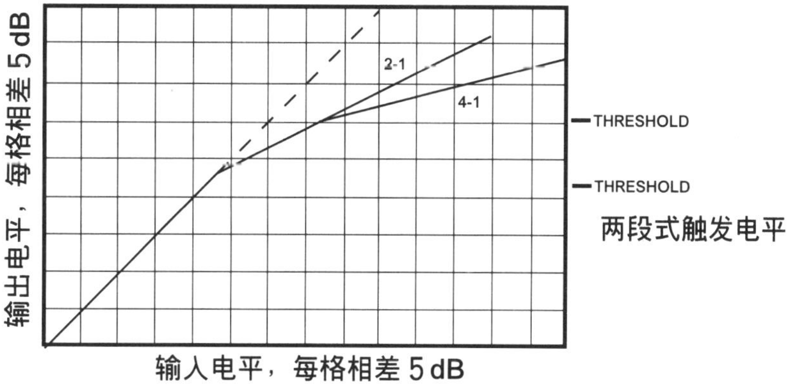

录音时的人声压缩

录音当中，通常需要将人声做某一程度的压缩，以使得人声的录音电平能够很平衡，压缩器应接在适当声道插人点上(利用插线盒或Y型转换线)，压缩器可接在人声麦克风声道的插人点，典型的压缩设定如下:

Attack启动时间　Fast快速

Release释放时间Half a second半秒

Ratio压缩比 4:1 或 Soft knee

Threshold 触发电平设定在可将大的峰值讯号作10dB左右的压缩衰减，仔细研读压缩器使用手册，以便得到更多的资料。通常，我们最好在录音时加一点压缩，然后在混音时再加一点(如果有需要的话)，如果在录音时加人太多的话，是不可能在以后的工作中消除的。

某些状况将全部立体混音压缩，可以得到一个更平均或更有能量感觉的音响。此时压缩器应该接在立体主输出的插人点，而且要设为立体模式下工作，全部混音的压缩方式应该不要考虑是万灵丹，很多专业录音师在他们最后混音时只使用一点或者根本不用压缩器。

请接起来试着调整，才能体会释放时间及启动时间的意义

4.噪音门NOISE GATE

电子设备或其他设备产生的杂音，是我们做音乐人最大的困扰，如何消除功率扩大机的嘶声（HISS）或哼声（HUM），环绕噪音或舞台串音、舞台震动杂音及系统的杂音，噪音门可以解决这个问题，噪音门是将触发电平以下的增益讯号衰减掉，好像一个闸门，讯号电平未达触发电平时没有声音（未开闸门），一旦讯号电平到达触发电平时，声音就发出来了，因为闸门开了。噪音门最常用在人声及套鼓收音，使用多支麦克风收人声或鼓件，每支麦克风都可由噪音门设定触发电平，没有发声的人或没有被打击到的鼓，噪音门会把它们用的麦克风关掉，不会有串音之虞，可

以使录音清晰，增益增加又不怕产生回授。

☞ 5.扩展器 EXPANDER

扩展器的功能与压缩器相反。全音域的扩展器很少用在现场成音或重播系统，它们的功用是在解除窃听系统为了消除杂音及无线电麦克风讯号迁就无线传输及接收能力而被压缩的讯号，扩展器可以解除因录音压缩而失去的动态响应，以前LP唱片时代，为了怕跳针，录音讯号都被压缩至某一程度，无线电台为了迁就无线传输功率，一定要维持一定的增益，所有的声音都被压缩至某一程度，为了再听得到失去的动态响应，我们可以使用扩展器，扩展器也有扩展比例、触发电平、启动时间、释放时间等参数可以调整，放LP唱片时，通常使用1.3:1的扩展比例就可以找回较强的动态响应表情，当然现在使用CD，动态响应更大，压缩少，有的发烧片甚至没有压缩，就用不到扩展器，但是FM电台还是必须将节目讯号电平压缩后再发射给我们听众，扩展器还是有功用，但是使用扩展器一定要很小心以免对系统有害。

☞ 6.范例

本节将介绍几个典型的压缩器使用范例，其基本设定可以解决大多数的动态问题，是学习使用压缩器最好的例子，举BEHRINGER AUTOCOM PRO来说，其主要功能有三：

1. 扩展器/噪音门EXPANDER/GATE部分可消除干扰及压抑背景杂音及消除多轨录音中个别轨道的串音问题。
2. 压缩器COMPRESSOR部分可在录音或乐器表演中压缩整个节目内容，以产生特殊效果及不平常的声音。
3. 动态增强器DYNAMIC ENHANCER部分是设计用来将压缩过的声音讯号重新鲜明起来。

压缩/电平调整/限幅/削峰失真 COMPRESSIONLEVELLINGLIMIT-ING/CLIPPING

压缩COMPRESSION

可以把大量的动态电平转换至一个限制的范围，最后完成的动态电平和触发电平、触发速度、释放

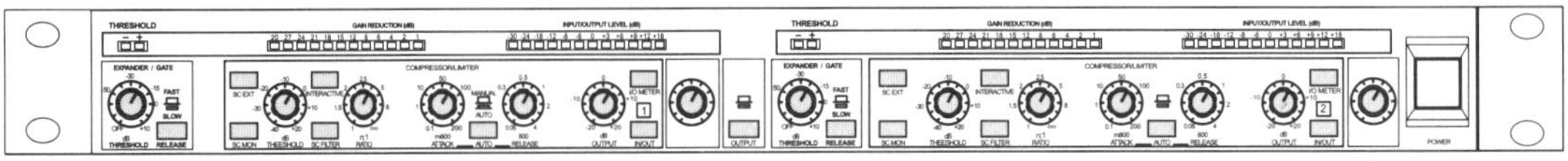

时间及压缩比有关系。

如果要利用压缩器将低电平讯号增大音量，通常只要将触发电平设低一点。

INAUDIBLE″无感觉的压缩模式需要将触发速度及释放时间调为快速FAST，压缩比调为低LOW。

要产生可辨识及有创意的音响效果，通常得选择较快的触发速度及较高的压缩比，才能产生短程的动态效果。

电平调整LEVELLING

电平调整可以将输出电平保持常数，也就是说可以补偿音乐节目长程增益的改变，却不影响短程的动态效果，通常触发电平要调地很低，才能将低电平讯号音量增大，电平调整需要SLOW慢的触发速度及释放时间结合高的压缩比，因为反应时间比较慢，使得电平调整功能对讯号峰值或短程改变来不及反应。

限幅LIMITING

限幅功能需要快的触发速度、高压缩比及快的释放时间设定，限幅可以独立控制并有特定用途，通常限幅器只限制高峰值讯号，因此触发电平设得很高，动态响应的损失将依压缩比设定及超过触发点的程度而定。

触发速度不影响超过触发电平的讯号峰值只用来限幅整个正常的节目内容，那么触发速度要高于20ms。

调低触发速度用来控制讯号峰值时，就称其为峰值限幅器。

削峰失真CLIPPING

和上节叙述的两种限幅器相反，失真模式的功能有无限快速的触发速度，无限大的压缩比及为所有超过某种电平的讯号创造一个不可超越的障碍（砖墙）。

为了控制讯号峰值不产生削峰失真功能，在不影响原始讯号振幅的条件下直接把超过触发电平的讯号切掉。

如果在一般状况下使用，这种功能保持不知不觉而且在某种环境中还能甚至改进音响效果，因为切掉突波会产生人工谐音，如果错误使用，削峰可能导致非常明显的不愉快的失真，会将讯号波形转换成方形波讯号，这种效果最常用在吉他失真效果器（“FUZZ”）。

扩展器/噪音门部分 EXPANDER/GATE

扩展器/噪音门最大功能在于可从有用的讯号中不知不觉地消除不需要的背景噪音，扩展器可以自动减低所有低于触发电平的整体节目电平。

扩展器的功能与压缩/限幅器相反，通常在平坦地压缩比曲线作用，因此讯号将会一直继续的变小声。

噪音门可视为高压缩比的扩展器，如果讯号低于触发电平，它会马上把讯号衰减掉。

BEHRINGER AUTOCOM PRO具有最新发明的IRC互动式压缩比控制电路的扩展器，其压缩比例可依节目内容自动调整，传统的扩展器只能鲁莽地切掉讯号造成增益改变太明显而不被人接受的结果。

IRC扩展器因此可以具有一个平滑互动式非线性比率曲线，非常适合人类耳朵的听觉习惯，在触发电平附近的临界讯号将会以较慢的扩展比来处理，反之以较高扩展比来处理电平将造成较快的衰减功能。

其好处就是较能调整出可容忍可用的讯号。

扩展作用因此可在极缓冲SOFT且低压缩比设定的方式进行，使得恶名昭彰的负面效果不易察觉。

IRC扩展器的触发速度是自动及独立程式的，也就是在快速改变的讯号，用快的触发速度，在比较平衡的节目内容，使用较慢的触发速度，因为具有自动追踪适应节目进行的功能，新的IRC电路技术支援的产品其效果比传统的扩展器好很多。

解决录音室串音问题

播音或录音时为了解决各轨之间的串音问题，最常用扩展器/噪音门来处理，录制鼓声时，因为各个麦克风靠得很近，各鼓组高音量电平经常串音到其他邻近的麦克风内，使得各音轨录音频率冲突而产生相位凝结问题COHERENCE，甚至还发生意想不到的音响，好的录音，一定要各自独立的麦克风录各自独立的鼓，而且每一支麦克风都有噪音门功能。

以小鼓录音为例，触发电平要调整到只有打击小鼓鼓皮时才能触发压缩功能，每一支麦克风应该设在它最大工作电平，监听及触发电平的设定必须使每一下小鼓打击声都很清晰及分离。

扩展器/噪音门发挥效果的好坏，得依靠麦克风使用的技术，当高频乐器座落在单指向麦克风的侧面或背面时，请特别小心，大多数单指向性麦克风处理较高频率时，会表现出音色尖锐的偏轴响应特性，如果在5~10KHz频段范围的中心轴和偏轴响应只有2或3dB的差异，钹的收音可能会串入中鼓的麦克风收音里，hi-hat的音响也可能串到小鼓麦克风里。

请多加利用麦克风收音指向的特性，尽可能的避免串音的产生，确定利用好的麦克风技术来完成音源独立收音的工作，否则扩展器/噪音门将无法保证清晰明朗的分离度。

扩展器/杂音闸的初始设定

刚开始先使用较低的触发电平使讯号可以不改变的通过AUTOCOM PRO，现在顺时针调整触发电平直到所有不需要的噪音都被消除，而只听到乐器的声音。

为了要适当地与节目内容搭配使用，我们也可以再选择SLOW或FAST的释放时间。只有一点或没有混响的打击乐器声，适合用FAST模式，SOLW模式适合用在延长音的讯号或含有环境音很重的讯号，我们可以发现快速释放的时间较适合分离大多数的打击乐声，然而钹及中鼓通常适用SLOW模式。

控制	设定
触发点控制	OFF
释放时间开关	SLOW

如果控制功能设定正确，鼓声将设为较干较尖锐清楚，如果麦克风数量不够或AUTOCOM PRO的声道无法单独录出每一个乐器声，我们就得将收音乐器形成一个群组，例如将小鼓和高音中鼓放在一起，中音中鼓和低音鼓及钹放在一起收音，主要目的是打击各群组的乐器时，就会有特定的麦克风会开启收音，只有那个群组的乐器声音被录下来，其他群组的麦克风呈现静音状态。

减少舞台麦克风的串音

AUTOCOM PRO可以用在现场表演工作，舞台上及多轨录音事件，适当的设定可以有效地驱逐背景噪音及麦克风串音等等，而且不会产生副作用，扩展器/噪音门最常用在控制人声，使用压缩时，麦克风和歌者之间的距离及方位很重要，距离愈大，麦克风对背景噪音的灵敏度就愈大，请利用扩展器/杂音闸部分的慢释放模式，可在不知不觉中消除表演停顿时发现的背景噪音，现场表演时也可以改善乐器麦克风串音的问题。

减少舞台麦克风的回授

当歌手使用麦克风时，他们的声音可有效地阻止其他的声音进入麦克风，但是演唱之间的空档，麦克风会收到现场PA及监听喇叭发出的“噪音”，可能会引起回授问题，如果AUTOCOM PRO插入麦克风声道，它就会在唱歌停顿时关掉该声道，以减少产生回授的可能性，基本上所有麦克风都应包含此功能。

效果器途径的噪音消除

效果器机柜常常是PA系统中或录音设备里主要被忽略的噪音来源，近年来混响及延迟器的价钱大幅下跌，使得所有的小录音室或家用录音室都买得起，然而多功能效果器整体上比较容易增加噪音电平，因此请在效果链最后再加上AUTOCOM PRO来消除杂音，建议使用慢的释放时间以获得自然的混响。

扩展器 / 噪音门的使用创意

扩展器/噪音门还可以改变音响的特性，例如在室内乐器演奏产生的环境音或混响可以被修改：当乐器声停止衰变（DECAYING）时，乐器混响以低于使用者设定的触发电平，利用触发电平旋钮及释放时间开关来控制混响。

乐器声衰变的特性可由释放时间开关控制，因此乐器的天然特性得以保留，依使用效果器之经验得知关键在于控制乐器声的衰变，在SLOW模式的讯号是慢慢地淡出，在FAST模式，混响可以完全消除。

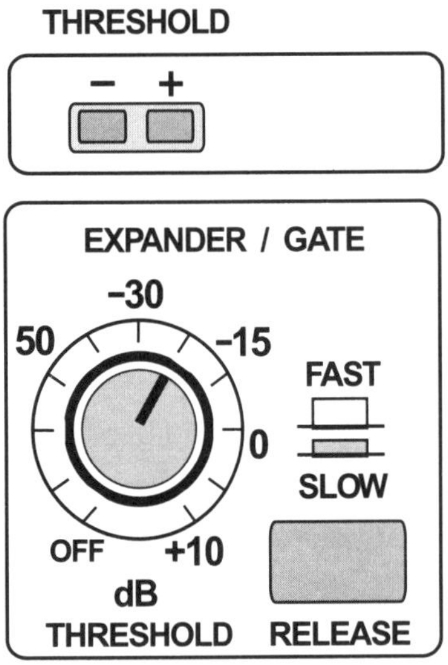

压缩器部分 COMPRESSOR SECTION

压缩器的主要功能在减少节目内容的动态范围来控制整体的电平，压缩器提供很广的动态效果，从音乐到限制讯号的峰值，关照整体动态响应。

举例来说：低的压缩比及非常低的触发电平设定可以用来完成一般音乐节目的动态响应。

较高的压缩比及低的触发电平设定可以促成乐器与人声的相对常数音量（自动电平），高触发电平设定通常会限制节目的整体音量，压缩比大于6：1就可以有效防止输出大幅度超出触发点（当输出控制

压缩器的初始设定：

控制	设定
输入/输出 IN/OUT 开关	IN
外接式周边设备 SC EXT 开关	OUT
周边监听 SC MON 开关	OUT
互动式INTERACTIVE 开关	IN
周边设备SC 滤波器SC FLITER 开关	OUT
触发电平THRES HOLD开关	+20dB
压缩比RATIO 控制	3:1
自动AUTO控制	IN
输出OUTPUT 控制	0dB

设定在0dB位置），会使声音显得不自然，设定压缩比低于4:1，可以减低音乐的动态响应，最常用在贝斯吉他、小鼓或人声上，灵敏及中性的设定通常用在混音工作或用在制作广播节目。

逆时针转触发电平调整一直到增益衰减表显示适当的增益值，其唯一的副作用为输出电平会变小声，我们可以顺时针转大输出音量控制钮作为音量减弱的补偿，被处理与未处理的讯号，可以按I/O电表按键来切换比较，这时候就可以进行最后的微调，以便适应个人的特别需求。

★特殊范例

利用AUTOCOM PRO录音及拷贝卡带

录音拷贝要求在录音媒体得到最佳的录音电平，太高或太低的录音电平都会产生杂音、失真等等，母带制作多轨录音及拷贝作业时，一定得有人专心照顾，才能操控卡带及DAT拥有完全的动态范围，原则上，利用推杆是可以控制录音电平，然而现场多轨录音时，音源电平的不可控制，推杆控制显得没有效率，全部声道的讯号电平无法同时控制、监听，当然无法完成满意的录音效果。

自动增益控制系统可以达成比较好的结果，使用AUTOCOM PRO的动态控制功能可以将类比及数字录音达成，既能免除杂音及失真，又可达到最大的动态范围的效果。

使用AUTOCOM PRO做数字录音及取样

类比录音，录音电平太低会使杂音变得明显，录音电平太高将被压缩使得声音不真实，最差的情况也会使磁带饱和而产生失真，数字录音不同，录音电平决不能超过0dB，因此AUTOCOM PRO就必须装在数位录音机之前或取样机之前。使用AUTOCOM

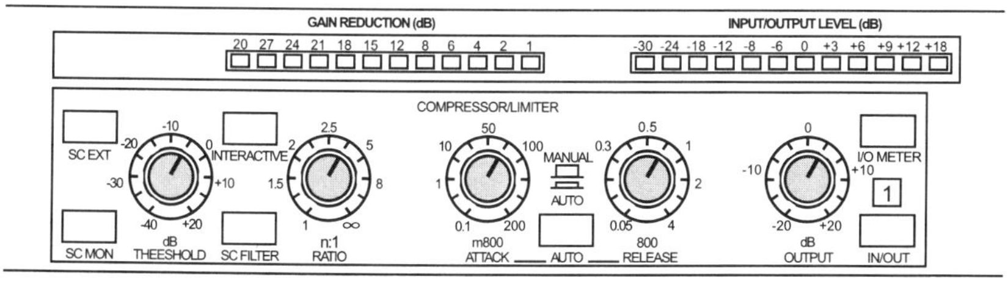

PRO从事母带制作，母带制作是录音工作里最挑剔严格的阶段，母带制作的目的就是录得录音最大电平之下，却不产生任何杂音或失真，有很多场合还需要产生平均的高音量，这使得动态响应受到很大的限制，因为音乐内容被压缩与限幅太多了。

使用AUTOCOM PRO为限幅器允许我们增加整体音量，却不影响动态效果。操作如下：

限辐设为6dB，将AUTOCOM PRO设为峰值限幅器（比例 ∞：1）突波出现时偶然失真的输入电平控制，在真实音乐进行时就不会被限制，可以让音乐的余裕更大，现在可将整体增益增加6dB，使音量变大（勿超过6dB，否则会产生其他副作用，耳朵听得出来）。

这种效果在DAT录音最明显，因为DAT的电平显示灯其反应时间小于1ms，将DAT录音机峰值电平设在0dB，然后将压缩器增益减掉6dB，这个衰减掉的讯号峰值使得录音电平小了6dB，（可从DAT电平显示灯看出），现在将DAT录音电平还原至0dB，就可使录音电平加大，却不损失音响。

使用AUTOCOM PRO为保护设备

音响系统的失真通常是扩大机及喇叭使用超过极限而产生讯号削峰所致，讯号限制将产生不好听的失真，同时对喇叭也很危险，喇叭震膜的运动在正常操作中会加速、变慢、缓慢地改变方向或又加速。

失真的产生使震膜急剧地加速、急剧地停止，改变方向或又急剧地加速，因为喇叭震膜会遵从物理定律，它们无法承受这种惩罚太久，震膜将会破裂或它的音圈可能会过热。

除了持续失真引起的伤害之外，喇叭也能被意外的高电平过载而伤害，例如麦克风掉到地上等，即使喇叭没有马上损坏，其纸盒承环也都会受到某种程度的损坏，造成机械性磨损及导致将来故障的因素，建议您使用限幅器来保护喇叭。

保护使用被动式分音器的系统

如果音响系统使用被动式分音器（分音器包含在喇叭箱内），请将限幅器接插入在混音机输出及功率扩大机输入之间，这样就可以有效地避免高能量的低频率讯号伤害到中/高音单体，因为大音量的低频讯号很可能将扩大机电源供应器过载，中/高音喇叭又无法不接受而导致失真，因此，功率不大的扩大机最好使用限幅器来保护。

保护使用主动式分音器的系统

使用主动式分音器有两种接法：

（1）插入混音机输出及分音器输入之前，会处理全音乐频段的讯号；

（2）插入主动式分音器输出及扩大机输入之间，主动式分音器有两音路或三音路，每一音路都个别输出至扩大机，这样可以处理某频段的讯号，这种接法最适合保护容易损伤的多音路喇叭系统的零件，例如中高音单体。

外接式周边设备 EXTERNAL SIDE CHAIN

外接式周边设备功能SIDE CHAIN AUTOCOM PRO的周边设备，是很有用的外部控制功能，启动SC EXT开关后，AUTOCOM PRO就会将输入的音响讯号切断后，送往SC SEND周边设备输出，然后SC RETURN周边设备倒送就会被外接效果处理器送过来讯号控制，外接周边设备的工作电平一定要为高电平（-20~+10dBu）及一定要设定为UNITY GAIN（即不得增益或衰减的原始讯号强度，输出电平＝输入电平）。

周边设备加装一台等化器

将等化器控制独立于压缩工作之外很简单，只要将图形等化器或参数等化器接至外接式周边设备即可，为了维持AUTOCOM PRO触发电平之设定，不需要的频率应该由等化器衰减，需要的频率应该保持原有同样的电平。

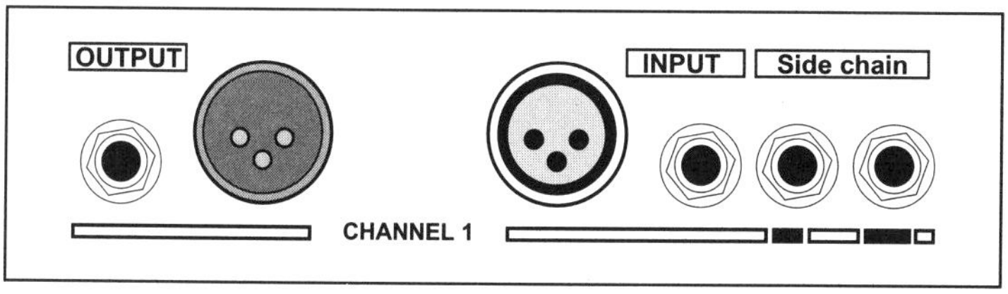

☞ 7.宽波段选择性高频压缩“De-Esser”

De-Essing是一种宽波段选择频率压缩的特别功能，录人声时常会有嘶声的困扰；高频率的嘶声及气声可以产生非常大的能量，有时会让人声听起来很粗，很尖锐不清晰，解决办法是：压缩或限幅不需要的频率，此功能只压缩被选择的频率，只可在侦测到嘶声及气声时，暂时衰减电平。一般的压缩器如果它的侦测电路登记了大量的高频率资料，那么全部的音乐电平都会被衰减，因为一般压缩的方法影响全部的音乐频率，De-Essing叫做宽波段选择频率压缩。

请注意选择频段压缩的形式和一般简单而固定的梳型滤波等化方法是非常不一样的，因为De-Essing是在周边设备SIDE CHAIN(SC简称)路径插入等化功能，等化器是插入在SC输出及SC倒送的回路，当SC EXT开关按下，等化器就插入周边回路内开始控制，加上周边监听功能的帮忙，等化器的中心频率可以准确地调整追踪到嘶声频率，将其他的频率做最大程度的衰减，只要调好触发点，压缩器就会只针对由等化器产生的独立讯号做动作，因此嘶声的电平就能有效率的限制。

De-Esser 功能的初始设定	
控制CONTROL	设定
周边设备开关 SE EXT	IN
周边监听开关SC MON	OUT
互动式开关 INTERACTIVE	OFF
周边设备滤波器开关SC FILTER	OUT
触发电平控制 THRESHOLD	+20dB
压缩比例控制 RATIO	1:4
自动功能开关 AUTO	OUT
触发速度控制	0.5ms
释放时间控制	200ms
输出控制 OUTPUT	0dB

操作方法

将触发电平控制旋钮反时针转，直到显示表显示电平被适当地衰减，现在按下SC MON监听开关用听觉选择频率（大致为6~10KHz）一直找到嘶声发生的频段把其他频率全部衰减后，关掉SC MON开关后再微调触发电平控制，使压缩器只在嘶声发生时，才产生压缩作用，但是AUTO自动功能要关掉。

不需要讯号的频率选择滤波器，依设定De-Esser原则，压缩器可以用来消除低频率的隆隆声，哼声及设备噪音（空调系统、照相机噪音等），利用SC MON监听开关，调整等化器的频率，找出低频率的隆隆声，哼声及设备噪音的频率，再利用峰值滤波器（设为高斜率），小心地减低其他不需要频率的音量，进行De-Esser的设定，其结果则会压缩被选择的频率，也因此减低音乐内容的增益。

录音时抑制乐器音量

BEHRINGER AUTOCOM PRO有另一个功能就是改正先前录好的音乐内容，例如：低音鼓太大声需要压抑，就将所有高于150Hz的频率衰减，这个设定导致特定频率会在压缩器侦测到超过触发电平时被压缩，利用增大触发电平的控制可以把压缩的动作限制给大音量的脚踏板或鼓棒的动作，一般来说，高的触发电平设定可以防止整体音乐不会太容易被独奏乐器或大音量而连带压缩。

录音时加强音乐乐器的声音

相反的你也可以用BEHRINGER AUTOCOM PRO带出一段乐器独奏或独唱，利用SC MON监听开关，对上想要加强的音乐乐器频率（最好用有高斜率的梳型滤波器），请确定本范例中是衰减被选择频率的音量，因此压缩的结果将会使其他频率音量下降，只有从等化器送过来的被衰减的频率没有被压缩，因此音量比较大，这种相反的压缩形式也可以在低音量时帮助加强乐器音量，使它们较明显。

人声－覆盖／压缩／VOICE-OVER／COMPRESSION

BEHRINGER AUTOCOM PRO 可以在有人用麦克风说话时自动减低节目音量变成背景音乐，AUTOCOM PRO 利用麦克风来控制自动推杆，麦克风接上前级扩大机或将讯号送入SC倒送输入，因此音乐输出和麦克风收的人声就混音在一起，这种例子叫做“人声－覆盖”（VOICE-OVER）压缩，最常用在迪斯可、广播电台中。

从节奏音轨驱动其他的音轨

这个技巧是利用节奏音轨，为了这个目的，只用到扩展器/噪音门部分，压缩器及动态增强器部分要关掉。

贝斯吉他音轨接在AUTOCOM PRO的系统里，低音鼓接在SC倒送的输入，将SC EXT开关打开，贝斯吉他就被低音鼓驱动，并混音一起。

第六章 麦克风 MICROPHONE

声音千奇百怪，还没有一个麦克风可以胜任所有音源的收音工作，所以为了各种收音工作的需要，麦克风的种类繁多，特性不同，因此了解麦克风的特性及其正确的使用方法，实在是音响工程从业人员所应具备的基本条件，本章仅就日常使用麦克风的种类，特性及使用上应注意事项，与大家分享。

一、转换能量的形式

麦克风和喇叭很相似都是一种转换能量形式的音响设备，喇叭是把电能转为声能，而麦克风是把声能转换为电能，依麦克风转换能量的形式可分为压力式麦克风及速度型麦克风两种。

1.压力式麦克风其电子讯号的转换是由震膜正面感应声波迎面来的压力而得，声波压力的变化决定收音的结果，通常应用在全指向性麦克风。

2.速度型麦克风其电子讯号的转换也是利用震膜的震动，但是系由声波压力对震膜正、反面产生震动速度之差而得，丝带式麦克风就是速度型的麦克风。

压力式麦克风概论

压力式麦克风，全指向，平坦的频率响应，电容式，没有近接效果，适合在近距离使用。

因为拾音头的几何特性，全指向性的理想型式只可以维持到中频率部分，较高的频率从中心轴收到的音色会稍有补强，频率多高与拾音头外管直径有关，直径愈大则高频在中心轴与偏中心轴收到的音色差异就愈大。我们也可以在拾音头极座标图看得出来。

使用压力式麦克风可以将这种高频率补强的现象修正，使得在中心轴测得的频率响应平坦，这种麦克风最适合在近距离做自然音源的收音，如果它们放在混响区，这时来自墙壁、天花板、地板的反射音占着声音的主要的部分，就会让整体音色的明亮度受到损伤，大多数这种声音都会被反射表面吸音特性及从不同的偏中心轴角度送过来的间接音等因素，使得高频内容受到衰减。

加上高频补强可以达成比较平衡的声音，完美的全功能压力式麦克风是不存在的，使用者必须考虑拾音器的特性才能选择适当的工具。

压力式麦克风有一配件，状如球形，直径约为40cm或50cm，可以套在麦克风上（如图），它们可以改变麦克风收音的特色，却不需要使用等化器，它们的使用是一种口味不同的选择。

套上直径40cm的球形罩，其频率响应曲线会在1KHz~9 KHz范围内稍有补强（最大+2dB），套上直径50cm的球型罩，其频率响应曲线则在同范围内补强较多（最大+3dB）。

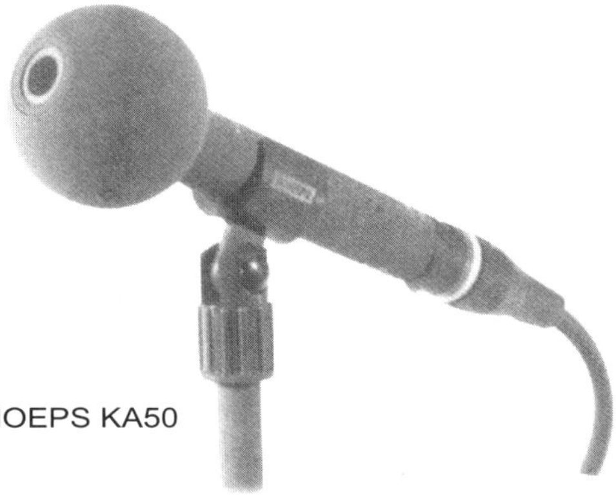

SCHOEPS KA50

SCHOEPS设计的麦克风及拾音头都是单震膜电容式，可分为压力式及压力梯度式两种，其特性详如右表：

二、麦克风种类

1.平面式麦克风 PRESURE ZONE MIC (PZM)

平面式麦克风是一种迷你电容式麦克风装在一片反射板或天花板或墙壁上；麦克风的震膜位置正好在反射板或天花板、墙壁正上方，压力式及压力梯度式的两种特性：

	压力式 Pressure Transducers	单指向压力梯度式 Pressure-Gradient Transducers
频率响应	特别平坦，正确重生低频，拾音头的中心轴响应没有高频补强的情形，但是设计收残响音场收音的麦克风会有。	低频段有滑落，但是利用近距离收音的近接效果得到补偿。
指向性形式	低频及中频系理想的全指向性，比较高的频率有指向性。	超指向性、指向性、双指向性（8字型）广指向性。 8字型及广指向性对于高频指向性则频率愈高，指向性就愈高。
近距离	无近接效应。	低频会增强，因为近距离收音。
对震动、风及吹麦的灵敏度	很小，只要用简单的海绵式防风罩就足以解决。	较多，因为振膜后方并未密封，也可能有一些张力。

使得直接音及反射音可以同时间同相位有效率地转换为电子讯号，在很多录音及PA的场合，音响控制者有时别无选择，一定要将麦克风放在靠近坚硬的反射面，舞台地板上或将麦克风放在钢琴上面板开口处，这种情形麦克风会收到两种音源：一个是直接从音源过来的直接音，另一个是被坚硬的反射面、舞台地板或钢琴上面板反射，且稍有延迟又反相的反射音，这两个声音的组合使得某些频率因为反相而消失，能量转换后频率响应产生了一些峰值或峰谷，影响了录音音色品质及产生不自然的音响。

NEUMANN 麦克风家族

如果我们将两这个声音相加（其中一个声音稍微加一点DELAY）模拟真实的情况，会发觉这个组合音听起来和任何一个音源都不像，因为相位的相反使某些频率被抵消了，失去了原来的音色。

SHURE

AUDIO TECHNICA

平面式麦克风就是设计用来必须贴近表面录音又不会导致音色喧染的麦克风，它的震膜非常靠近反射板并和反射板平行，因此直接音和反射音可以同时间同相位收音，解除了反相的问题。

2.晶体及陶瓷式麦克风（压电式麦克风）CRYSTAL&CERAMIC

可以直接插入HIFI录音机录音输入，麦克风价格便宜阻抗高（约100KΩ），输出电平大，频率响应也还不错（约80Hz~7kHz），很受个人工作室或录音机使用者欢迎。

3.碳粒式麦克风 CARBON MIC

碳粒式麦克风是最早发明的麦克风之一，碳粒式麦克风阻抗低，频率响应狭窄，很容易失真，并不是高品质的麦克风，但是电话筒还在用这种麦克风，所以下次您听电台CALL-IN节目，激动的观（听）众打电话进来的音质不好，你就知道原因了。

☞ 4. 动圈式麦克风 DYNAMIC

动圈式麦克风是最广为采用的麦克风，它几乎可以应付所有的工作，其价格合理，提供高传真音效及专业稳定的表现，麦克风收音时，薄薄的振膜产生移动，利用音圈将其转换为电子讯号，再送往混音机处理。

☞ 5.电容式麦克风 CONDENSER (CAPACITOR) MIC

电容式麦克风灵敏度最高、音质好、输出讯号大、频率响应佳，但有一点不方便，它需要电源，混音机+12V或+48V幻象电源就是供应给电容式麦克风工作用的。有的电容式麦克风利用干电池装在麦克风内，可是比较重，但是电容式麦克风是公认最好的麦克风。

SCHOEPS公司是德国的电容式麦克风专业制造厂，他们常常被要求为某一特别乐器制造收音麦克风，某些麦克风制造厂已经解决这些问题，麦克风的频率响应表现专门为了特别乐器而订做是可能的，但是这种麦克风使用的功能被明显地限制。

SHURE

SUPERLUX

好的麦克风收音效果一定要自然，因此必须适合任何乐器，这就需要平坦的频率响应及不被频率变化而影响的指向性特点，这样才能在中心轴及偏轴收音时，对声音品质不受影响，显然这种点子只能部分达成，因为具方向性的麦克风有近接效应影响，使得低频有明显的补强反应，对于全指向麦克风其极座标图对于最高的高频永远都不尽正确。

为每一种工作选择正确的麦克风很难，因为使用者必须考虑品味、录音地点、音源及麦克风位置、音乐的气氛以及其他节目特质等因素，任何绝对的“处方”将会使事情变得无所适从；然而，我们想提供一些概念来帮助大家点明一些一定要做的抉择。

和理论最接近的麦克风形式是球型，实际上在中等距离收音，最常使用的是单指向性麦克风，因此使用者应该以此为参考，作为起点，但是之后得问：是否还有其他不同的选择？

* 超指向性可得到较“干”的录音或压抑邻近乐器声。
* 广指向性可增加侧面声音的收音或改进低频率再生（特别是低频区域有问题的房间）。
* 全指向性可收取特别完美的低频讯息及房间环境音。
* 近距离收音，利用指向性麦克风低频滑落及近接效应补偿的方法来做，收乐器声音时特别有效。

乐器收音，全指向不错（无近接效应，对吹麦及风呈低灵敏度）。钢琴演奏收音。

6.无线麦克风 WIRELESS MIC

无线麦克风没有麦克风线，它利用收音机的频道传送音响讯号，其系统分为发射部分及接收部分。

（1）发射部分通常是手握式麦克风，内含发射器，要装电池；领夹式麦克风、头戴式麦克风或乐器用麦克风，必须另接一个内装电池的随身包BELT- PACK发射器，随身包可以夹在皮带上。

（2）接收部分有一台和发射系统频率相同的接收主机，有天线、强波器前级及接往混音器的讯号线，无线麦克风应用很广，我们可以在电视上看到新闻主播播新闻、新闻辩论节目特别来宾的迷你麦克风，戏剧表演、歌唱节目跳舞表演等，非但能使表演者不受麦克风线的羁绊，也让舞台人员免去理线之苦，还可以隐藏麦克风以免影响观众视觉。

SUPERLUX 无线麦克风

无线麦克风使用的频率分为VHF及UHF两类：

1.VHF高频
VERY HIGH FREQUENCY

2.UHF超高频
ULTRA HIGH FREQUENCY

高频范围：88~108 MHz
FM电台频道范围；
174~216 MHz
电视频率范围；
150~216 MHz 是较佳的
VHF无线麦克风频率。

超高频率范围：450~530 MHz UHF
无线麦克风频率
944~952 MHz 较不易
受干扰，价格比较高。

两支无线麦克风可否使用相同频率的接收器？不行！那将引起干扰，同时使用一支以上的无线麦克风时，每一支都要用不同的频率。

＊如何设定无线麦克风系统

FOH（FRONT OF HOUSE）前场舞台两侧是放接收器很好的位置，接收器要放在离舞台地板约1.5m高之处，要远离金属物质、确定表演者与接收器之间不会被任何金属网或者金属片等阻碍无线电波的物体挡到，除了在装台工作时要做音响的测试，也要在表演之前，观众已进场后，再测试一次以确保无线麦克风的音响品质。

舞台上吉他手、贝斯手或其他表演者接收器可以放在乐器扩大机柜上，刚好正对着乐手背后的发射子机，可以达到较佳的讯号，接收器可用XLR接头的麦克风线送往远方的混音机，以防止杂讯干扰。

＊ 如何避免讯号下降及回授

讯号下降及回授是无线麦克风系统常遭遇的问题，请参考下列说明来减轻发生的机率。

DROP-OUTS 讯号下降

一般性原则就是接收器放愈高愈好，接收器距离发射器（无线麦克风）愈近愈好，发射器与接收器之间不可有阻碍物。接收器与发射器之间的距离加大，将会使得无线讯号降低，如果低于背景噪音或外界的干扰，就无法正常工作。

避免多路径干扰

如果直接的无线电讯号遇上了

反射讯号（例如从墙壁弹回来），反射的讯号是反相的，将会在天线处产生无线讯号抵消的状况。无线麦克风都利用双天线与接收器的DIVERSITY技术使无线接收讯号收讯较好。因此天线必须完全拉出，并且置于与水平面呈垂直之角度，接收器避免靠近反射的平面，例如：混凝土墙、金属表面或金属栏杆。

SHURE UHF WIRELESS

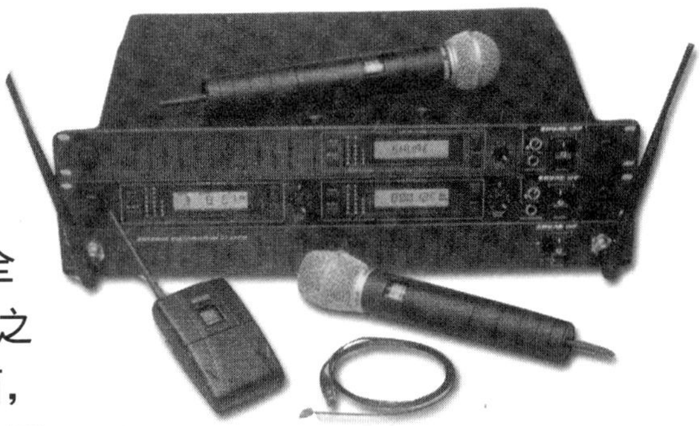

避免障碍物

讯号被吸收是drop-out最主要原因，人身也会吸收无线电讯号，墙壁、柱子及其他障碍物也都会产生干扰以致影响无线电品质及强度，如果障碍物无法移除，我们得加装天线强波器、延长线来保持音响的品质。

天线

无线麦克风的接收器一定有天线，天线的长度和波长有关系，超高频接收器的天线一定比高频接收器的天线短，因为它的频率高，波长是频率的倒数，所以频率高波长就短，同样的天线也短，为什么Diversity接收器的天线要一对呢？因为这些无线电讯号会衰减或被大楼、汽车、树、墙壁反射的关系，不同相位的无线电波互相干扰，使得讯号不良，两支天线位置不同，会收到不同强度的讯号，内藏的两个接收器具有比较的功能，并且选择比较强的讯号送去混音机。

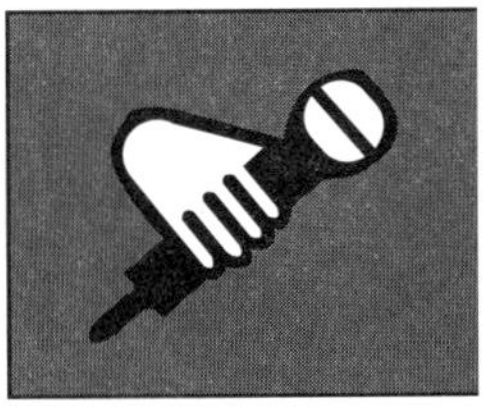

天线摆设注意事项：

1. 请勿靠近金属物体，离墙壁至少1m以上；
2. 尽量垂直于地面，距离表演者愈近愈好；
3. 讯号线愈短，愈好；
4. 天线与表演之间须无障碍；

5.一台接收机不得同时使用两个相同频率的发射器；

☞ 7.其他麦克风

（1）领夹式麦克风：迷你型可以夹在领带衬衫上。

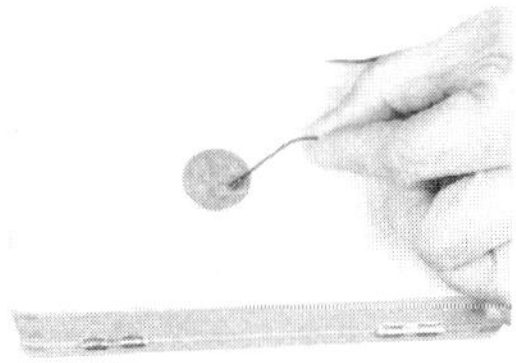

（2）头戴式麦克风：小、轻、耐用，应用在运 节目主播、拍卖会主持人、主唱、鼓手。

BEYER DT108

三、指向性麦克风概论

麦克风收音形式是三度空间，全指向麦克风 OMNI-DIRECTIONAL MIC接收各方向的声音，单指向麦克风 UNIDIRECTIONAL MIC接收麦克风前方的声音，并会将后方或侧面的声音衰减或根本不接收。我们要介绍一个极性球来表示麦克风收音强度，极性球由数个同心圆组成，最外圈的麦克风输出电平强度最强，每隔一圈电平衰减10dB

近接效应PROXIMITY EFFECTS

音源愈靠近麦克风震膜，低频响应愈大，叫做近接效应。

近接效应对于现场表演很有用，如果表演者希望他的声音或乐器多一点低频的表现，只要靠近麦克一点就可以。

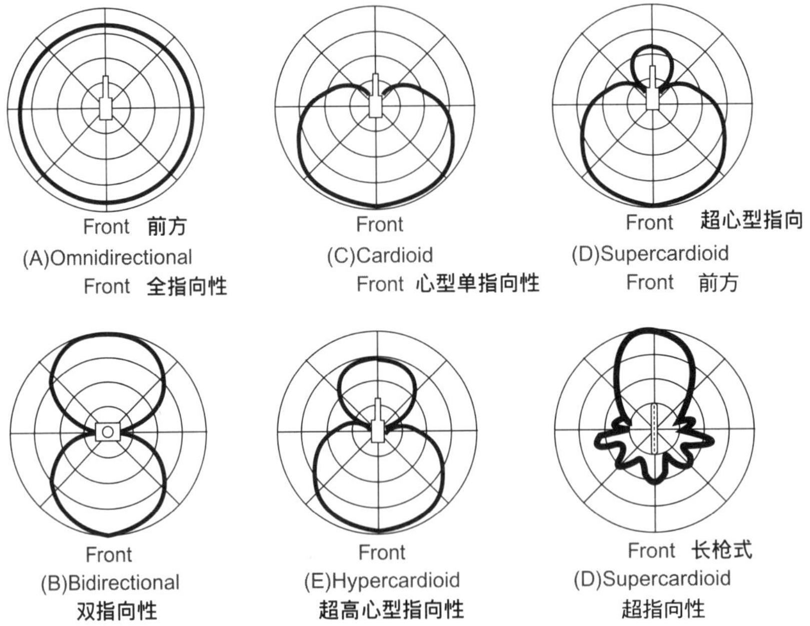

基本的麦克风极坐标图

TG×80的频率响应图

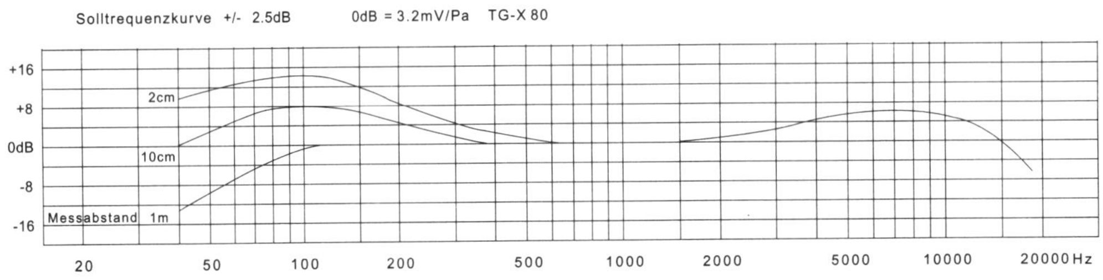

频率响应 FREQUENCY RESPONSE

对于单指向性麦克风，频率响应规格是一个很重要的参考资料，通常单指向手握式麦克风的使用者其嘴型通常不在麦克风震膜的中心轴位置，一般使用都有±45°偏离中心轴的现象（尤其外行人的使用情形更严重），因此单指向性麦克风能涵盖均匀频率响应的偏离中心轴角度规格就很重要。

了解每一支麦克风的频率响应

SUPERLUX CM-H8C
有三种指向性可供选择

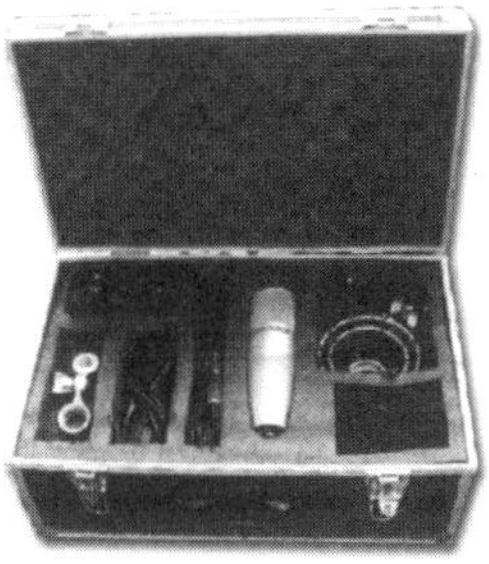

SUPERLUX CM-H8G麦克风指向性选择开关可选择九种指向性，供录音使用

幻象电源供应器

才能帮助我们选择适当的麦克风应付各种场合，例如：麦克风频率响应图在高频处扬起者，将会加强铜管乐音色的明亮度，通讯用麦克风也是一样，以便利声音的传输，频率响应平坦的麦克风适合在理想的低噪音录音室作录音使用，特别规格的麦克风要在特别的场所使用，例如在制造工厂或交通工具内收音，为了避免收到低频的噪音，就得使用具有低频衰减特性的麦克风。

每一种指向性麦克风，都有特定功能及使用目的。

我们观察极座标图就知道它们都有一个相同的现象，就是它们的灵敏度依音源的方向改变，它们可能对着距离很远的音源，却能得到相同灵敏度全指向性麦克风所收到的直接音与间接音的平衡音色，双指向性麦克风是纯正的压力梯度式麦克风，SCHOEPS其他指向性麦克风利用混合压力式麦克风及压力梯度式麦克风的原则，因应不同高频段而产生不同指向性收音组成的结果，所有拾音器都是单震膜，这是SCHOEPS的独特设计，比起双震膜拾音头，可让高频段对指向性更具独立个性，同时低频段也会更完美。压力梯度式麦克风的另一个优点是指向性可以在较宽的频段里保持常数（比压力式麦克风强），换句话说，其低频响应在空旷的室外，不会像使用压力式麦克风一样太过延展，当然离音源近一点可以补偿低频滑落。

选一个大量低音滑落表现的麦克风可利用来压抑环境音噪音（也可用电子式的滤波器），心形单指向麦克风距离音源少于40cm，将可以清楚地收到讲话的声音，因为环境噪音将被心形麦克风的指向性及低频滑落的特性而压抑。

同时人声的较低频段将会因近接效应而恢复正常，如此一来，我们就收到一个清晰而完整的声音。

选择高指向性麦克风也可以避免自然回授问题，如果喇叭放置在间接音区域，它必须放在麦克风灵敏度最低的位置，如果喇叭在间接音区域外，喇叭扩散出来的声音被墙壁、地板及天花板反射回来之后，会再送给麦克风，麦克风会收音，但是比从音源中心轴收音来的直接音弱，这个偏轴衰减会因为麦克风的指向性而增加（随意能源效率），指向性愈高，愈不会有自然回授的问题。

压力梯度式麦克风对于风及震动的灵敏度值得我们注意，我们郑重建议使用避震器，口水罩，防风罩。

CARDIOID单指向心形麦克风种类

CARDIOID就是心形的意思，任何具有心形极座标图的麦克风就称为单指向心形麦克风，心型麦克风对正面音源最灵敏，90°侧面将少6dB，理论上后面的音源应该是完全不接收，但是实际录音环境会有天花板与墙面的反射音进入麦克风的灵敏地区，也会收到一些反相音源：心形指向性麦克风常受近接效应之苦。单指向心形麦克风有七种：

（1）单收音口心形麦克风SUPERLUX S125;

（2）三收音口心形麦克风SENNHEISER MD441;

（3）多收音口心形麦克风EV RE20;

（4）长枪式麦克风SHOT GUN;

（5）抛物球面式麦克风BIG EAR;

（6）广心形单指向麦克风

SUPERLUX S125

（7）心形超指向麦克风。

说明如下：

1.单收音口心形麦克风

在麦克风震膜后有一个收音口，距离震膜3.8公分以内，这种形式的麦克风是利用近接效应加大低频响应的表现，最典型的麦克风是SUPERLUX，D108A。

2.三收音口心形麦克风

最有名的就是德国 SENN－HEISER MD441，MD441特殊的造型早就在业界颇富盛名，其实它就是三收音口心形麦克风典范，三收音口心形麦克风在震膜之后有三个收音口，各司其职，最靠

SENNHEISER MD441

近震膜的收高频，中间距离的收中频，最远的收音口收低频，每一个收音口都有多个出入孔包围著麦克风外壳。

有三个理由要用三收音口心形麦克风：

利用三收音口收音可以有效地管理低频使得麦克风正面响应及极座标图的表现（各偏离对称角度频率响应特性）能够精准而又维持常态。

因为低频收音口距离震膜最远，所以近接效应比较不明显。

高频收音口和低频收音口合成的心形极性响应形式，提供较宽的正面工作角度，以加强杂音消除和回授控制的能力。

☞ 3.多重收音口心形麦克风

EV公司RE20这个造型古典的麦克风就是多重收音口，围著麦克风主体四周的洞都是它的收音口，而且每一个收音口负责不同的频宽，愈靠近震膜的收音口负责的频宽愈高，这样安排的理由与三重收音口心形麦克风相同，只是分工更细，效果更妙，RE20甚至

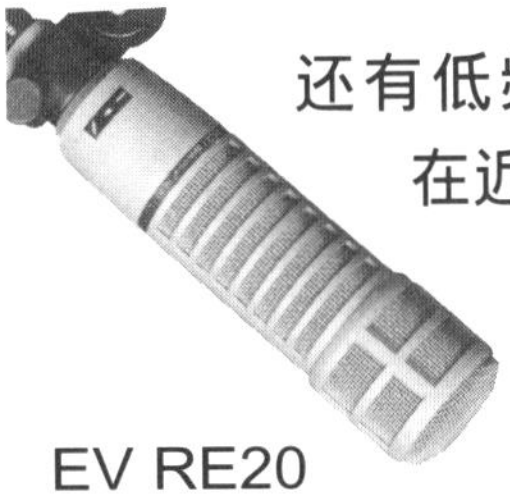

EV RE20

还有低频衰减开关，以便在近距离收音时减低近接效应。

☞ 4.长枪式麦克风

麦克风最重要的特性就是灵敏度及指向性，假设要取得相同音压的声音输入，如果距离变长则灵敏度就得增加，但是灵敏度增加后，可能噪讯比变小，环境噪音变大，万一间接音大于直接音？这个收音任务就失败了！因此我们要利用更窄的指向性吸收较少面积的环境噪音来完成较远距离的收音任务。长枪式麦克风就有这种高灵敏度及超窄指向的特殊设计，适合用在开放空间，它的

特性不适合在小的密闭空间使用。

☞ 5.抛物球面反射式麦克风

抛物球面反射式麦克风利用一个抛物球面及麦克风收取特定点的讯号，麦克风的震膜放在抛物球面的焦距上，所有被抛物球面反射的声音讯号都将集中在焦距，即麦克风震膜位置（可以前后移动震膜位置获得最佳收音效果）

这种麦克风通常用在大型运动场，例如在赛马场录马蹄落地声、美式足球场录球员碰撞声、高尔夫球场录果岭进洞声、篮球场录灌篮声或在远处偷录某小姐的秘密交谈等等，着实顺风耳是也！

新闻工作竞争激烈，在国内就有某卫星电视台为了能获得独家新闻，就曾采购抛物面反射式麦克风，屡建奇功，充分发挥其特殊功能，又令其他同业百思不得其解！

抛物面反射式麦克风使用在美式足球达阵区

BIG EAR

☞ 6.广心形单指向麦克风 WIDE CARDIOID

广心形单指向麦克风的指向性在全指向与心形单指向之间，所以称为广心形单指向。

设计这种麦克风的基本概念是要结合全指向性与心形单指向性的优点，结果是低音频率响应比心形单指向好，而近接效应比较不明显，极座标图显示指向性只少部分依频率而改变，这个现象和全指向性麦克风刚好相反，全指向性麦克风的指向性会随着频率愈高而愈窄，至于心形单指向性会尝试强调从偏轴角度来的高频率，而不要求严格的定位角度，所以从中心轴而来的直接音及从偏中心轴来的混响或其他声音，都会精准地再生出来，这个不将偏轴收音渲染的特性就产生了“温暖”及自然的音源。

用做定点麦克风时，其距离一定要比一般心形单指向麦克风短，因为它的指向性比较低，其偏轴平均频率响应会帮助混和周边其他乐器的收音，主要混音可以做到没有缝隙的感觉。广心形单指向麦克风好处良多，在建筑声学环境不佳的房间内，如果使用全指向性麦克风，低频段可能会太强，这时候用广心形单指向麦克风就有特别的帮助。

☞ 7.心形超指向麦克风 SUPER CARDIOID

长枪式麦克风 SHOT GUN即为超指向性麦克风。

☞ 8.心形超高指向麦克风 HYPER CARDIOID

是单指向性心形麦克风的一种，但是对于两侧收音的灵敏度比较低，当麦克风的音源必须维持一段距离时，为了防止收到太多的环境混响，就可使用单指向性超高心形麦克风，电视台及拍电影同步收音时，最常使用这种麦克风，因为必须看不到麦克风，麦克风都放在有一段距离的音源上方。

四、立体录音麦克风
STEREO MIC

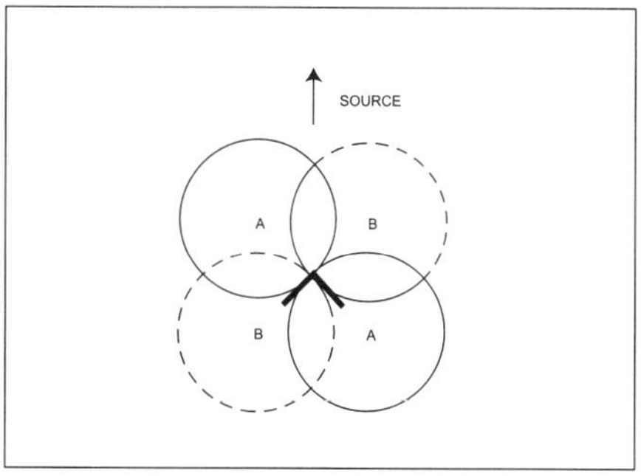

同位麦克风技术

1.同位麦克风 COINCIDENT MIC TECHNIQUE

最常用作立体录音的立体麦克风技巧就是同位麦克风技术，同位表示声音同时间到达两个麦克风，麦克风放在同一平面并且靠得很近，因为在同一点收音，它们没有时间差，没有相位的问题，没有频率抵销的状况，两个麦克风呈90°直角朝向音源且为单一指向性，现代同位麦克风系统经常使用心形或心形超指向麦克风。

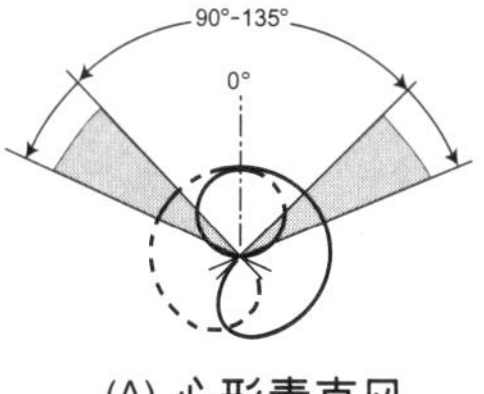

(A) 心形麦克风

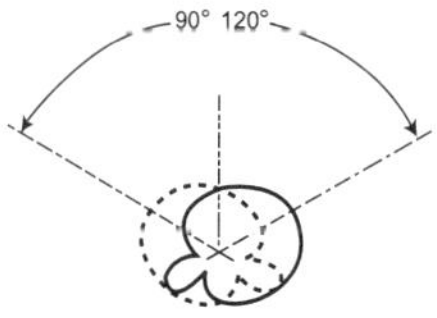

(B) 心形超指向性麦克风

XY立体技术

2. XY立体麦克风XY STEREO MIC TECHNIQUE

XY立体技术采用两支完全相同并具指向性的麦克风，被安排在音源中心轴相对称的偏离角度，指向左方的麦克风收左边的声音，指向右方的麦克风收右边的声音，立体音场的特性将取决于麦克风的指向特性及偏离中心轴的角度。

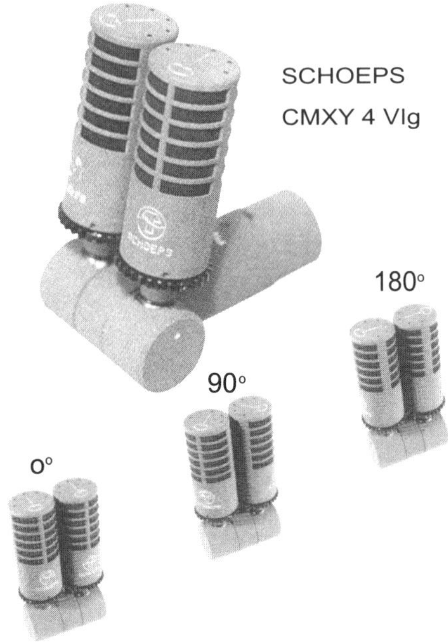

接输出（DIRECT OUT），要有反向切换开关（ψ）才能执行工作，有这些功能的混音机价格不低，降低了这种技术的使用率，但是中国台湾自创品牌PHONIC公司2000年由景秉仁先生新设计的MM系列混音机，均将M/S录音功能列为标准配备，而且只需要两个声道就可以工作，我们只要拨弄一下M/S切换开关，MM MIXER就会帮我们处理相位加减及反相的工作，使用起来非常方便，价格又很诱人，是喜好录音人士的福音。

3. M/S立体麦克风 M/S STEREO MIC TECHNIQUE

M/S立体录音技术中，M表示中心MIDDLE，在中心轴收集MONO总和的讯号，S表示两侧SIDES，直接搜集立体讯号电平，M通常采用单指向性麦克风，S采用双指向性麦克风（八字型FIGURE 8），将M及S方向收取的讯号作向量的加减可以得到立体的音场。

通常使用M/S立体录音技术需要使用至少三个声道，声道要有直

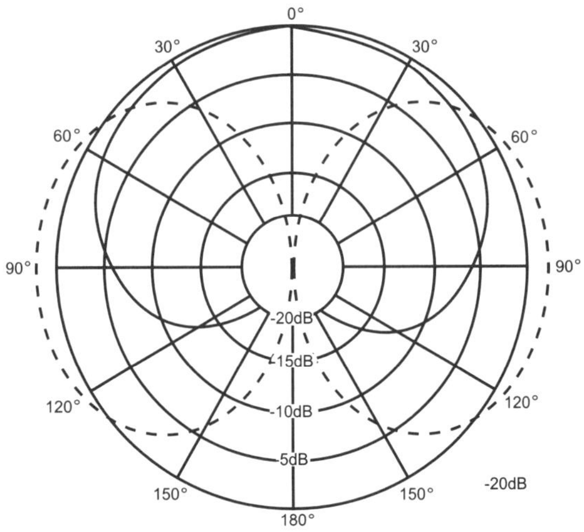

MS 立体录音技术

☞ 4. KFM 6立体麦克风

KFM 6立体录音的主麦克风可依简单的录音技术及麦克风的摆设位置区分出来：一般只需要两个拾音头及录音声轨就可，如果使用KFM 6那么只要一条麦克风线就可以了！球形麦克风收音和人耳听觉的误差类似，这也可以解释聆听者如果坐落在收音麦克风的位置就可以得到相同的声音音像。

使用KFM 6的条件：

1.录音室的声音要好

2.录音角度有限制

KFM 6球形麦克风是一个新发展出来的立体主要麦克风设计，（利用音响障板）“DUMMY HEAD”系统是录音界耳熟人详的技术，但是利用这个技术录出来的音乐只能适合戴耳机，然而球形麦克风录音已经成功的打破这个限制，可以在喇叭得到高传真再生的结果。

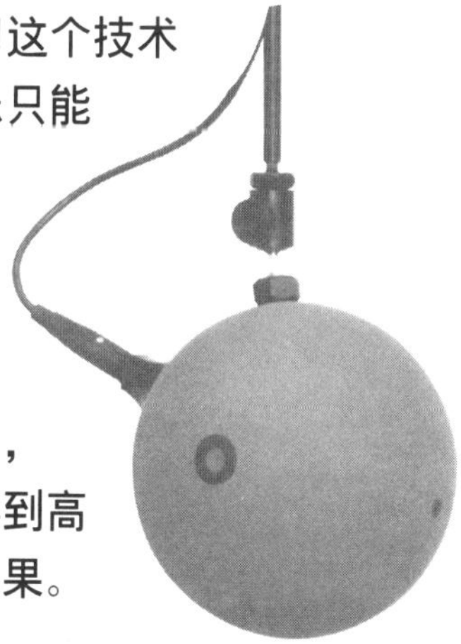

SCHOEPS

麦克风提供的不只是人耳接受的时间差，也包括频谱与角度的相互关系，KFM 6是由两支特殊的压力式麦克风同高度的装在直径20cm的球形表面上，通常两个全指向性的拾音头这么近地放在一起，不会产生一个让人信服的立体音像，然而，拾音头之间球的形状产生一种依频率不同而发生的高频率补强和人耳发生的情形很接近。

KFM 6立体中心轴的频率响应曲线是平坦的（从任一声道测量都一样），如果音源沿着球形移动，有一声道声音的密度增加，而另一声道的声音密度会等量地减少，这个现象全是因为特别的麦克风拾音头结构造成的。

球形效果好像一个声音障板，再加上麦克风前级特殊设计的电子电路使得两个声道得到的能量对于角度大部分都没有影响，因此其频率响应应用在直接音及间接音场都能保持常数。

以上功能，再加上线性延伸至很低的频率才能得到有空间、有深度及音像自然的声音。

技术规格

－立体拾音头角度大约90°

－LED是立体中心主轴

－KFM 6灵敏度大约15~20dB－KFM 6也可以在非平衡式输入工作，不会发生电平损失也不需要变压器，但是需要幻象电源的供应及直流电去耦Decoupling，任何幻象电源从12V~48V都适用，使用12V的幻象电源时，最大SPL音压将减少7dB，为了确保适当作业，确定两声道同时都随时供电。

☞ 5.MSTC 64＃“ORTF-立体”麦克风

－使用ORTF录音技术

－摆设位置相对不很挑剔（最大收音角度95°）

－良好的立体音像

－通用

－使用12V~48V的幻象电源

由法国人发明，为法国国家广播系统所采用，包含T形的麦克风前级及两个心形单指向拾音头，拾音头相距170mm，角度大约呈110°，这是一种和人类头部相关的一种安排，声音到达人耳不同的速度及密度，就可由拾音头的距离及指向性来决定，因为使用压力梯度式麦克风，低频段的频率响应不会向KFM6一样平坦，拾音角度是95°。

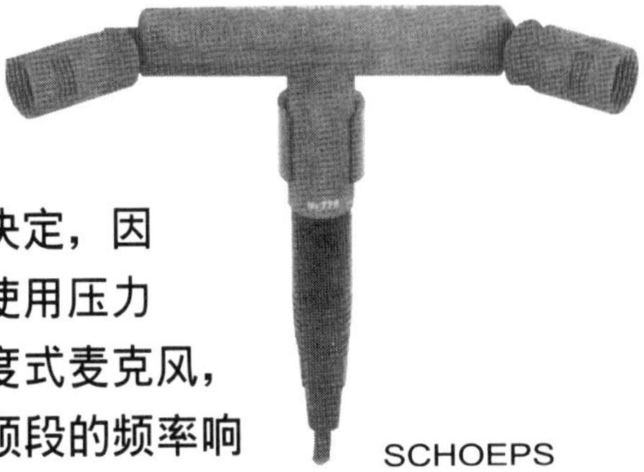
SCHOEPS

这是一般立体录音最简单的技术，几乎可在任何场合不需再添加定点麦克风或环境收音麦克风，就可以产生不错的高定位立体音像感，麦克风的组合是又快又简单，因为拾音头的空间距离及角度为固定，只需要一支麦克风架及一条麦克风线即可。

放置的位置也不苛求，没有经验的人也可以录音成功。

MSTC 64＃可接受12V~48V的幻象电源，使用12V的幻象电源，其最大音压会降低大约4 dB。

☞ 6.KFM360环绕麦克风

KFM 360是小型环绕麦克风，系立体麦克风KFM 6的另一形式，因此包含KFM 6所有的特性以及下列不同点：

球形直径为18cm，比KFM6的20cm小一点，因此增加涵盖角度从90°增至110°~120°，可以容许麦克风更接近音源。

最大的不同点除了两边内建压力式麦克风之外，再各加一支8字形麦克风，且其0°轴必须指向前方。

我们要如何从四支麦克风得到五个环绕声道的声音？

每一边的前、后声道可从全指向及8字形双指向收音结果的和（前方）及差（后方）得到，和M/S录音的相位相加减功能相同，因此而得到的“虚拟麦克风”会直接指着前方及后方，（就像8字形拾音头）它们的指向性可调，从全指向至心形单指向，至8字形双指向等，利用这些虚拟麦克风指向性的特性，KFM 360就可以调整到指定的录音状况。

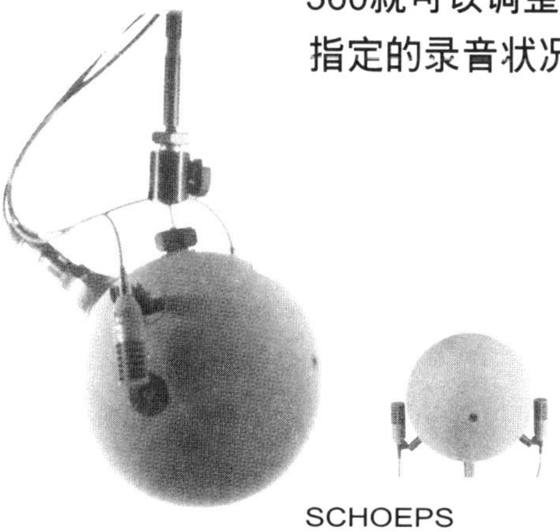

SCHOEPS

中央声道是由两个前声道经由矩阵计算而得，利用两支8字形双指向性麦克风及矩阵电路的前级，使得KFM 360形成了一个完整的环绕麦克风系统，KFM 360也可以不加处理器录音。

7.A-B立体录音 A-B STEREO

A-B立体录音利用两支分隔数米的全指向麦克风放在音源前方，将两支全指向麦克风放在交响乐团之前的录音，可以让听众感受到左、右声道响度到达时间、空间定位、音色的差异，A-B立体录音会得到较多的环境音，在建筑声学优良的建筑物内用此方法录音，可以特别成功。

五、麦克风灵敏度 MICROPHONE SENSITIVITIVE

麦克风灵敏度是麦克风电子讯号输出量和实际现场收音音压输入电平之比率。

各种麦克风灵敏度对照表：

各类麦克风灵敏度相差很大，

如果在同一系统中用了灵敏度各异的麦克风，就要注意个别的增益设定，噪讯比及各自的搭配的前级扩大PREAMPLIFIER等问题，下表所列是各类型麦克风灵敏度一览表。

麦克风形式	SP
碳粒式 CARBON	-60 ~ -50 dB
动圈式 DYNAMIC	-60 ~ -52 dB
电容式 CONDENSER	-60 ~ -37 dB
丝带式 RIBBON	-60 ~ -37 dB
高电平式 LINE LEVEL	-40 ~ 0 dB
无线 WIRELESS	-60 ~ 0 dB

六、麦克风实际应用

1.麦克风摆设位置

麦克风放在不同的地方就有不同的声音，不管什么位置只要能收到我们想要的效果就是正确的位置，麦克风摆设位置其实没有什么规定，但是有一些经验可以确保收到好音。

麦克风距离音源多远?

麦克风收音几乎是直接音，所以它也受反平方定律的影响，换句话说，麦克风距离音源增加一倍，其输出衰减6dB；麦克风距离音源缩短一半，其输出将增加6dB，请注意歌手唱歌原来距离麦克风2公分，突然贴近1公分的结果将是输出增加6dB，不可不注意，记得近接效应吗？靠近麦克风不仅增益增加，也将使低频响应有所变化，了解这些特性，对歌手使用麦克风，音响控制者调校麦克风增益都可有所参考。

大平面之前录音

如果麦克风邻近大平面录音，例如地板，因为反平方根定律，可能会有6dB的增益，如果距离拉远一点，会有所帮助，但是反射音带来的某些频率减少也随之发生（因为将麦克风提高地面后，间接音到达震膜将是180°反相的）实验报告已证实有公式可以算出离地板高度与

与音源距离	麦克风离地高度	音源离地高度	抵消频率
3 米	1.5 m	1.5 m	136.47Hz
3 米	0.6 m	1.5 m	319.20Hz
3 米	0.15 m	1.5 m	1266.6Hz
3 米	0.025 cm	1.5 m	7239.7Hz

【注】只要抵消频率不在音源所在的频宽之内，抵消的频宽不会影响我们的录音品质。

消失频率的关系，因此录音师或成音控制者遇到这种场面时，只要麦克风放置地点所产生的抵消频率，不在音源频率范围内就成功了！

在阻碍物后面录音

光穿不过墙壁，声音穿不过隔音墙，但是穿得过密度低的阻碍物，而且穿透率和穿透损失度是每一个频率各自不相同，因此如果在音源及麦克风之间有这类物质存在，收音结果将因该物质可被穿透的特性而影响。

一般的结果将会是整体收音电平下降，低频率会增益高频率会衰减，因为低频率的波长比较长，很可能会绕过阻碍物到达麦克风，而高频率的波长短，就没有这种本事，只能被衰减。

在音源上方录音

如果麦克风放在音源之上或音源之侧（例如录弦乐、管乐等等），录音结果会在较高频处衰减，因为频率愈高愈具方向性，使得麦克风收到低频音压比高频音压来得大，所以某些频宽较高的乐器不能将麦克风放在侧面录，必须录直接音，才能把它们的高频特质表现出来。（或者使用侧面收音的麦克风）

在极近距离收音HCCM4DT190是SCHOEPS为BEYER DT100耳机系列（例如DT190）设计的耳机型麦克风，其他的耳机也可以安装，特点为：

- 小型麦克风（极近距离收音的心形单指向麦克风）
- 利用球及结合座设计为麦克风避震器
- 海绵罩

选择近距离耳机型麦克风以隔离环境噪音，这个耳机型麦克风设计出来要能收到比典型小麦克风更高品质的声音，使用者为了最高声音品质必须接受较重的耳机，麦克风提供很强的低频段滑落以及稍微的高频增益，以非常近距离（近在播音者嘴前）侧面收音来完成任务。

低频段的滑落被近距离收音的近接效果补偿，因此，除了高频段的增益，麦克风有平坦的频率响应表现，而远处传来的环境音，如加油声、抗议声等都因为低频段的滑落，使得背景噪音的传输比播音员的人声衰减。

HCCM 4 DT 190可以轻易地安

装在耳机的左侧或右侧，使用中的麦克风难免会承受一些机械应力，所以使用得较坚固耐用的LEMO接头，更换很简单。麦克风要用海绵罩来保护，当然还有个人卫生的考量。

☞ 2.接地 GROUNDING

我们常常在演唱时，嘴唇被麦克风金属头壳电到，脸上强颜欢笑内心却饱受威胁，这样的音响出租公司，下次一定不会再找他们合作，为什么会这样？这是接地问题没有妥善解决！

麦克风和麦克风讯号线的接地是很重要的，它不仅能让我们安全地使用PA器材，也能够消除哼声（HUM）或被讯号线接收的噪音。

☞ 3.极性 POLARITY

麦克风极性或称相位，在同时使用多只麦克风时特别要注意，同时使用很多只麦克风，如果其中一个麦克风反相，它将产生梳形滤波现象，会减低录音品质及立体音场效果，因为两个规格完全相同的麦克风并排放在一起录音，并送入同一台混音机，如果两支麦克风一起用，输出应该加倍，然而如果是互相反相的话，总输出电平将比使用一支麦克风的输出电平小40~50dB，所以请各位检查一下麦克风的讯号线。

☞ 4.平衡或非平衡式

麦克风输入端子是平衡式，XLR型的插座，可接受平衡式或非平衡式的低电平讯号。总之，任何状况之下，选择混音机之前请先确定机器上的插座都是平衡式的，非平衡式的接头会拾取干扰讯号，将增加系统杂讯，当然如果您用非平衡式的器材就无关紧要，但是对平衡式音源却会加入非必要的杂讯。

平衡式接法是一种音响设备输

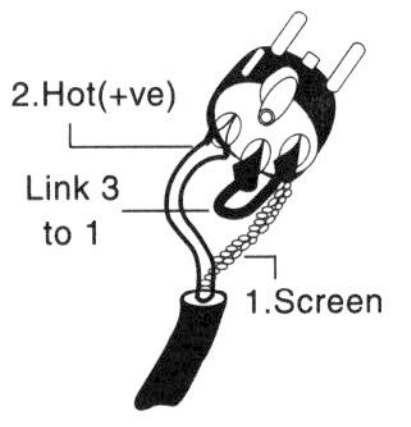

非平衡式输入

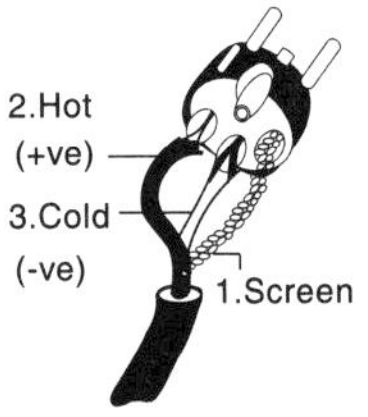

平衡式输入

出、入端子接线的方法，可以将讯号的干扰杂讯消除，让机器可以在低杂讯下工作。

平衡式接线法或非平衡式接线法，两者都可以用，但是幻象电源打开时，请勿再用非平衡式麦克风，因为从XLR接头第2、3脚送来的电压会造成非平衡式麦克风严重的损坏。

高电平输入也是平衡式的，可插立体1/4寸插头。

JACKS

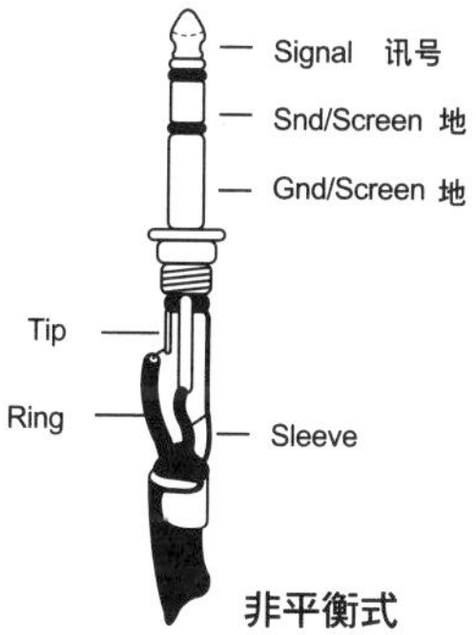

非平衡式
Unbalanced
Input

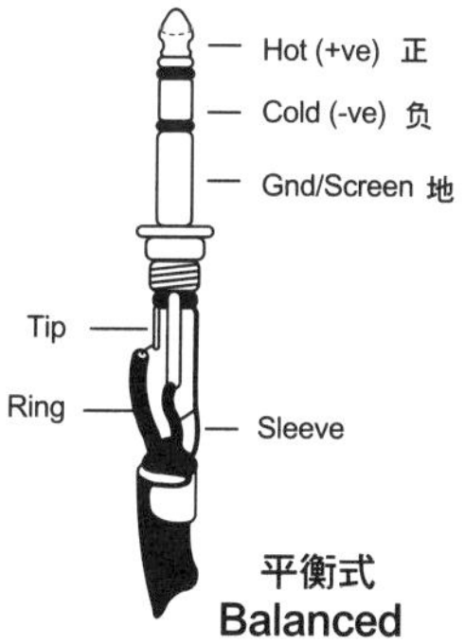

平衡式
Balanced
Input

5.麦克风的阻抗LOW-Z & HIGH-Z MICROPHONE

麦克风阻抗也是决定麦克风型式的一种，高阻抗麦克风比低阻抗麦克风有较高的讯号输出（大约20dB），然而低阻抗麦克风容许较长的麦克风线而且不会产生高频衰减的问题，因此，如果麦克风线长于4.5m或6m以上，就只能用低阻抗麦克风，当然使用高阻抗麦克风也可以，只是高频会衰减，电波干扰也会严重，使用者也会抱怨声音闷闷的。

七、 麦克风附属品

1.防风罩及口水罩(爆裂声滤波器)WIND SCREEN &POP FILTER

防风罩装在麦克风收音头外部，为了防止呼吸噪音及风的噪音，防风罩约可减少0~30dB的风噪音。

近距离麦克风唱歌有时候呼吸气声及嘴唇、牙齿发出的声音，经过放大会产生不悦耳的爆裂声，这时候口水罩就很有用，这类型的声音大多属于低频高压，脉冲式波形，在日常会话时不明显，但是经由麦克风收音再放大出来，这种声音就很恼人！

SUPERLUX 口水罩

口水罩与防风罩主要不同在于它们的效率，防风罩在减少户外风的乱流动作比较有效率，口水罩大部分用在室内，它可以有效地减少呼吸及嘴部的爆裂音，而不影响声音品质。

防风罩类别：

防风罩有1.简单海绵式防风罩

2.篮子形式

3.空心球体海绵式防风罩

压力式麦克风使用海绵式及空心球体海绵式防风罩最合适，比较不会伤害声音品质，心形单指向及其他压力梯度式麦克风，最适合用篮子式及空心球形海绵式防风罩，因为希望所有的声音都能在一个密闭的空气房间内受到保护；皮毛的表面形状的防风罩特别有效率，它们不会产生任何空气乱流，同时也会减低任何存在的乱流。

对声音品质不良的影响：

一般来说，两种防风罩的效率一样的话，那么比较小的对声音的影响比较小，反过来说，两种防风罩尺寸不一样的话，比较有效率的防风罩，对声音的影响比较不好，可能会伤害麦克风的频率响应、极座标图，我们建议选择防风罩时，不要选比实际需要还要高效率的防风罩。

海绵式防风罩比较不会伤害声音，以致产生高频滑落，其实高频滑落也可以利用等化器或选择较明亮的拾音器来修正。

篮子式防风罩造成高频不正常

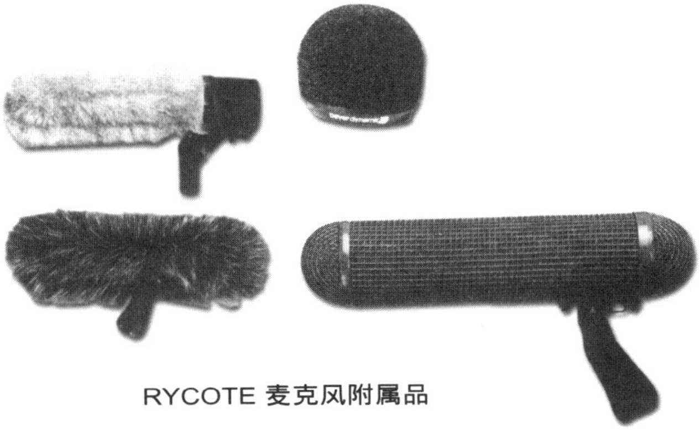

RYCOTE 麦克风附属品

的频率响应是很难补偿的，因为对声音会有影响，压力梯度式麦克风使用它们也会减少低频的灵敏度及指向性。

压力梯度式麦克风使用空心球形海绵防风罩也会引起高频滑落，并减低低频的灵敏度及指向性。

麦克风形式的影响：

全指向性麦克风（压力式）特别可以抵抗风的效应，指向性麦克风（压力梯度式）因为风噪音内含高电平的低频能量（通常含有人耳听不到的频率），会使得混音机或录音座输入过载，这种情形应使用主动式可调整高通滤波器。

建议：

应该尽量使用全指向性麦克风，因为它们对于风的灵敏度比压力梯度式麦克风低大约20dB-A（A加权），建议组合为拾音头+海绵式防风罩+可调整高通滤波器。

可调整高通滤波器的加入可以得到很多好处，因为完美的压力式麦克风低频再生收音可能会增加了环境音带来的低频（不是从风），因为拾音头这个频段里的灵敏度可能无法接收到让我们听到的噪音电平。

利用指向性拾音器，加上篮子式防风罩及可调整高通滤波器是最好的组合。

2. 麦克风架、避震器及吊杆架

麦克风架有桌上型、落地型、悬吊型、直杆型、斜杆型等等，架子主端有螺纹可以和避震器或麦克风夹子连接，螺纹直径也有两种，美规是直径5/8英寸，欧规直径是3/8英寸，但是不要紧张，一般的麦克

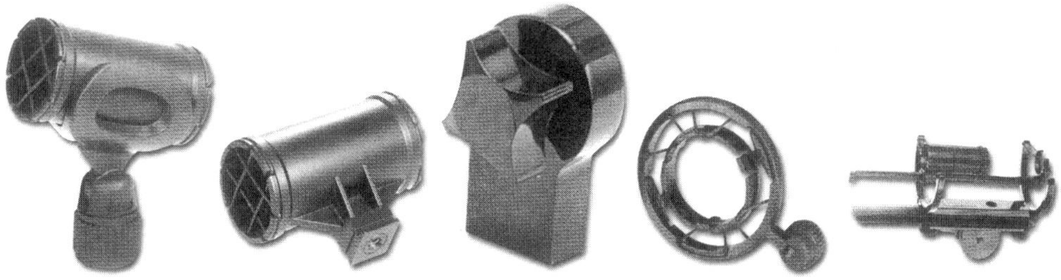

各种避震器

风夹子（避震器的一种）都有内、外两种螺纹可以配合使用，如果使用美规麦克风架，只要将夹子的转接器转出来就可以从直径3/8寸的螺纹变成直径5/8英寸的螺纹相当方便!

避震器是要防止从地板或桌子传送噪音到麦克风，它可以装在麦克风架上或悬挂在麦克风吊杆上。

吊杆经常用在摄影棚内，因为电视画面上不能看到收音的麦克风，必需要在音源上方收音，吊杆像钓鱼杆一样可以套筒式伸缩，末端附有一个可以调整角度的避震器。

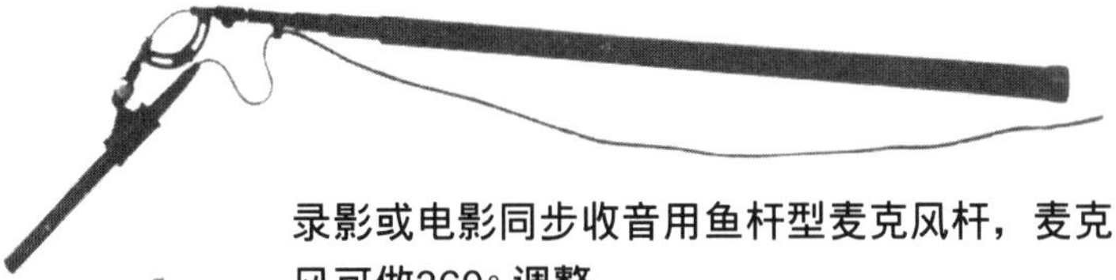

录影或电影同步收音用鱼杆型麦克风杆，麦克风可做360°调整

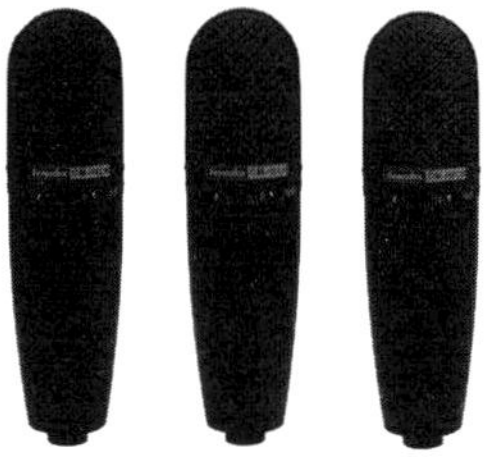

CMH8CH

R102

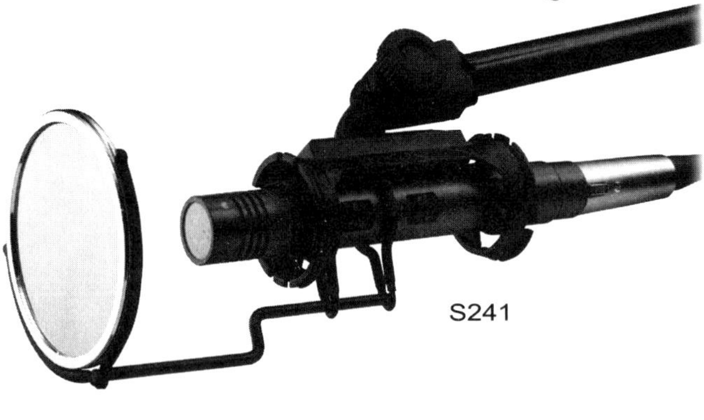

S241

SUPERLUX

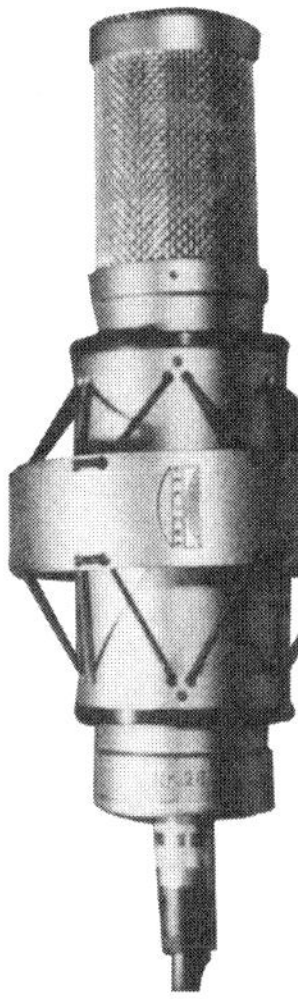

CAD

震膜

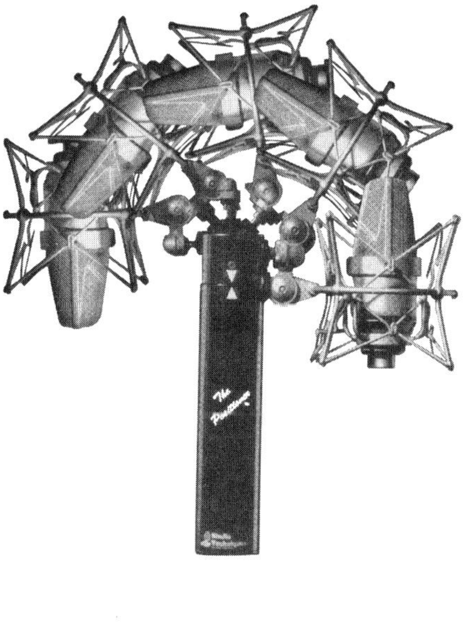

NEUMANN

各种不同的 SHOCK MOUNT 及
大震膜电容式麦克风

第七章 大部分PA系统的毛病

在舞台上的表演者或观赏的观众，甚至在控制台上操控PA的工作人员，有时可能会感觉有些“不对劲”不过却不知如何改善，也没有真正深入理解问题的因果关键，因为声音不像灯光、图画、色彩那样具体可见，让我们很难判断，本章提供各位一些经验来协助大家解决问题，藉以提高专业工作的水准。

大部分PA系统的毛病有：

1.低效率喇叭系统；
2.扩大机功率不足；
3.频率响应不良；
4.半数的观众听不到高频；
5.反平方定律；
6.室内空间混响掩盖了直接音。

要解决以上的问题，惟有针对问题深入了解，才能谋求改善之道。

1. 低效率喇叭系统

首先，我们要认识“音压”简称SPL，它是表示音量的专有名词，以分贝（dB）为单位，通常指的是两个音量的差，比方说“90dBSPL”即表示音压水平比0dB高90dB，0dB是定义为一般人耳能听到的最小音压。如果我们增加一倍的扩大机功率，原有喇叭系统的音压水平可以增加3dB，同样的，多增加一组喇叭系统也可再增加3dB的输出。

有了音压的概念之后，我们

POWER

扩大机功率或音量测量和 dB 的关系

RATIO BETWEEN: ACOUSTIC or AMPLIFIER POWER LEVELS			DIFFERENCE: in decibels (dBm or dB SPL)
	1.25-to-1	=	1.0dB
	1.6-to-1	=	2.0dB
1＊	2-to-1	=	3.0dB
	3-to-1	=	4.8dB
	4-to-1	=	6.0dB
	5-to-1	=	7.0dB
	6-to-1	=	7.8dB
	7-to-1	=	8.5dB
	8-to-1	=	9.0dB
	9-to-1	=	9.5dB
2＊	10-to-1	=	10.dB
	100-to-1	=	20.dB
	1000-to-1	=	30.dB
	10,000-to-1	=	40.dB

＊1 扩大机功率增加一倍或喇叭增加一倍数量，只能增加3dB音量

＊2 扩大机功率增加至10 倍只能增加10dB 的音量

再讲“效率”，效率是指一个喇叭接受一定量的音频电子讯号输入时，能播出多大的音量，效率好的喇叭，可以在同样的功率之下得到比较大的音量，效率是以百分比来表示的，高效率意味着在一定空间内可以听到更高音压，不致使扩大机产生失真，可以节省喇叭及扩大机的数量，换句话说系统变小而效果一样，无形中节省了购置生财器具的成本，搬运成本、安装时间、维修成本、储存空间等，好处多多！

2.扩大机功率不足

任何喇叭要发挥性能之前，都要接上至少一台合适的扩大机才行，特别是一部留有足够“余裕”的扩大机。余裕是应付正常工作之外，突如其来的瞬间峰值音量的能力，这个瞬间峰值音量可能是正常音量10dB以上，这个峰值如果不能顺利地处理掉，则音量听起来虽然够大够突出，但是却粗糙而失真。也就是说，如果你要重播平均功率10瓦的声音就需要一台100瓦的功率扩大机来处理那些可能高出10dB峰值讯号而不致引起削峰失真，削峰

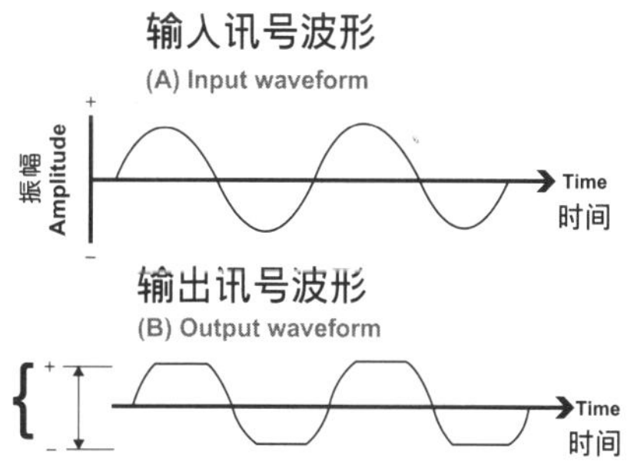

扩大机额定功率的极限是固定的，无法随着输入讯号波形而改变。
注意其峰值已经被削平并产生失真。
扩大机过载就会产生削峰失真，很可能使喇叭受伤。

失真发生时，您立即就可以从喇叭中听到。许多人常说，这个喇叭中高音听起来很差，其实毛病就出在扩大机上，因为喇叭只负责重播那些输送给它的讯号，它不管讯号本身是否失真。

削峰失真也是损坏喇叭常见的原因之一，因为削峰失真发生时，高频的音量往往超过了高、中音单体的承受功率，就冒烟报销了！所以您必须确定扩大机需要有比平均使用功率够大的功率才行。

3.频率响应不良

假定你使用了高品质的麦克风、混音器及扩大机，但是喇叭系统的频率响应很差，喇叭对应一定的输入讯号重播低频到高频部分的情形称为频率响应，如果喇叭的频率响应会改变的话，其重播的音乐也会改变，使其产生不自然的“喧染”声音，因此我们要选购频率响应表现平坦的喇叭，平坦的频率响应也可以减低发生回授的可能 。

我们如何知道喇叭的频率响应是平坦的，利用制造工厂无回响的环境，在喇叭正前方一定的距离之内测量音压随音乐频率而变动的情形，最好的声音是来自频率响应平坦的喇叭，请参考（图7-1），测试

图7-1

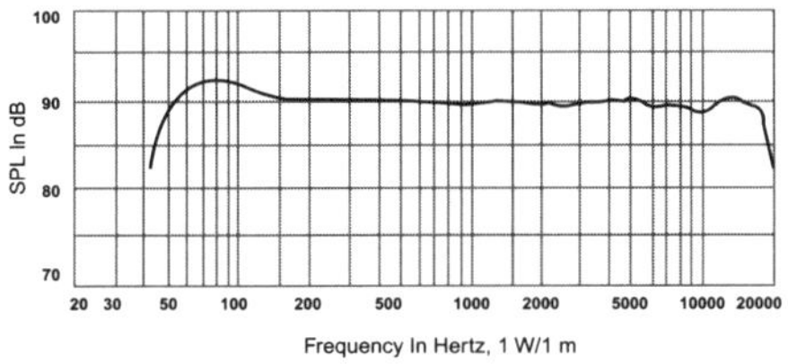

EV MS-802 频率响应曲线图，从150Hz~20KHz一路都很平坦，150Hz以下增益约2.5dB用来补偿低频，其规格如下：

SPECIFICATIONS:	MS-802
Frequency Response,（频率响应）	45-18,000 Hz ±3dB:
Power Handling,（承受功率）	80 W/320 W
Long Term/Short Term:（长时间平均值／峰值）	
SPL at 1 Watt/1 Meter:（1瓦／1米测得）	91 dB
Nominal Impedance:（阻抗）	6 Ω
Dispersion (h/v):《扩散角度(水平／垂直)》	160°× 140°
Crossover Frequency:（分频点）	2,000 Hz
Dimensions (hwd):（尺寸）	H43.8 cm × W30.5 cm × D28.2 cm
Weight:（重量）	12.2 公斤

自己的喇叭，可以在空旷的户外得到类似无回响的环境效果，因为户外没有墙壁，没有天花板去反射及喧染喇叭发出的声音，您还需要一支测试麦克风，一台频谱分析仪就可以了解自己的喇叭频率响应是否为平坦？

4.半数的观众听不到高频

如果你是用15寸(38公分)纸盆低音喇叭的系统表现低频时，声音会以非常大的角度扩散，事实上几乎是无方向性的，因为相对于低频的波长，纸盆的尺寸很小，波长＝音速（344公尺/秒）÷频率（推动次数/秒），举例来说：50Hz的波长＝344÷50＝6.88公尺，显然比15英寸低音喇叭纸盆TM的尺寸大很多；当频率渐渐增高，以2kHz为例波长＝344（1公尺＝100公分）×100÷2000＝17.2公分，它的波长就比15英寸(38公分)小，因此我们可以得到一种结果：当频率愈来愈高时，喇叭纸盆的尺寸就渐渐大于波长而开始产生一种投射灯的现象就是扩散角度变小了，所以坐在扩散角度以外的观众听不清楚高音，因此喇叭设计者会考虑音频扩散角度，使用者

图7-2

```
       6.88
50 ) 344
     300
     ----
      440
      400
     ----
       400
       400
     ----
         0
```

6.88公尺 ＞15英寸（38公分）

图7-3

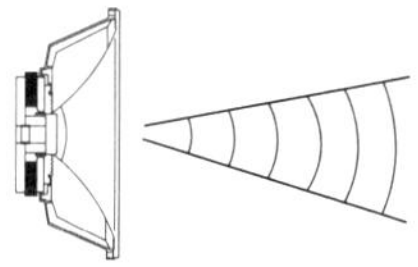

高频率扩散角度较窄

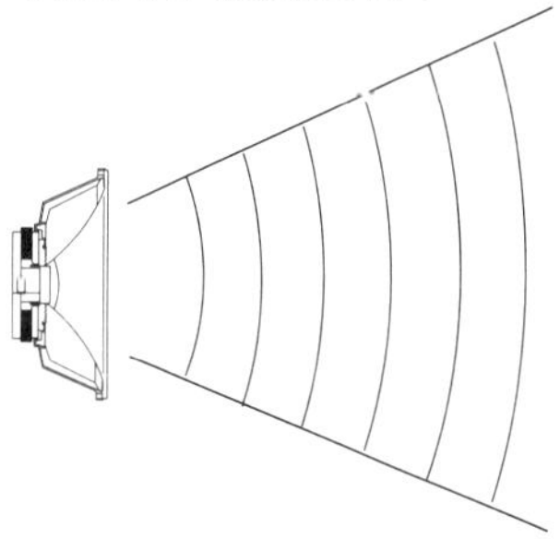

低频率扩散角度很宽

也要考虑喇叭使用的搭配及角度扩散的完整。

扩散角度有水平扩散角度及垂直扩散角度，我们在产品目录看到60°×40°，表示水平扩散角度60°，垂直扩散角度40°；并不是所有的频率在喇叭扩散角度内都维持一定，各种频率随着偏离喇叭正轴心方向都会有相当程度的衰减，一般来说都是利用极座标图表示某八度音频段偏离正轴心方向衰减的dB数值，极座标图由数个同心圆组成（大约是9个），相邻的同心圆其响度相差5dB，不同八度音频段由各种不同形状的虚线来表示各个角度衰减的情形，如（图7-4），信誉良好的喇叭制造厂，都会提供极座标图或更详细的资料，例如：频率与扩散角度

图7-4

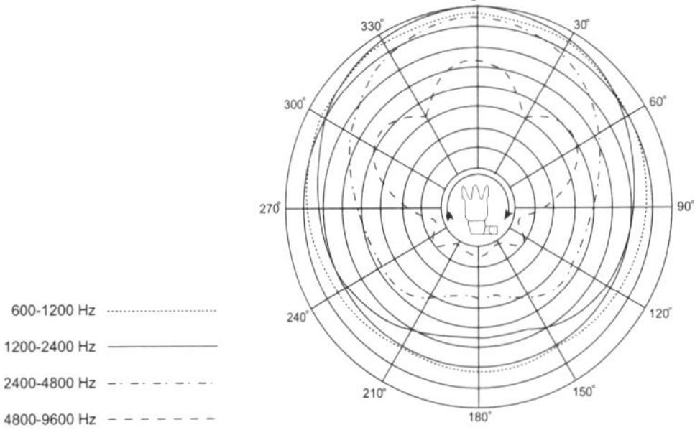

每一圈相差5dB垂直扩散角度

关系图等等，一般通用的标准，扩散角度的正确规格以不低于正轴心方向6dB的角度为准。

均匀的扩散性是最重要而又最容易被忽视的喇叭特性。对扩散角度多一分了解，可以帮助我们选择适合实际需要的喇叭，喇叭应该直接指向观众，我们不妨从放置喇叭的位置去看聆听区域，再决定什么样扩散角度的喇叭，能从水平与垂直方向笼罩著观众，又不至于溢出来碰到墙壁或天花板造成反射而使声音不清楚，一旦你决定了角度，就可以根据厂商提供的资料来挑选适当的喇叭。

5.反平方定律

你可能有这种经验：坐在前排的观众嫌吵；而后排观众说听不见，这是因为距离音源（喇叭）愈远，听到的音量就直线降低；在无回响的环境中，譬如户外，音压会随着距离增加1倍而衰减6dB，这是反平方定律，也就是音量与距离的平方成反比。

若想去克服这一个天然法则，就必须将喇叭提高，使得前排与后

排的距离差缩小，或者在后排使用延迟喇叭。

图7-5　反平方定律

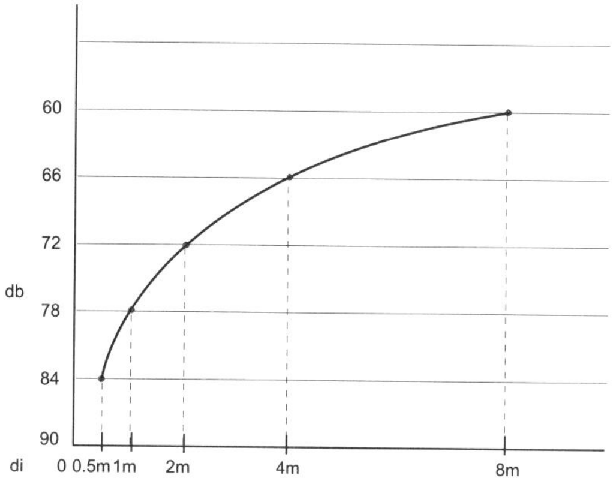

6.室内空间混响盖住了直接主音

好啦！如果以上问题都解决了，我们又用了很好的麦克风，混音器，功率扩大机和高效率、频率响应平坦、均匀扩散的喇叭，可是后排的观众可能还是听不清楚人声及高频部分，这不只牵涉到喇叭，更与喇叭所在的空间有关。

房间会有一种现象叫做混响，它是在房间内的音源停止发声后，另外持续存在的声音，在户外辽阔的空间，被视为无混响，因为声波传送出去不会再反射回来，但是在室内，混响就发生了，并且距离喇叭愈远就愈可能处于混响区域内，而听不清楚喇叭发出的直接音。

如果靠近喇叭，站在喇叭的直接音区域，所听到的声音是直接由喇叭传来的，而且远较反射音量大，但是离喇叭愈来愈远时，直接音量因反平方定律影响使直接音量变小了，而由墙壁、天花板、地板所反射的声音，逐渐超过直接音量，这就是麻烦的原因了。

任何有混响的室内表演场地，都有一个分界点，处于混响不大于直接音之界，直接音与混响音量相同的那一点，离喇叭的距离叫做临界距离，就如同两个音压相等的喇

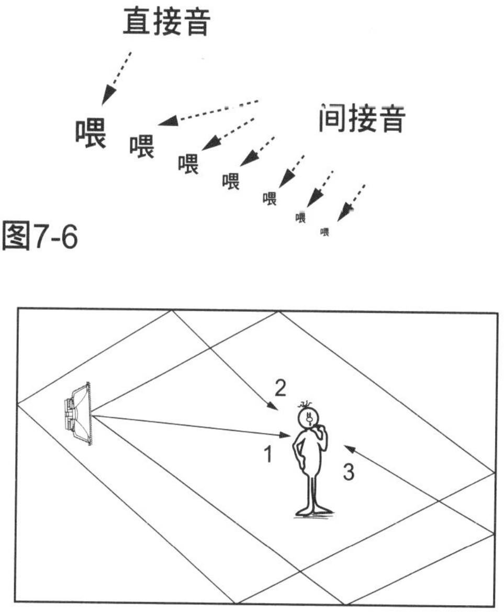

图7-6

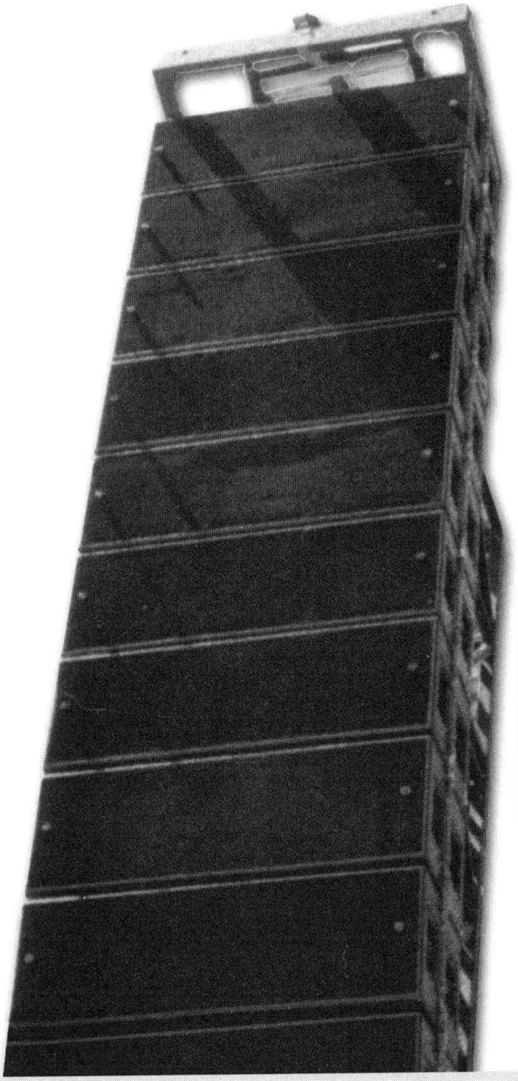

距离	线音源	传统系统点音源
10米	120dB	120dB
20米	117dB	114dB
30米	115dB	110dB
50米	113dB	106dB
100米	**110dB**	100dB

*本列阵式喇叭可在距离 10 米产生120dB的音压

这个喇叭号称不受反平方定律影响，您瞧他的数据，距离增加一倍，音压只减少3dB而已，好厉害！

大家不要被骗了，反平方定律是针对点音源，像它这种阵列式的喇叭放置方式，已经由点音源变为线音源，效果当然不一样。

叭放在一起可以增加3dB，我们可以从临界距离测出音压，本来应该衰减6dB，结果相同能量加在一起，会增加3dB，所以测量就少衰减3dB。

当你在有混响的房间里，你大部分听到的声音都是从墙壁、天花板、地板所反射而来，仅有一小部分是来自喇叭直接音，这些反射的声音到达你的耳朵都有一点时间差，要是反射音又比直接音大声，就会让我们听不清楚台上在唱什么或乐器在演奏什么？所有的声音都糊在一起，这种情形室内空间愈大愈糟，希望以下的方法可以帮助你改善状况：

1. 使房间不发生混响：困难度高，可能要花大钱，室内装潢也可能破坏，还要找建筑声学家设计。

2. 将表演移往户外：不予置评。

3. 慎选喇叭：选择符合表演场地使用的喇叭，利用其指向性扩散规格，使声音传到观众所在位置，尽量避免打到墙壁、天花板、地板造成混响（观众本身也是极佳的吸音体），事实上，这个问题无法百分之百地解决，但是你只要事前用心计算就会得到相当的改善效果。

如果这章就此结束，你一定把这本书丢进垃圾桶内，接下来我们还要详细地讨论解决的细节混响的问题是无法用单一的喇叭系统来解决，即使是频率响应平坦、高效率、扩散性佳的喇叭也一样，其实喇叭扩散性宽或窄并不表示它的好坏，只是为适应各种不同需要而有不同设计罢了，如果有人用不对地方，却怪喇叭不好，那请你告诉他，至少买我们这本书看一下吧！

图7-7

大房间里使用的喇叭系统要用更高的指向性（更窄的扩散角度）及更高的效率，以便将声音发射到后方，使那些受反射与混响之苦的观众能听到多一点直接音；扩散性窄的设计也可以说是一种“长射程”的设计，射程这个名词在这里是概略描述喇叭将声音清晰送达的距离，此距离与扩散角度有直接的关系，我们可以用浇花水管的出水量与浇花距离来解释：水管的水以一定的水压送到喷嘴，喷嘴的尺寸决定射程的远近，喷嘴愈小，水柱喷得愈细愈远，喷嘴愈大，水就散开，浇花距离就近；换成喇叭来讲，喇叭发射出一定的音压讯号，号角扩散角度决定射程的远近，如果号角喇叭扩散角度愈小，其射程就愈远，扩散角度愈大，其射程就愈近，能量不灭定律也可以解释这个现象，因为能量或压力是一定值，射程要近要远就可以用扩散角度来控制。

直接幅射式的喇叭扩散角度大约90°或90°以上，这是属于中或宽的涵盖程度。号角喇叭可以做成高、中及低音号角，比方说一个中音驱动器配上一个90°扩散性的号角，就可以用来涵盖近程到中程距离的观众，用一个扩散 40°的号角来涵盖长程距离的观众，让他们得到多一点直接音的音量，节目的内容才可以听得清楚，甚至还可以瞄准更远的观众直接传达直接音，只要比混响大声，他们就听得很清楚，就会佩服你的PA技术。

图7-8

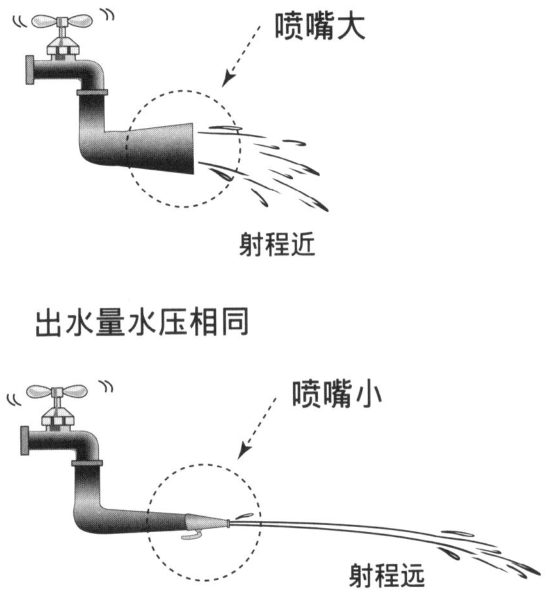

现在理论上都懂得使所有听众都能听见音质良好又清晰的声音，但是我们要如何将这些方法利用在现实的特殊环境中呢？显然我们无法给您完美的答案，也无法解决所有的问题，但是如果能够清楚地知道问题所在，了解问题发

Genelec

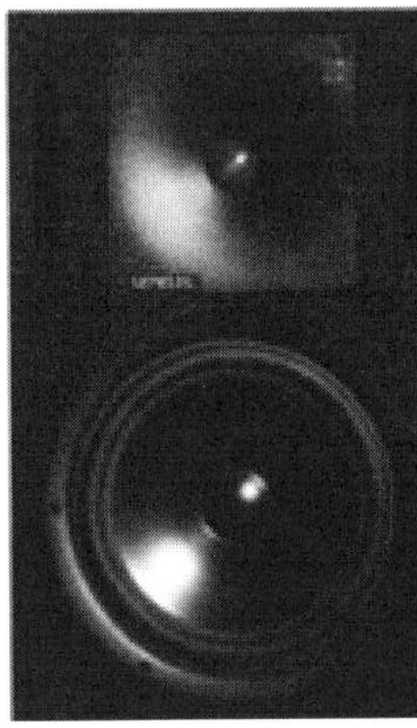

生的原因，对音响系统有概念，有知识，清楚有关器材规格资料及实地现场勘查模拟应付之道，就能有效地克服困难，完成工作。

图7-9

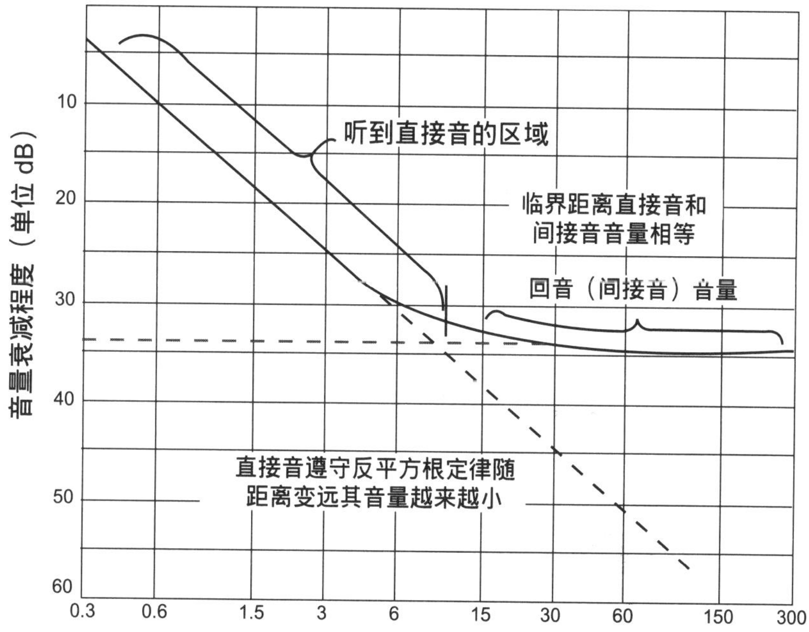

大型房间内随距离增长而音量衰减的程度（单位公尺）

第八章 系统设计的入门

系统设计牵涉的因素很广，本书只能提供一点皮毛的概念，如何设计及选择一个系统，系统的总输出音量及频率响应都必须评估，某些基本资料都必须在设计之前就搜集好，例如：需要几个输入声道，喇叭的特性及数量，使用的方便性，特殊的使用性习惯，系统接线的难易度，是否有高空作业的需要等，都是事先考虑的题目，设计者的经验，规划的能力及专业常识，占系统设计成败很大的因素。

一般器材的选择

音响系统使用的地点通常可分为两种：1.固定安装长久使用型 2.临时安装机动使用型，兹说明如下：

1. 固定安装长久使用型，系统固定安装在室内，必须应付不同形式的表演节目，观众人数的多寡及分布情形也对室内的音响有显著的变化，这些改变都可以预测出来，至少演出的节目多了，也能凭经验学到。

2. 临时安装机动使用型。机动的系统和固定安装式的状况截然不同，每次使用的场所，其环境差异很大，即使相同的节目内容在不同的场地表演，其音响系统操控的方法也一定不一样。

系统需求评估

决定系统要使用何种器材之前，应先评估下列项目：

（1）客户要求简单易于操作或复杂多功能的专业系统，哪一方面需要妥协？

简单或复杂系统的选择，取决于系统操作者本身专业的程度，有经验、有技术底子的音控人员，就可以在系统加上压缩限幅器，动态处理器，参数式EQ等专业器材，如果音控人员是初学者，那么这些附加的处理器就可能是他们的梦魇了。

系统的选择除了取决于系统操作者本身专业的程度之外，更要参考水准高又挑剔的观众，我们可不能低估台下的观众，也许他们分不清楚到底听到什么，但是他们对声音整体的感觉也许对整体工作的评价影响很大。

（2）哪一种喇叭扩散形式最有效？

喇叭扩散角度的选择和房子内部的造型，房子本身建筑声学的本性，观众的位置都有很大的关系，而且是很复杂的关系，因为喇叭扩散角度会随着频率不同而异，建筑声学的特性也很复杂，我们在此只能讨论一些基本概念。

大多数临时安装机动使用型系统很难选择扩散角度，因为每一个场地的特性都不一样，一般来说，在四方形室内，各角落放一只喇叭的摆设方法，建议水平扩散角度为90度，可以大约涵盖全部，由两支或多支相同喇叭组成的列阵式喇叭扩散角度，建议水平扩散角度为60度，可以更有弹性地允许阵列喇叭扩散角度涵盖较窄或较宽的范围。

固定安装长久使用型系统，喇叭安装的地点及其指向性，需要小心地去解决房子造型及环境混响的问题，严格要求的系统，可能需要有经验及公信力的合格音响咨询人员做测量及计算研究，才能确切地提出设计安装的指导原则。

音响系统除了达成足够的音量之外，还要有良好的频率响应，喇叭水平及垂直方向中心轴与偏轴音色的差异，是一个重要的考虑因素，很多喇叭扩散角度的规格与现实表现有所差异，通常涵盖的角度都低于规格，如果设计人员不察，其结果也许不能令人满意。

（3）喇叭的适用性，立体？

MONO？两音路？三音路？恒压式输出？中央补偿喇叭？超低音？喇叭的适用性，依节目形态不同而异，有关重点可详本章前文。

（4）需要多少声道？副混音机有需要吗？

混音机的MONO、立体输入声道最好比目前使用的数量多一些，以允许供给出乎意料的贵宾或其他增加设备（例如：卡座、MD、效果倒送等）的使用。鼓组收音麦克风及键盘乐器组合如果结构庞大，可以先将讯号汇人副混音后，再将各该立体讯号送往主混音机，因此我们有额外的小混音机可以弹性搭配，又不需要花大钱买使用率不高的大型混音机。

（5）使用EQ或需要其他声音处理器。

室内的音响特性不尽理想时，还可能利用图形等化器或参数式等化器的调整将产生驻波的祸首频率增益或衰减，使得现场节目的频率响应尽量平坦，但是最高级的等化器也无法改善坏的建筑声学特性，音响不好的场地改善之道，唯有求助于音响声学建筑师的努力。

（6）预算限制之下，使用哪一种麦克风？

1. 指向性：一般成音放大系统都建议使用单指向麦克风，这包括心形、超心形及超级心形等种类，详情参考本书第七章，通常心形及超心形适用于全部的场合，超级心形特别适用想拾取侧面传来的反射音。具备近接效应的麦克风以可以在高电平环境中收音，但请记住，一定要靠音源很近，再把低频滑落功能打开才有效！

2. 频率响应曲线，理想中应该选择频率响应平坦的麦克风，等化的调整愈少愈好，但是这样的麦克风很贵，也不是所有的音源都需要拾音这么宽广的麦克风，碍于预算及实际使用，低音鼓及贝斯乐器收音的麦克风有良好的低频响应即可，落地鼓及中鼓收音的麦克风有良好的中频响应即可，HI-HAT及小鼓收音的麦克风有良好的高频响应即可。

（7）建筑室内设计的搭配！

喇叭的设置对室内设计师来说，器材可真是眼中钉，它们的颜色黯淡、造型简单、体积庞大、简直就是怪物，建议以室内设计者美术的观点及立场，事先规划喇叭的搭配，也许会使工作容易点。

（8）系统升级的可能性？

有时碍于经费，无法一次购足其系统所有器材，或者表演形态改变，必须更换器材，规划时都得预留空间给这些状况。

的避震器。

（9）系统总输出要多少？

我们将提出实际的案例来加以描述房间与系统之间的搭配，室内空间愈大，要产生足够的音压将声音清晰地送达观众耳中的困难度也愈高，因为大房间要比小房间需要更多的喇叭音响输出，严格来说房间增大1倍，音响输出必须增大1倍，才能保持原有的音压电平（响度），再者，房间愈大，混响音大于直接音的区域就更多，更多的观众更难听到清晰的声音，使得声音的扩散控制及达到有效射程的需求更困难。

我们要用大、中、小三种空间来讨论，为了简易起见，三种房间的容积比定义为1：3：10，我们都放同一系统的喇叭，如果小房间使用输出100瓦的扩大机就可得到100dB的平均音量，大房间可能要10倍的输出即1000瓦才能得到100dB的平均音量，我们要怎么办呢？我们那有10倍的财力去增购这么大的系统呢？

我们先看下去，再来解决这个问题，到底你需要多大的音响力量，这跟你想得到多大音量及要表现那一类型的音乐有关，距1英尺（约0.304公尺）远的正常讲话音量大约是70dB，摇滚乐合唱团的表演音量大约是105~115dB之间，台北火车站前有一根测噪音的柱子，随时显示实际测得的音压，站前噪音在平常时刻约70~90dB之间，交通尖峰时刻就不止了，下回经过时注意瞄一眼。

室内90dB的音量就已经很大声了，120dB的音量对绝大多数人的耳朵是很难过的，（我们这里测的音压是采A加权的方式，就是将500Hz以下衰减，这是测试所需，因为人耳对中频部分要比低频部分来得敏感，衰减500Hz以下的频段，所做的测量比较接近人耳的感受）如右图：

小型空间

比如说长10m ×宽9m ×高3.2m的小空间，容积约为平均10000立方英尺，在舞台左右各放一只扩散角度90°×60°平均音压可达106dB，峰值可达116dB的两音路高效率喇叭（本文叙述的平均音压、峰值音压系根据喇叭规格，各位可以参考自己的系统计算），接上扩大机后，可在室内的混响空间产生106dB的中频平均音压，在扩大机发生削峰现象之前，系统仍有余裕可处理116dB的瞬间峰值讯号（前面说过瞬间峰值音量约大于平均音压10dB），所以不论是人声或乐器演奏都很清楚而不失真，请注意如果今天的节目是古典乐，看一下A加权平均音压表，它只需要85~100dB就够了，如果今天有器材调配的问题，我们这一个系统可以拿去Rock & Roll的场子去用，这里只需要动用平均音压90dB，峰值100dB的喇叭系统就可以了，其实大编制的古典乐根本不需要PA，也无法容纳于这么小的空间，除非是露天演出又没有反射板的情形下才要加强，依照节目的形式安排安装的系统，就不会大材小用，杀鸡用牛刀了。

A 加权平均音压表

dB	感觉
140	激烈战争的战场（第二次世界大战）
130	痛苦的音量（距离喷射机15公尺）
120	Rock & Roll、Disco Pub
110	打雷声
100	很大声的古典乐
90	Pub、地下铁、小孩打预防针的哭声、醉汉的咆哮声
80	大声的古典乐
70	1英尺说话的声音、繁忙的大街
60	背景音乐、平常会话的音量
50	池塘青蛙的叫声　50、30公尺外的交通噪声
40	安静的旷野、低声密谈
30	电视摄影棚、背景噪音
20	录音室内、背景噪音
10	
0	可听到的最小音量

中型空间

长12m ×宽15m ×高4.5m的中型空间，容积约为30000立方英尺，舞台左右各放扩散角度135°×85°可在混响空间区听到平均音压106dB，峰值音压116dB的两音路高效率喇叭。如果您不需要106dB，可以换效率低一点的喇叭，如果你需要比106dB更大的音压，用原来的喇叭但是将扩大机输出功率加大为3倍，就可以得到111dB的平均音压。

中型空间而言，正是距离和SPL降低，混响区，扩散性等问题开始做怪的地方。

利用电子分音将全音域的声音分成高、中、低频甚至超低频，然后经由分离式的喇叭及扩大机系统播放的方式除了能提高音压，还有下列优点：

1.更省更容易控制的扩散性较容易配合房间的几何形状，可使更多的直接音发射到房间后面，让观众听得清楚。

2.系统组件有较高的运用弹性，也方便日后的扩充搭配，可与其他公司合作或自己搭配更大、更复杂的系统。

被动式分音器是介于扩大机与喇叭之间的，一般直接接扩大机的喇叭是利用被动式分音器来区分高、中、低的频率，分音器不需要另接110V交流电源，我们称它为高电平分音器（因为由功率扩大机的高压电及大功率直接驱动）或被动式分音器（因为不用接电源）。

电子分音的喇叭系统使用主动式分音器（因为它要接电源，而且它接在功率扩大机之前）或低电平分音器（因为它接收混音器输出很小伏特的电压就可工作）。

Bi-Amp及Tri-Amp方式具有弹性运用的PA系统的优点，高频率的驱动器与号角组合后，其效率通常较低音喇叭要高三至五倍，只有独立控制低频及高频扩大机才能补偿这种差异，而真正在室内产生平坦的响应，也因为各频率都有独立的扩大机，所以可对短程、中程及长程号角的运用加以平衡。

另外，Bi-Amp及Tri-Amp系统也可减低功率扩大机过荷所产生的杂音，举例来说：传统全音域被动式分音喇叭系统中，如果低频使得扩大机过荷而产生削峰时，高频失真亦随之出现，但在Bi-Amp或Tri-Amp系统里，这种低频失真讯号绝不会出现在高音喇叭中，类似的情形也同样发生在中频及高频段，我们建议使用Bi-Amp或Tri-Amp系统是中、大型房间最适当的系统。

大型空间

大型空间其体积大约90,000立方英尺，这种情形下只有电子分音、分离式喇叭系统才是唯一获得良好音质与适当涵盖区域的实用办法。

运用近程及远程的高频号角，涵盖空间中的任何死角，高频号角和低音喇叭的音量必须做音量调整，最简单的方法就是先将短程高频号角音量关掉，然后调整远程高频及低频喇叭的平衡，请注意先调整大型空间后半部的平衡，再调整前半部的，也就是短程号角和低频喇叭之间的平衡，除了用耳朵之外，也可以用频谱分析仪来作调整的依据。

电子分音器的接法

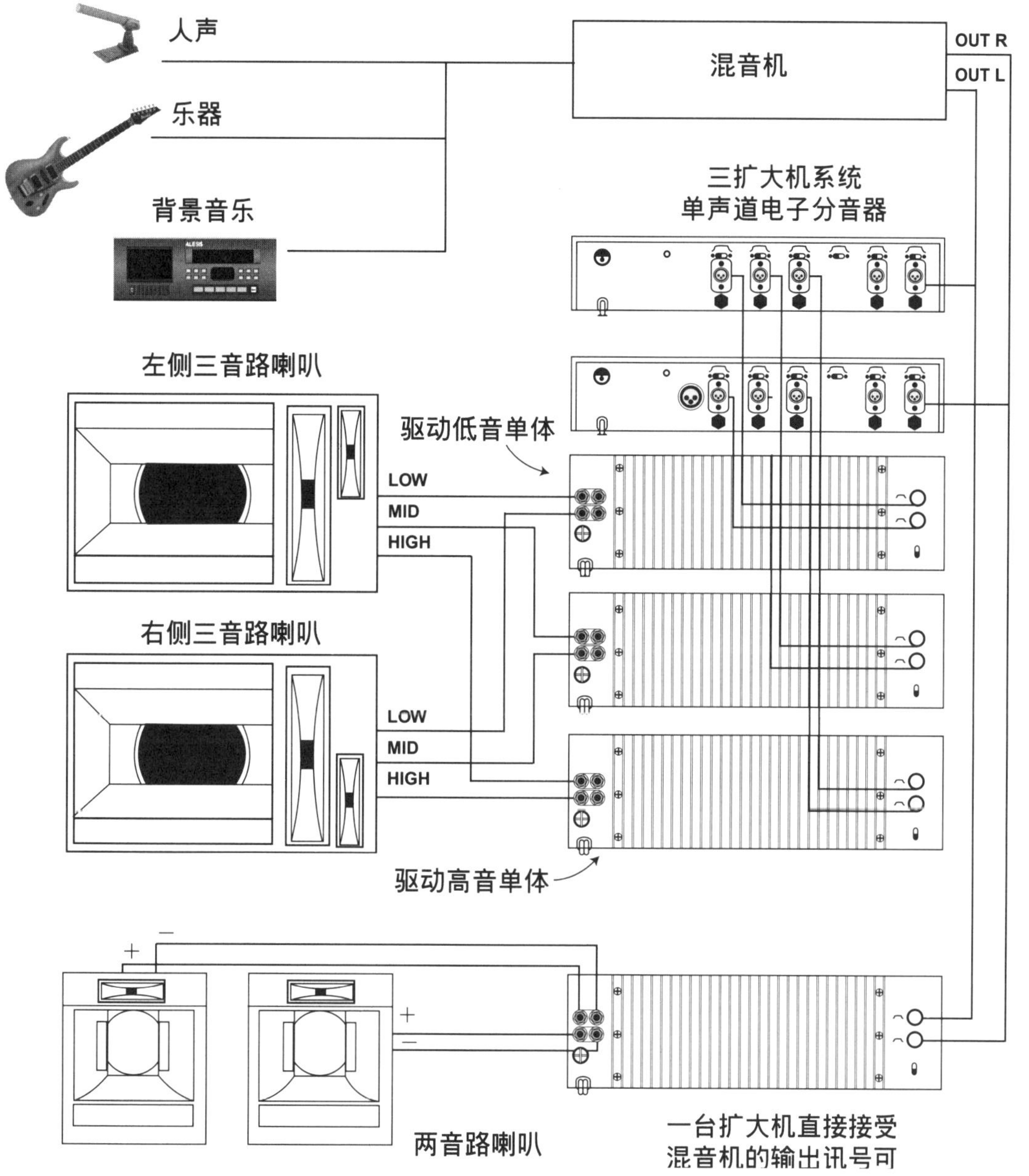

人声
乐器
背景音乐
混音机
OUT R
OUT L
三扩大机系统
单声道电子分音器
左侧三音路喇叭
驱动低音单体
LOW
MID
HIGH
右侧三音路喇叭
LOW
MID
HIGH
驱动高音单体
+
−
+
−
两音路喇叭
一台扩大机直接接受
混音机的输出讯号可

控制室广播系统
施工说明书

包括混音机、CD唱盘、麦克风、录音座等，可以独自分送30个单位，每单位均可调整音量大小，甚至完全关闭限制播音。

副控制室广播系统器材与主控制室相同，惟其输出讯号必须经由主控制室监控后才可传播，必要时主控制室可将副控制室输出讯号完全关掉，完全由主控制室操控。

讯号传送应为平衡式接线以防止杂讯干扰，连至30个单位之接线必须穿入2寸塑胶水管，建筑之间可沿墙壁拉管线，或埋设道路之下，不得妨碍视线及人员、车辆通行。

埋设管线所有破坏现场必须于工期内还原处理。

讯号传送线必须为12对多蕊麦克风线，多余的2对为备用，可另行扩充或替换损坏的讯号线。

30个单位的喇叭，室内为内建扩大机主动式喇叭，室外为防水式号角喇叭。

讯号分配扩大机为2输入10输出，为XLR接头，每一组输出均有音量控制旋钮。

器材明细如下：

Total pages including this page: 1

No. 20010917

器材明细

TEL:021-54971739　Fax:021-54971739　E-mail:mail@musechina.com

地址：上海市徐汇区东漕河泾路57号7号楼1楼

明　　　细	单位	单　价	数量	合　计
混音机 8 MONO 4 STEREO 4 GROUPS	台		2	
专业双卡录音机	台		2	
专业CD唱盘	台		2	
DVD 唱盘	台		3	
麦克风	只		4	
麦克风架　桌上型	个		2	
分配扩大机	台		3	
主动式喇叭 BI-AMP	对		2	
主动式喇叭	只		30	
号角喇叭	只		4	
扩大机 350W	台		2	
喇叭线	米		100	
麦克风线	米		3.500	
麦克风接头	对		40	
3"5 塑料水管	米		3.500	
塑料水管接头	式		1	
固定钢钉	个		1.000	
机柜	个		2	
施工费含五金吊架	式		1	
租金　挖土机	天		10	
压路机	天		2	
铝合金鹰架	天		30	
高空作业车	天		30	
木工施作	式		1	
电源线	米		100	

Total pages including this page: 2

No.

报价单

TEL:021-54971739 Fax:021-54971739 E-mail:mail@musechina.com

地址：上海市徐汇区东漕河泾路57号7号楼1楼

客户名称	Date:	交货期限	现货
公司宝号 ********** 股份有限公司	Fax: ***********	送货方式	送公司
付款方式 月结45天		有效期限	30天

明　　细	单位	单价	数量	合计
(1)YAMAHA D-24 MO 录音机	台		3	
(2)YAMAHA O2R 数位混音机	台		1	
(3)YAMAHA MY8-AD 类比介面卡 A to D	片		3	MO 用
(4)YAMAHA MY4-DA 数位介面卡 D to A	片		3	MO 用
(5)YAMAHA CD-R1000 CD 烧录机	台		1	
(6)YAMAHA CD8-AT FOR D-24	片		3	O2R 用
(7)YAMAHA CD8-TDII FOR TASCAM	片		1	O2R 用
(8)ALESIS ADAT LX-20	台		1	
(9)BEYER 耳机DT77OPRO	个		3	
(10)FOSTEX 耳机分配器 PH50	台		1	
(11)NEUMANN CONDENSER U87 麦克风	只		1	
(12)NEUMANN 麦克风避震器	只		1	
(13) 桌上型麦克风架	只		1	
(14)KLARK TECHNIK 频谱仪DN6000	台		1	含测试麦克风
(15)DENON 专业级单座MD 录音 DN-M2000R	台		1	
(16)DENON 专业级单座卡式录音机DN-720R	台		1	
(17)YAMAHA 监听喇叭	对		1	
(18)YAMAHA 扩大机XS-350	台		1	
(19)TASCAM DA-20MKII 专业级 DAT	台		1	
(20)SWITCHCRAFT PATCHBAY 接线盒	台		1	
(21) 麦克风音架	只		2	
(22)AT-877 SHOTGUN 麦克风	只		2	
(23)ROLAND 3080 音源机	台		1	
(24)ROLAND VA7 KEYBOARD	台		1	

明　　　　　细	单位	单 价	数 量	合 计
(25)ROLAND VA7　音量踏板	个		1	
(26)ROLAND VA7　延长音踏板	个		1	
(27)KORG TRITON PRO KEYBOARD	台		1	
(28)KONG TRITON 音量踏板	个		1	
(29)KORG TRITON 延长音踏板	个		1	
(30)KORG TRITON 音效卡	片		3	
(31)AKAI S6000　取样机256M 128发声数现成音色拾取建议使用TEAK SCSI 16倍外接式CD-ROM(未含)	台		1	
(32)MIDI COMPUTER 介面8 IN / 8 OUT USB			1	
(33)KEYBOARD 架	组		1	
(34) 时序控制开关20A	台		1	
(35) 接头与线材	式		1	
(36) 系统安装技术费	式		1	
(37) 工程保险费			1	
合计				
营业税				
总计			5%	

如蒙惠顾，敬请签章后回传，以利定货，谢谢。

第九章
接线CONNECTION

虽然本主题常被人忽视，但是大部份音响系统出问题都是在错误的使用接头和接线上，正确形式的接线和正确接头是确保系统在最小的杂音干扰下发挥最高的性能，以下章节将帮助大家正确地连接自己的系统，然而请大家仔细看混音机使用手册，其接线方法可能因厂牌而有所不同。

线

PA系统的连接靠线，线的种类很多，使用的地方不同，该注意的小地方更不能忽视。

线材是由金属制成，都有抗阻，阻抗会把电能转换为热能，将使整个系统效率降低，不可不慎。

编号	直径 mm	截面积 mm	Ω/1000
1	7.348	42.41	0 1260
2	6.544	33.63	0 1592
3	5.827	26.67	0.2004
4	5.189	21.15	0 2536
5	4.621	16.77	0.3192
6	4.115	13.3	0.4028
7	3.665	10.55	0 5080
8	3.264	8.36	0.6045
9	2.906	6.63	0.8077
10	2.588	5.26	1 018
11	2.305	4.17	1.284
12	2.053	3.31	1 619
13	1.828	2.62	2 042
14	1.628	2.08	2.575
15	1.450	1.65	3 247
16	1.291	1.31	4 094
17	1.150	1.04	5 163
18	1.024	0.82	6 510
19	0.9116	0.65	8.210
20	0.8118	0.52	10 35
21	0.7230	0.41	13 05
22	0.6438	0.33	16 46
23	0.5733	0.26	20 76
24	0.5106	0.20	26 17
25	0.4547	0.16	33 00
26	0.4049	0.13	41 62
27	0.3606	0.10	52 48
28	0.3211	0.08	66 17
29	0.2859	0.064	83.44
30	0.2546	0.051	105 20
31	0.2268	0.040	132 70
32	0.2019	0.032	167 30
33	0.1798	0.0254	211 00
34	0.1601	0.0201	266 00
35	0.1426	0.0159	335 00
36	0.1270	0.0127	423 00
37	0.1131	0.0100	533 40
38	0.1007	0.0079	672 60
39	0.0897	0.0063	848 10
40	0.0799	0.0050	1069.00
41	0.0711	0.0040	1323 00
42	0.0633	0.0032	1667.00
43	0.0564	0.0025	2105.00
44	0.0502	0.0020	2655.00

依美国线材标准规定AMERICAN WIRE GUAGE（AWG）线材共有44种规格，音响工业常用的线材规格是4号~24号，因为小于4号的线太重，大于24号的线阻抗太大，都不适合我们使用，阻抗是我们决定线径的重要因素，我们一定要仔细判断，依左表为例：

一个阻抗8Ω的喇叭和扩大机相距100公尺远，如果使用20号的喇叭线，将会有一半的功率转变为热能而损失掉了，多可怕？当然我们不会用20号那么细的线拉100公尺远去接喇叭，这个例子只是要突显线径因素的重要 。

PA音响用的线大致有：

1. 讯号线 各个电子器材之间或与混音机连接的线。
2. 喇叭线 用来连接喇叭与扩大机，通常不超过12m。
3. 电话线 利用电话线可以和世界连结在一起。
4. 同轴线 用来传送电视及其他高频讯号。
5. 电源线 电子器材连接220伏特电源的线。
6. 光纤线 连接数字音响器材及电话的线。

平衡式和非平衡式麦克风输入

麦克风输入端子是平衡式，XLR型的插座，可接受平衡式或非平衡式的低电平讯号。总之，任何状况之下，选择混音机之前请先确定机器上的插座都是平衡式的，非平衡式的接头会拾取干涉讯号，将增加系统杂讯，当然如果你用非平衡式的器材就无关紧要，但是对平衡式音源却会加入非必要的杂讯。

平衡式接法是一种音响设备输出、入端子接线的方法，可以将讯号的干扰杂讯消除，让机器可以在低杂讯下工作。

各声道的输入均为平衡式，每个讯号都有分别的正讯号线和负讯号线及一条地线，“差动输入放大器”(Differential Input Amplifiers)的设计使得这些线上感应到的干扰互相抵消，因为正、负两讯号线靠得非常近，所以这两条线会感应到相同的干扰，而差动放大器只放大这两条讯号线上不同的讯号，因此任何同时出现在正、负两条线上一样的讯号（即杂讯）都不会被放大，这就是大家耳熟能详的“共模互斥现象”(Common Mode Rejection)。假如将平衡讯号源接到非平衡输入，如果输出端是变压器方式的，必须将讯号源端的负讯号线落地，如果输出端是主动式或者电子式的，则负端信号不使用，当讯号源的机器没有和电源地相接时，则只有讯号源端可以将隔离接地。

平衡式接线法(如图9-1A)，非平衡式接线法(如图9-1B)，两者都可以用，但是幻象电源打开时，请勿再用非平衡式音源设备，因为从XLR接头第2、3脚送来的电压会造成非平衡式麦克风严重的损坏。

高电平输入也是平衡式的，可插立体1/4寸插头，非平衡式插头也可以插，但接线必须如（图9-2）。

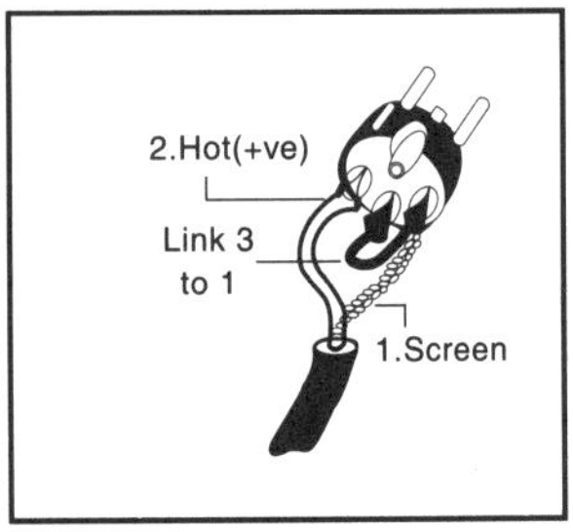

图9-1B
非平衡式输入

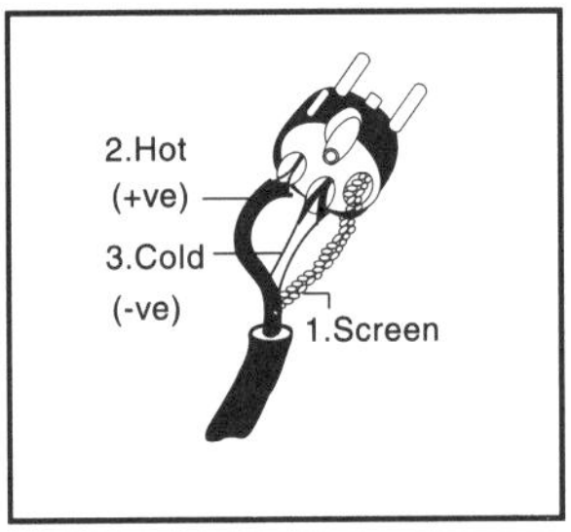

图9-1A
平衡式输入

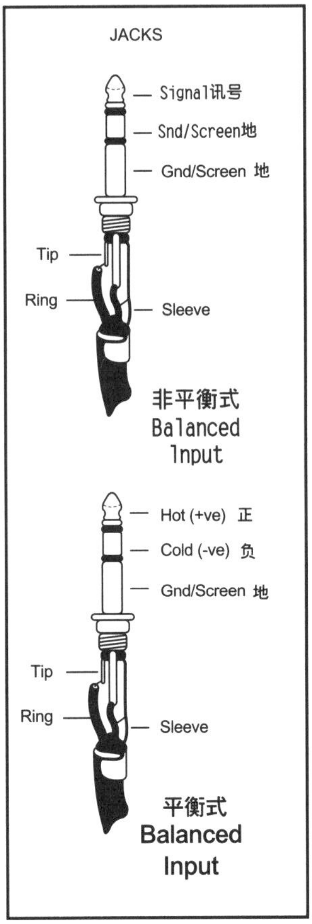

图9-2

插入点

混音机的插入点通常都做为讯号回路中的插断点，可让讯号从此点由混音机接出至其他外部设备，然后再由原插断点接头送回混音机。除非插入点被插头插入，否则此插座是旁通的；通常插入点用来外接效果处理机、限幅器或等化器。

因为仅利用一个插入点来输出、入讯号，接线方法系用一条一端为立体1/4"耳机接头接线(如图9-3)，利用Ring负责效果器输出，Tip负责效果器输入；另一端用一种特殊的Y型接法，它是两个Mono插头分别负责输入及输出。这种线与连接耳机座输出分开到左右声道的插头是一样的。

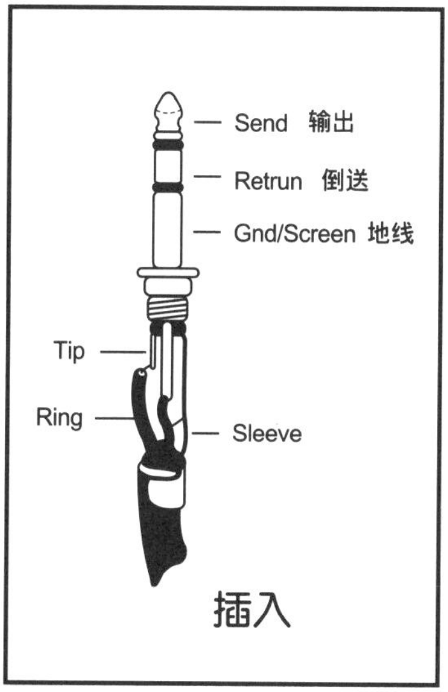

图9-3

接地补偿输出具备一项非常有名的接地补偿电路设计，它可以帮助我们减少非平衡式音源接地回路及一起带来的哼声杂讯，接地补偿输出端有三个接点，很像传统的平衡式输出，除了它把负极线当做接地感应线来使用，使得它可以感应和解决掉出现在输出部份的任何接地哼声。

Tip接火线；接栅屏线；Ring接地感应，XLR型接线法通常1脚栅屏线；2脚火线；3脚接地感应耳机式接头系统；如果使用平衡式音源器材，地线感应输出可以当做负极，如果使用非平衡式音源器材，接法请参照图，非平衡式接头也可以插入接地补偿输出端，但是消除哼声的优秀功能就消失了。

接头/插座种类（一）

SWITCHCRAFT 接头

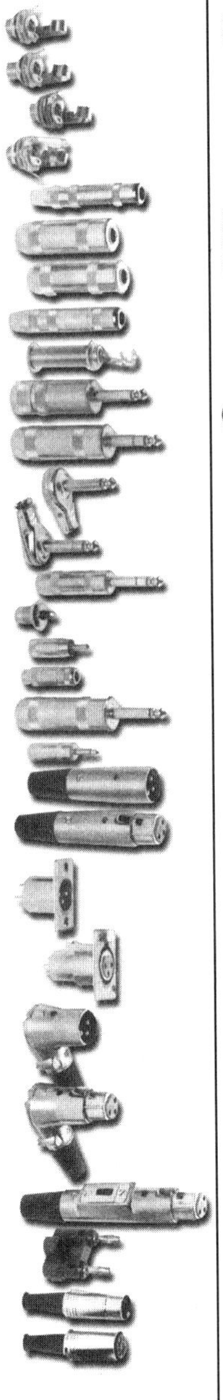

WHIRLWIND 接头

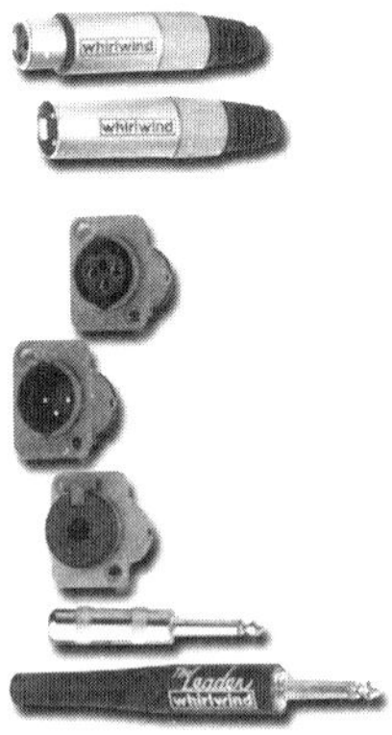

SWITCHCRAFT 转接头

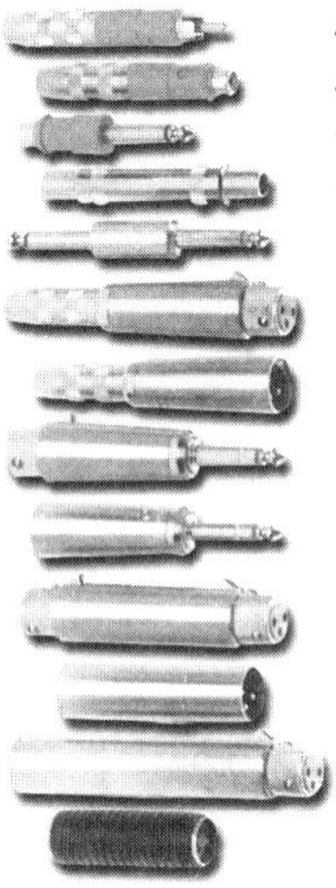

4/1"母～RCA公
4/1"母～RCA母
母RCA～公4/1"
母4/1"～母4/1"
公4/1"～公4/1"
母4/1"～母头
母4/1"～公头
母头～立体4/1"公
公头～立体4/1"公
母头～母头
公头～公头
公头～母头
DIN母～DIN母

NEUTRIK 接头

公头
母头
直角公头
直角母头
母座
公座
MONO PHONE
立体 PHONE
直角立体 PHONE
直角MONO PHONE

接头／插座种类（二）

CANNON AP 系列接头

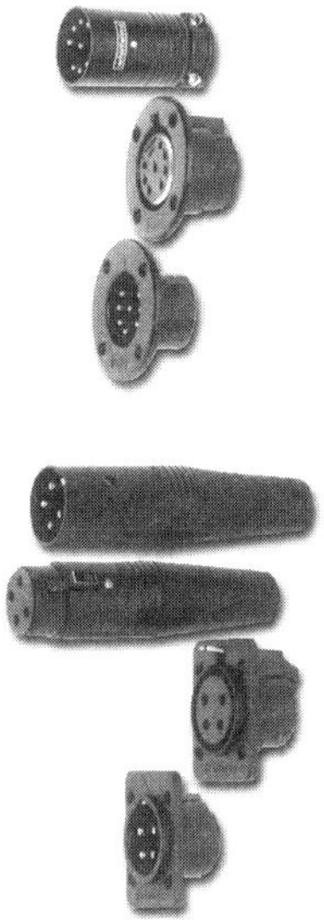

8PIN公头

8PIN母座

8PIN公座

4PIN公头

4PIN母头

4PIN母座

4PIN公座

NEUTRIK SPEAKON 喇叭插座

NL4FC

NL4MP

NL4MPR

NL4MM

NL8FC

NL8MPR

WHIRLWIND 多芯麦克风线连接座

39PIN公座

39PIN IN LINE母座

61PIN母座

61PIN IN LINE公座

122PIN

电缆保护钢索套

122PIN IN LINE

176PIN

176PIN IN LINE

接线范例

Balanced 平衡式

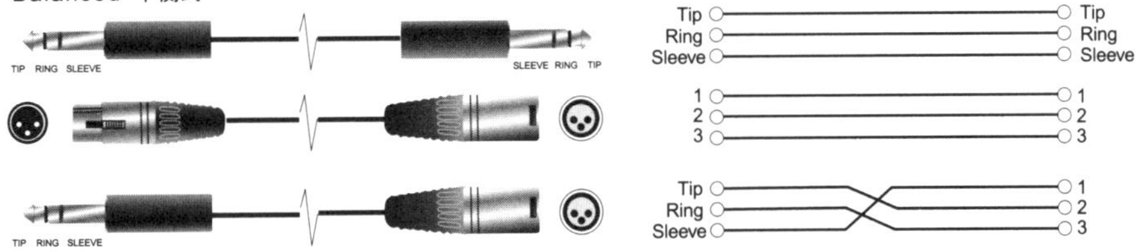

Unbalanced 非平衡式

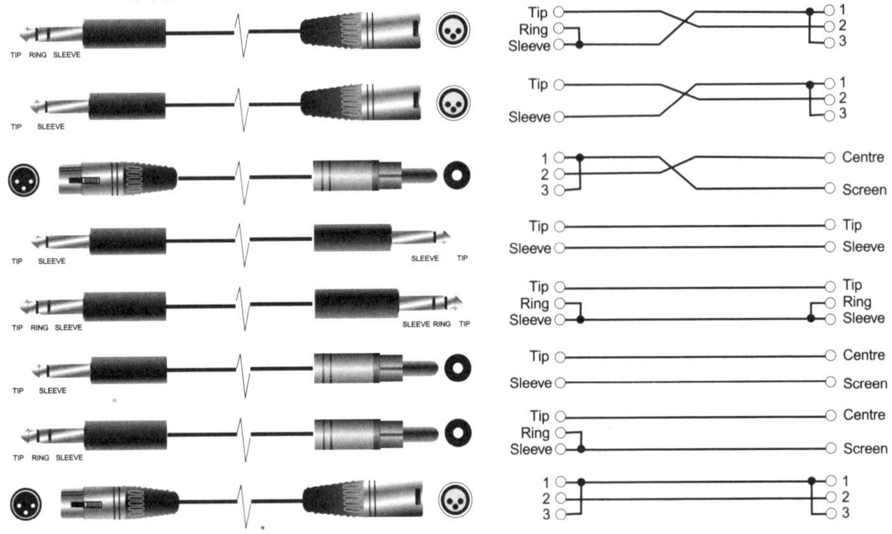

Insert Leads 插入点

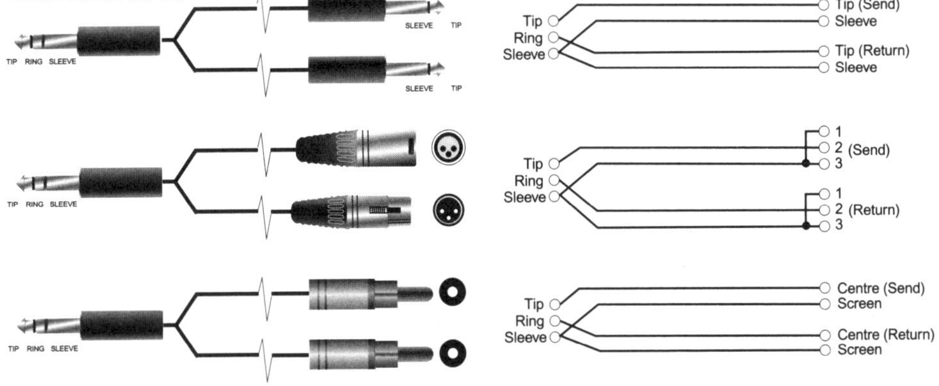

“Y”接线（平衡式）

"Y" Leads (Balanced) 平衡式 Y 讯号线

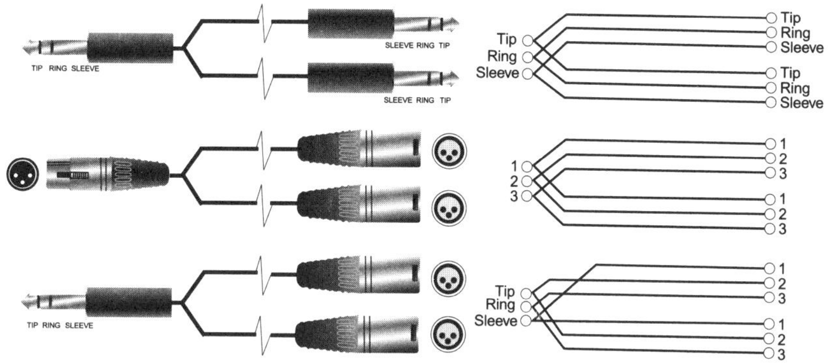

"Y" Leads (Unbalanced) 非平衡式 Y 讯号线

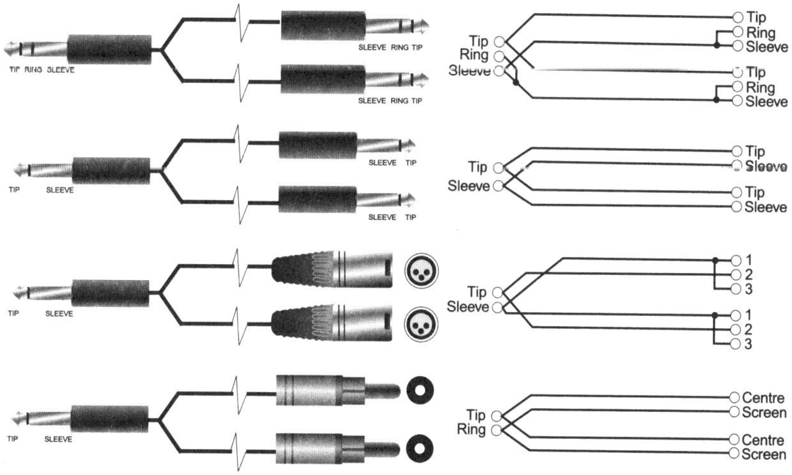

第十章 专业名词解释

看专业名词解释学英文

AC 交流电

交流电的流向会在固定时间内反向，直流电DC则永远保持一个方向，交流电每分钟改变方向的次数就叫频率，110V/60HZ表示110伏特的交流电每分钟反向60次。

ACOUSTICS 音响声学

声音的研究及人耳听音机制与声音有关之事务。

ACOUSTIC FEEDBACK 音响回授

从喇叭发出的声音被麦克风拾取，又再被放大经由同一支喇叭发声，又被同一支麦克风拾取等等，每一次讯号变得更大，直到音响系统开始自我回授，产生某种频率的尖叫，尖叫的频率叫作回授频率。

ACOUSTIC GUITAR传统共鸣吉他，非使用电气或电子式吉他

ACTIVE 主动式

音响设备需要交流电或电池供应电源才能正常工作的通称为主动式，类似的产品有主动式喇叭、主动式分音器，相对的不需要这种电源的设备通称为被动式。

ACTIVE CROSSOVER 主动式分音器

主动式分音器接在双扩大机喇叭系统或参扩大机喇叭系统中功率

扩大机之前，要利用110V电源来工作，某些主动式分音器还可以提供分频点的选择功能。

ADC或A/D

类比ANALOG讯号转换CONVERT为数位DIGITAL讯号的简称。

AES=AUDIO ENGINEERING SOCIETY

美国音响专业人士组成的音响工程师协会。热心致力于设立音响标准，RIAA就是由他们设立的。

AF 音响频率

AF是AUDIO FREQUENCY音响频率的简称，表示其频率范围是人耳可听的音响部分，通常是20Hz~20KHz之间，极少数的人才可能听到低于20Hz或高于20KHz的频率，大多数人超过16KHz就听不到了，事实上耳朵的听力也跟频率本身的音量大小有关系。

ALF AFTER FADER LISTEN 推杆之后监听

AMBIENCE 临场感

室内声学的解释为空间的感觉，或为聆听空间的室内声学品质。

AMPLITUDE 振幅

振幅是一个讯号或者声音的力量，与频率无关，声音振幅的测量单位通常以音压电平表示。

AMPERE 安培，简写为Amp.或A.是电流强度的单位

ANALOG 类比

ANSI（AMERICAN NATIONAL STANDARDS INSTITUTE）美国国家标准局

ANTENNA 天线

ATTACK TIME 启动时间

压缩/限幅器使用时，当它收到一个强力的讯号，机器本身开始进行压缩/限幅来降低增益所用的时间，就叫启动时间，通常启动时间要愈短愈好，因为如果启动时间大于突波讯号发生的时间，那么根本起不了任何作用。

ATTENUATION 衰减

讯号的电平或振幅减小称之为衰减，其测量单位为dB。

A加权/B加权/C加权

我们使用音压表测量音源的音量大小，常在音压表的切换开关上看到A、B或C加权的显示方法，我们在测量音压时，到底要用哪一种加权，加权又是什么意思?

因为人类耳朵对于声音的自然反应，1kHz以下的低音频率感应灵敏度比1kHz低，在低音量时这种现象更突显，（以上比较是人耳实际听力和仪器测量结果之比，所以仪器为了能测到更接近人耳感应的结果，必须要衰减音压表对某些频率的灵敏度以获得较实际的数据）

A、B、C加权的使用方法如下：

A加权功能较适合测量较低音压的音源，例如背景噪音。

B加权功能较适合测量中音量音源。

C加权功能较适合测量大音量音源。

依美国国家标准局ANSI S1.4-1971规定依A、B、C加权功能各频率衰减规定详如附录八。

AUDIO 音响

AUDIO音响是拉丁文“我听到了”的意思，音响泛指所有可以听到的声音，超音波、无线电频率讯号或影像讯号不算音响。

AUTOMATED MIXING 自动混音

AUX 辅助输出

请参考本书第三章混音机内容说明。

BALANCED 平衡式

BALANCED平衡式是音响讯号线的一种使用方法，它不采用地线传送音响讯号。

BAND 频带

频带是由一连串相邻的频率组成，例如一个八度音频带表示频带的范围有一个八度音，例如220Hz～440Hz，AUDIO BAND音响频带就表示20Hz~20KHz。

BAND PASS FILTER带通滤波器

带通滤波器就是有频带宽度的滤波器，滤波器作用的范围可宽可广，也可固定频率，其范围由频带宽度决定。

BAND WIDTH 频带宽度

频带宽度是指频带的宽度，有可能是一音程、两音程或任何两个频率之差，均可称为频带宽度；无线电传播内容的数量就是由频带宽度来决定。

BASS 低频

低频是音响频率最低的部分，通常30Hz至200Hz称为低频，在HIFI音响杜比数位5.1环绕系统中的0.1就是指低频部分，通常200~300Hz称为中低频。

BASS REFLEX 低音反射式

低音反射式是美国Jensen喇叭公司的注册商标于1930年代发明，它和密闭式喇叭不同，这种喇叭有通风口，经过后人改良，已普遍用在HIFI及专业喇叭上。

BAUD 波特

数字资料传送的速度单位，每秒1 Bit。

BBC（BRITISH BROADCASTING CORPORATION） 英国国家广播电台

历年来致力于广播音响品质的研究、革新及改善工作。

BI-AMPLIFICATION 双扩大机喇叭系统

双扩大机喇叭系统：两音路喇叭音箱内装有中、高音单体及低音单体，分别用两台不同的功率扩大机驱动，并可以个别调整音量。

BINDING POST

一种连接喇叭和扩大机的接头，可以和裸线、香蕉头或ALLEGATOR CLIPS 连接，通常有红、黑两种颜色，黑色表示地线，红色表示火线。

BNC 接头

一种同轴线使用的接头，大多数用在测试仪器或视讯器材，由NEILL CONCELMAN发明的因此命名为BNC。

BOOST 增强

将声音或某频率的振幅加大称之为增强，通常适用在特定频率或某频带。

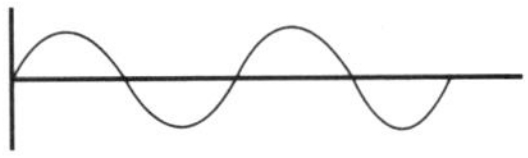

音量小

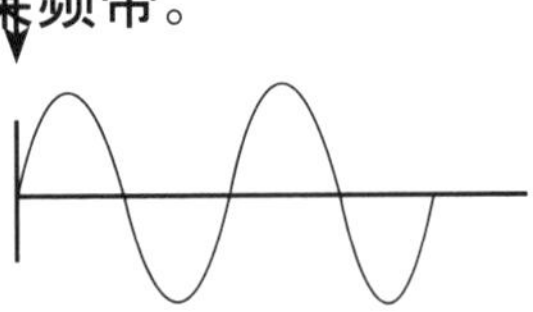

音量大

BRIDGING 桥接

将立体扩大机切换为一台两倍输出功率的MONO单声道扩大机，通常必须把扩大机后面的立体/桥接切换开关，拨至桥接位置，然后将喇叭线接在A/B两声道的正极接头。

BUS

请参考本书第28页内容说明。

BY PASS 旁通

CAPACITOR MICROPHONE 电容式麦克风又名CONDENSER

碳粒式麦克风 CARBON MICROPHONE

碳粒式麦克风是最早发明的麦克风之一，碳粒式麦克风阻抗低，频率响应狭窄，很容易失真，并不是高品质的麦克风，但是电话筒还在用这种麦克风，所以下次你听电台CALL-IN节目，激动的观（听）众打电话进来的音质不好，你就知道原因了。

CARDIOID 心形

请参考本书第六章内容说明。

CHANNEL SEPARATION 声道分离度

声道分离度是串音的倒数，串音小表示两声道分离度大。

CLIPPING 削峰

如果一个讯号经过扩大机或其他电子器材却无法匹配它的最大电流需求，该讯号的振幅上檐、下槛就会被削平，削峰失真的讯号包含有大量的谐波失真，声音也变得很粗糙难听。

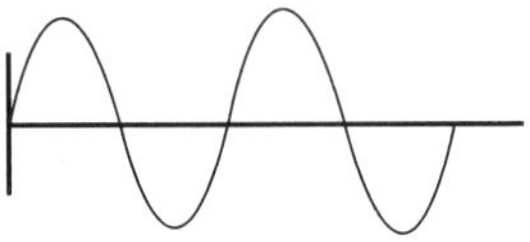

正常

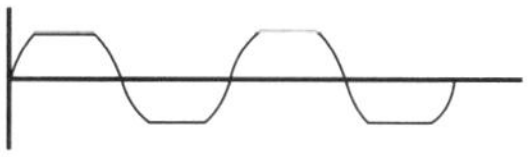

CLOSE MIKING 近距离收音

以极近的距离收取人声或乐器声，以便尽可能的减少不想要的其他声音。

CMRR
（COMMON MODE REJECTION RATIO）共模互斥现象

请参考本书第九章内容说明。

COAXIAL CABLE 同轴线

COAXIAL LOUDSPEAKER 同轴喇叭

同轴喇叭是两音路喇叭，其高、低音单体合为一体且中心点在同一条线上，通常高音单体为号角式，同轴喇叭的优点是完全模拟点音源的发声方式。

COMPRESSOR 压缩器

压缩器可以减少讯号的动态范围，主要效果是将太大声的变小一点，太小声的变大一点，使得音量平均，常用在录音及广播收音机。

CONSOLE 大型混音机

CONSTANT DIRECTIVITY HORN 传统号角式高音喇叭

传统号角式高音喇叭放音时随着频率愈高其涵盖方向愈窄。

CRITICAL DISTANCE 临界距离

我们离喇叭愈远，对于混响来说，直接音将愈来愈弱，当我们退到某一点刚好直接音和混响音量一样大时，这个距离叫做临界距离，实际的临界距离将因喇叭指向特性而有所改变，喇叭系统指向性愈高，则临界距离愈大，所以喇叭设计者希望喇叭对观众的指向性愈高愈好，而对墙壁和天花板的朝向则愈少愈好。

CROSSTALK 串音

多声道的音响传送系统，例如：混音机、多轨录音机或电话线等，从一个声道渗漏到另一个声道或更多个声道的情形叫做串音，以dB为单位，但是串音会依频率不同而有不一样的特性，串音可以利用平衡式接线，适当的屏蔽隔离及正确的系统设计来减低。

CUT

讯号振幅的减小谓之CUT，通常针对某特定频率或频带。

CUT-OFF FREQUENCY 截止频率

使用高通滤波器或低通滤波器功能时，比未经滤波器影响之频率振幅低3dB的频率就叫截止频率。

DA 分配放大器（DISTRIBUTION AMPLIFIER）

分配放大器可以将一个讯号变成多个相同的讯号送往不同的输出，例如现场演唱时，混音机主要输出接分配放大器之后，可将相同的讯号送往FOH扩大机喇叭系统、现场转播OB车、实况转播Fm电台、现场贵宾室、录音设备、耳机等等，通常的设计为二进八至十出，其输出均互相隔离，所以任何一组短路或故障均不影响其他输出功能。

DAC（DIGITAL-TO-ANALOG CONVERTER）数位类比转换器

DAMPING 阻尼

几乎所有的机械系统都有共鸣点，它们都会在到达共鸣频率时震或发出共鸣的声音，各种乐器需要这种特性以发出各具特点的音色，但是我们不希望喇叭或唱头会发出自己的共鸣声加入播放出来的音乐让我们听，因此加入有摩擦力的阻尼物质在喇叭及唱头上让它们不要共鸣。(但有时候不会很成功)。

电子类比的所谓摩擦力就是电阻，电阻用来阻止电子线路产生共鸣，例如：分音网路、滤波器等。

DAMPING FACTOR 阻尼因素

扩大机控制喇叭纸盆动作的能力，称为阻尼因素，其值为负载阻抗除以扩大机的输出阻抗。

高阻尼因素的扩大机将会减低喇叭纸盆不必要的震动，因为低阻抗的扩大机输出吸收了讯号的能量，让喇叭纸盆运动受阻而减少它的动作。扩大机阻尼因素之值会随着频率不同而变化。

dBm

1 dBm/600Ω=0.075 VRMS

dBV

1 dBV=1 VRMS

DC 直流电

DECAY TIME 衰变时间

衰变时间是让讯号衰减60dB的时间叫衰变时间。

DE-ESSER 宽波段选择性高频压缩

宽波段选择性高频压缩是一种专门用在人声的压缩器，通常只在高于3KHz或4KHz以上的高频率范围内工作，特别应用在广播工业，可消灭因为太靠近麦克风而产生的人声、嘶声。

DIGITAL 数位

DIRECT BOX 直接连接盒

录音时将吉他、贝斯或键盘乐器等非平衡式讯号转换为平衡式讯号后送往混音机的电子设备，通常需要电池或幻象电源来工作。

DIRECT RADIATOR 直接辐射

喇叭的移动元件和空气之间没有装号角的形式称之为直接辐射式喇叭，家用喇叭大多是直接辐射式，专业喇叭大多使用号角式，直接辐射式喇叭的声音比较平顺，频率响应很平均。

DIFFERENTIAL AMPLIFIER 差动放大器

差动放大器的设计使得平衡式接线感应到的干扰互相抵消，因为正、负两讯号线靠得非常近，所以这两条线会感应到相同的干扰，而差动放大器只放大这两条讯号线上不同的讯号，因此任何同时出现在正、负两条线上一样的讯号（即杂讯）都不会被放大，这就是大家耳熟能详的“共模互斥现象”(Common Mode Rejection)。

DISPERSION 扩散角度

喇叭扩散声音的角度叫扩散角度。

DIVERSITY RECEIVER

无线麦克风的接收器一定有两只天线，为什么天线要一对呢？因为这些无线电讯号会衰减或被大楼、汽车、树、墙壁反射的关系，不同相位的无线电波互相干扰，使得讯号不良，两支天线位置不同，会收到不同强度的讯号，分别送到内藏的两个接收器，然后经过比较的功能，选择比较强的讯号送去混音机。

DRIVER 驱动器

单独的喇叭单体都可称为驱动器，然而号角式喇叭系统除了号角之外，其他部份都可称为驱动器。

DROPOUT 磁带讯号下降

类比磁带录音时，录音讯号品质的好坏依赖着磁粉是否可以均匀分布在磁带上，如果它的灵敏度在磁带上各处发生变化，讯号电平就会周期性地降低，这些电平降低的现象就叫磁带讯号下降，大约只会将电平下降几dB而已，可是讯号电平下降的副作用是磁带本身噪音电平将会比较明显。

DRY

使用效果器时未经处理的讯号称为DRY，经过效果器处理过的讯号叫WET。

DSP（DIGITAL SIGNAL PROCESSING）数字讯号处理

数字讯号处理是类比类音乐讯号经编码为数字讯号资料后的处理或修正。

DUB 复制

复制一个录音带或CD叫做DUB，其复制过程叫做DUBBING。

DYNAMIC RANGE 动态范围

音响动态范围是最大声和最小声的音量比例，测量单位为dB，交响乐演奏的动态范围大约为90dB，表示音响演奏的最大音量比最小音量大声90dB，动态范围是一种比值，与音量大小的绝对值无关。

通常在Fm广播节目是感受不到交响乐真正现场演奏的动态POWER，因为储存或者传送录音的媒介本身有无法消除的噪音，因此决定了音乐本身的最低音量（一定要大于噪音音量），音乐的最高音量可能因为系统防止削峰失真的保护措施，而被压缩下来，CD唱片可以提供较大的动态范围，但是在广播的系统里，因为频宽的关系，电台是会使用压缩/限幅器减低音乐的动态范围之后，再行广播出去。

ECHO 回音

回音和混响REVERBERATION不同，常被人误解，回音正确的解释：是指比直接音慢至少50毫秒的反射音，而且它的音量也比混响大声。

EFFICIENCY 效率

一种测量喇叭输入电能被转变为声能的比例，以百分比为单位，未被转换成声能的电能将转变为热能，几乎大部分的直接辐射式的喇叭效率只有1%~2%，号角喇叭的效率大约可达10%~20%，最高30%，专业用喇叭系统高效率的要求很重要，特别是在大场地需要高音量时，高效率喇叭可以减少扩大机的数量，同时低效率喇叭产生的热能在大音量表现时很容易过热而烧毁高音单体。但是效率高或低并不表示喇叭的好坏，选择的判断要由使用需求而定。

EFX EFFECT 效果的简称

EMI ELECTRO MAGNETIC INTERFERENCE 电磁波干扰

在音响系统听到的杂讯，例如：哼声、静电声、BUZZ声等，都是因为音响系统拾取了电磁波再放大而造成的，一般来说，会产生EMI辐射的有日光灯、电源线、电脑、汽车点火系统、调灯器、Am及Fm电台发射器、电视台发射器，EMI在某些状况会造成很大的问题，如果音响产品设计时未考虑如何免疫，是很难在事后去解决或消除它们。

EQUALIZER 等化器

一种可以用来提升或压抑任一被选择频率振幅的设备。

FEEDBACK 回授

混音机麦克风声道的输入增益设得太高使得从喇叭发出来的声音又被麦克风收音而放大，因此产生持续性的嚎哮声，解决的办法是将增益关小或将声道推杆拉下来一点，另一种办法是利用等化器将产生回授的频率衰减，以便使音响系统的频率响应较平坦。

FERRO FLUID

一种铁磁液体会附在喇叭的磁铁上，在磁场内铁磁液体会变得较硬，离开磁场就会像滑润油一样，特别用在高音喇叭，主要用途是将音圈的高热引导至磁铁，铁磁液体围着音圈四周，磁场可以将它固定在磁沟内让音圈散热更快，效果比空气更好。

FISHPOLE

是麦克风延伸杆MIC BOOM的俗称。

FLAT FREQUENCY RESPONSE 平坦的频率响应

扩大机、喇叭、麦克风有平坦的频率响应，表示某频宽讯号输入、输出各设备后有相同的增益或灵敏度，其振幅也均匀分布在该频宽，增益及频率关系图成一条平坦的横线，因此而得名。

FLUTTER 抖动

录音机转速不能保持定速的话，录好的音乐其音调会改变，改变率高于5Hz或5Hz以上就叫做抖动，改变率低于5Hz就叫WOW。通常我们可在产品的规格表上看到WOW &FLUTTER我们通称为抖动率，抖动事实上是频率的变调，听起来像颤抖的音乐，某些乐器是不能容许这种现象的，例如钢琴的音准绝不容许稍有误差，而弦乐器就比较听不出来。

通常录音机可接受的抖动率为0.1%或0.1%以下，传统LP唱盘抖率比较低是属于WOW。

FOH（FRONT OF HOUSE）PA主场的设备

PA主场的设备，包括混音机、扩大机、喇叭、效果器等，通常舞台音响系统分为PA主场的设备及监听设备，PA主场的设备是给观众听的，监听设备是给舞台上的表演者听的。

FOLDBACK 回馈

将各声道输入的声音，经由喇叭或耳机送给演出者去监听自己或同台者现在所做出的声音。

FREQUENCY 频率

声音是由振动而产生的，每秒钟振动的次数称为CPS，也叫频率Hertz，简写为Hz；例如一秒振动一次是1Hz，一秒振动440次是440Hz，人类耳朵可以听到的频率范围为20Hz~20KHz，所以我们发现几乎所有扩大机提供的频率响应规格都是20Hz~20KHz，其实很多人根本听不到20Hz或20KHz。

FREQUENCY RESPONSE 频率响应

频率响应简单的说就是振幅和

频率的关系，通常讯号输出为Y轴，单位为dB，频率响应为X轴（20Hz～20KHz），频率响应包含音量及相位两个部分，我们要了解频率响应的正确意义，它被定义为是系统或某设备的特性，而不是讯号的特性。

GATE 闸

闸是电子电路的一种作用像一个电子开关，决定讯号是否可以通过，闸的开关是电压控制，如果讯号本身的电平就可以决定闸的开启，这种叫做噪音闸NOISE GATE。

GITTER 相位抖动

在类比数字转换时，对于讯号取样确实时间的不确定状况叫做相位抖动，因此使得取样的讯号产生了一些失真。

GRAPHIC EQUALIZER 图形等化器

请参考本书效果器内容说明。

GROUND 接地

扩大机或其他音响器材的金属机座不管是否真的接地均称为接地，金属机座也是电的导体，它作用成屏蔽以保护机体内部不受外来电磁场的干扰，外在电磁场会在电路中产生杂讯，金属机座的屏蔽作用可以减少这种现象，而且屏蔽效果可以由金属机座延伸到传输讯号的屏蔽讯号线，屏蔽讯号线是内部导体完全被外圈导体所包围，外圈导体有屏蔽作用并和金属机座连接，传送有线电视讯号的同轴电缆就是最好的例子，如果两个或两个以上的音响器材接在一起，例如前、后极扩大机，屏蔽讯号线的屏蔽导体负责连接各音响器材，使得全部器材的接地都相同，如果接地断了，就会听到60Hz的噪音或哼声（HUM），因为家用交流电源是220V/60Hz，电源延长线就好像无线电台发射塔一样，会将60Hz的电磁场辐射出去，干扰了音响品质。

GROUP 群组输出

用来和其它群组输出再混音的群组输出。

GROUND LIFTER 接地切断开关

某些音响设备，例如阻抗匹配盒、吉他扩大机等，有这个接地切换开关，是为了切断输入与输出屏蔽，它可以切断音响设备的金属基座接地，例如切断吉他扩大机和录音扩大机或录音机基座，可以减少接地回路引起的哼声。

HARMONIC DISTORTION 谐波失真

完美的音响设备，例如扩大机或录音机它们的输出讯号和输入讯号除了功率电平可能被加大之外，应该没有其他任何改变，但是完美的音响设备并不存在，因为输出讯号总是会有某方面的失真，最简单的失真形式是输出讯号被添上输入讯号的谐波，这种失真我们称之为谐波失真，以百分比为单位，如果扩大机在1000Hz输出10伏特时，又被添人1伏特的2000Hz输出，我们就称10%的第二谐波失真，谐波失真可用频谱仪来测量，频谱仪可以显示各个不同谐波的变化值，所有添人的谐波电平之和称为总谐波失真TOTAL HARMONIC DISTORTION或THD，这种讯号可用示波器显示出典型的正弦波形。

不同的音响设备会产生不同类型的谐波失真，例如类比类录音机输出会添加奇数的谐波、扩大机输出会添加偶数及奇数的谐波、真空管扩大机输出会加人低阶的谐波，晶体扩大机输出会倾向加人高阶的谐波，不同阶的谐波加人输出也造成各种音响器材不同的音色特性，总谐波失真如果包括第二阶谐波，声音会比较吵，某些前、后级扩大机过载时，就会产生这种形态的失真；第三阶谐波失真将会使音色变得较闷，是我们不喜欢的声音。

HASS EFFECT 哈斯效应

哈斯效应讨论同一个讯号以些微时间差距传到两只耳朵所产生立体音场效果的定位现象。

如果一个短暂的声音讯号，先传到人的一只耳朵后，延迟几毫秒后再传到另一只耳朵，人耳的听觉会判断出声音是从比较先听到的那只耳朵的方向发出来，如果声音同时到达两只耳朵，我们会感觉声音在正中央的位置，如果延迟时间加长，声音从先发声的方向移到另一个方向的距离也会加大，延迟时间大约在25~35毫秒之间，如果延迟时间再加大，我们就会感觉听到两个声音，而不是一个声音在头的两侧移动。

哈斯效应也可以被解释为：如果声音从两个地点传送到聆听者的双耳，例如成音系统舞台两侧的喇叭组合，声音将被定位在先发声的喇叭位置，另一侧延迟喇叭的声音即使比较大声，也将听不到（大声10dB也听不到），哈斯效应是一种感官抑制的例子，感官就是人体对某一种刺激的反应使得对另一个刺激发生反应抑制的情形，这种科学是心理物理学的一种。

HEADROOM 容许范围（余裕）

在工作电平以上，却不会被截波的可用容许空间。

HEAT SINK 散热器

散热器是用来扩散半导体工作时产生的高温，使其保持稳定的工作状况，如果散热器不够力，还可使用内建风扇强迫驱散机体内的高温，有的风扇还有不同的转速，可依温度高低而改变，所以会产生高温的器材一定要放在通风良好的位置，否则节目进行到一半，我们的系统因为过热保护装置启动而当掉就惨了！

HIGH-PASS FILTER 高通滤波器

滤波器让某一种频率以上的声音均匀地通过，该频率以下的部分将被滤掉，通常以每八度音衰减18dB的方式过滤，高通滤波器在频率响应上会有一个截止频率出现；所谓截止频率请参考CUT OFF FREQUENCY的名词解释。

HUM 哼声

音响讯号内60Hz或120Hz的频率被称为哼声，哼声最常由60Hz的电源线感应而得，要消除它们很困难，哼声会经由几种不同的方法传入音响讯号，例如环绕全国的电源线传送电能的结果使电源线像一个巨大的发射天线，将60Hz的电流利用电磁感应传到讯号线，使得音响讯号线产生哼声；为了防止电磁感应，音响讯号线使用电场屏蔽讯号线，为了防止电磁感应，长距离的讯号线一定是平衡式，而非平衡式两束导体传送讯号的线一定是采用绕绞编织的方式（TWISTED-PAIR）。

另一种会感应哼声的是电源供应器，电源变压器会辐射出60Hz的磁场，让近距离的录音机录音头、放音头或唱头经由电磁感应哼声，因为电源供应器辐射出来的磁场并不是全方位均匀分布，所以有时候把电源供应器改变方向放置，可能可以把哼声降低。电视广播干扰也会让音响器材感应哼声，天线和电视摆放的位置要特别注意。

HYPER-CARDIOID 超高单指向性心形麦克风

是单指向性心形麦克风的一种，但是对于两侧收音的灵敏度比较低，当麦克风的音源必须维持一段距离时，为了防止收到太多的环境混响，就可使用超高单指向性心形麦克风，电视台及拍电影同步收音时，最常使用这种麦克风，因为必须看不到麦克风，麦克风都放在有一段距离的音源上方。

IMPEDANCE 阻抗

电子电路包含直流电，电流量I=V/R，这是有名的欧姆定律。电子电路包含交流电就比较复杂，交流电阻被称为阻抗，其单位也是欧姆，在音响电路或器材有不同的阻抗，例如喇叭是低阻抗设备，大约4~8欧姆而已，阻抗小表示经过的电流量大，喇叭承受的功率等于电压乘以电流的值；电容式麦克风收音头是高阻抗设备，超过百万欧姆，所以电容式麦克风收音头产生的电流就很微小。

低阻抗线路较不容易像高阻抗线路受到电子干扰，例如60 Hz的哼声，大部分的音响设备都是用讯号线连接的，广播工业界大部分声音的传输是使用阻抗600Ω的线，只有喇叭线例外，喇叭线的阻抗就很低。

我们常常听人说音响连接出了问题是阻抗匹配不对的说法是早期使用变压器输出与输入的观念，事实上阻抗根本不会在电子式音响系统中相等，譬如说一台扩大机驱动阻抗8Ω的喇叭，其扩大机输出阻抗比1Ω还小，如果是8Ω则将会有一半的功率是消耗在扩大机内部，太浪费了。然而在高频的无线电和视讯传输上，阻抗匹配就很重要，恰当的阻抗匹配将反射波降到最低，可以避免产生双重影像或鬼影。

INVERSE SQUARE LAW 反平方定律

点音源辐射至三度空间其音压会随距离拉远而衰减，通常距离增加一倍，音压衰减6dB。

ISO 中心频率

ISO（International Standard Organization）国际标准组织为图形等化器建立的标准中心频率，这些特定的频率都被所有的制造厂商采用，ISO标准频率的建立使得等化器有了统一规格，方便了使用者，因为任何同等型式的等化器都有相同的频率范围可调，即使您使用不熟悉品牌的产品也不怕不会操作。

ISOLATION TRANSFORMER 隔离变压器

隔离变压器是一种变压器可以将音响系统或器材的使用电源与其他设备使用的电源隔离，电源线的第三条是所谓的电源接地线，是要和电源分电盘的地线接在一起，很多器材连在一条电源线时，如果用电没有适当的接地线处理，这个地线通常会有电流产生；因为电线本身有电阻，同一种建筑物不同的电源输出，它们的地线连接可能会有不同的电位，如果有电器设备接在不同地点的电源插座，很可能产生接地回路，这时问题就大了，例如混音机使用在舞台对面的插座供应电源，100公尺外舞台上的吉他扩大机使用另一组插座，吉他扩大机前级输出亦有接线倒送回混音机，这时哼声就很容易被感应。

隔离变压器可以截断电源线之间的火线与中性线，维持地线的接地特性，消除接地线上产生的电流以防止哼声的感应。

LIMITER 限幅器

一种特别的压缩器，不论输入电平有多大都可以防止输出讯号超过某预设的电平，限幅器最常用在流行歌人声录音的特效，经过限幅的人声演唱者失控时也可以将录音电平保持同一电平。限幅器有时用在音响系统的扩大机之前或无线电发射机之前，以免不可预料的高电平讯号造成过载及严重的失真。

LINE AMPLIFIER 高电平放大器

高电平放大器原系为特殊的扩大机，用来扩大电话讯号，以便经由电话线传到很远的地方，现在通称有高电平输出，其输出阻抗为600Ω的扩大机为高电平放大器。

LINE LEVEL SIGNAL 高电平讯号

工作电平在-20到+28dBu之间的讯号，通常来自低阻抗的讯号源。

LOW-PASS FILTER 低通滤波器

滤波器让某一种频率以下的声音均匀通过，该频率以上的部分将被滤掉。

MASKING 遮蔽效应

遮蔽效应是一种因为听到一个声音致使我们听不到另一个声音的现象，通常我们只听到大音量的声音，小音量或微弱音量的声音虽然伴随的大音量音源一起来，可是我们听不到。

如果大小差不多，频率很接近，通常我们只注意频率较高的信号，这也是另一种遮蔽效应。

MICROPHONE PREAMPLIFIER 麦克风前级扩大机

麦克风产生的讯号电平非常低，要将麦克风讯号第一次放大的扩大机必须小心地设计，最重要的要求是低噪音电平，前级扩大机通常会在前级输入端装有输入变压器或者差动放大器可使讯号电压增益而不会有显著的杂讯，它必须有良好的屏蔽设计以防止感应杂讯。

MIDI

THE MUSICAL INSTRUMENT DIGITAL INTERFACE的缩写，是使用各种电子音乐魔音琴标准通讯的介面，数种乐器可以一起接在MIDI介面上，我们可以使用其中一台的键盘控制另一台魔音琴或音源机发出声音，这是MIDI最原始的目的，有MIDI功能的乐器具有MIDI输入与输出的接头，标准容许同一时间可以操控16台不同的MIDI器材（实际上这么多台并非同时控制，但是控制速度很快，听起来好像同时控制）电脑可以用来控制MIDI器材，MIDI也可以当作介面来连接电脑与电子音乐乐器，也可将音乐及歌曲的顺序以数位模式储存。

MIDI INTERFACE　MIDI 介面

将MIDI乐器产生的数字码转换为电脑认识的资料，电脑就可以用来控制具有MIDI功能的乐器。

MID-RANGE 中频范围

大致上来说200Hz~2000 Hz被称作中频范围，大部分的任何音乐讯号频率都在这个范围内，也是最容易被音响器材表现的频率范围。

MIX-DOWN 混音

一种将事先录好在多轨录音带混合成立体母带的工作。

MONITOR 监听喇叭/监视器

在音响工业里MONITOR指的是喇叭，在控制室或录音室给操作者或舞台上给表演者用的喇叭叫监听喇叭，录音室和舞台用的监听喇叭稍有不同，录音室的录音师要确认录音的结果是正确的，必须要有一对再生绝对精准的监听喇叭，这种喇叭会忠实地将录好的音源不加任何渲染地表现出来，舞台用的监听喇叭标准没那么高，只要频率响应平坦，音量够大，扩散角度够广，就可以了。

在视讯工业或电脑界MONITOR指的是监视器。

MONO 单声道

音响系统中不管连接几只喇叭，如果只有一个声道的音乐我们称之为单声道，它和立体声道不同之处，立体声道必须要有两个以上的独立声道，有的时候我们也称呼混音机的麦克风声道为MONO声道。

M-S STEREO M-S 立体录音技术

如果你想做M-S立体录音，通常需要两只麦克风，一只单指向性麦克风指着音源中央，收M（MIDDLE）讯号，另一只8字型双指向性麦克风指着音源侧面，收S（SIDE）讯号，为了要将M及S的讯号解码为立体讯号，一般需要3个声道的麦克风输入来工作；第一个声道收M，第二个声道收+S，第三个声道收-S；M/S是MID-SIDE的简写，也就是中心-侧面的简称，利用一只单指向性麦克风指着音源中央及另一只8字型双指向性麦克风指着音源侧面，8字型双指向性麦克风拾取音源左侧正相的讯号及右侧反相的讯号，当两个讯号和单指向性麦克风拾取的讯号加在一起时，左侧讯号会相加（因为均为正相讯号），右侧讯号会相减（因为反相的讯号），利用两只单指向性麦克风一起用（但一只中心偏右45度，另一只中心偏左45度）得到的效果类似，都可以产生立体音场效果，但是利用M/S立体录音较容易控制立体音场的宽广度。

MUTING静音

混音器各个声道如果不使用时可以按下此键，就把该声道的输入切断。家用Fm谐调器内的一种电路可以在搜寻电台时将讯号输出关掉，以防止噪音扰人，有时候噪音的电平甚至比Fm电台节目还大声，家用电视机上也常见。现代的音响器材也会有静音键，但是处理的方式不同，例如扩大机、混音机、大哥大等静音键启动后，大约是将讯号电平衰减20dB。

NAB

NATIONAL ASSOCIATION OF BROADCASTERS

美国国家广播协会

NC CURVE噪音标准曲线

NC是NOISE CRITERION噪音标准的缩写，有关室内教堂及剧院的环境或背景噪音的事务，因为人耳对于低音量的低频率听觉比较不灵敏，相对地教堂、剧院或录音室里可以允许较多量的低频噪音，噪音标准曲线的发展就是想建立一个噪音与室内环境的标准，这些曲线是在等效音量的条件下建立的，并且有具体的数据参考值。例如：

NC-15表示是一个非常安静的环境，几乎一般人都无法感觉有任何背景噪音；

NC-20可以听到背景噪音。

NC-25被考虑为好的音乐聆听环境最大限度（但也有人认为NC-25太吵）。

决定室内环境的NC值，需要一个附有音程频带滤波器的音压表测量背景噪音，测量时将测量电平值显示在NC曲线模式内，如果测得噪音电平都在NC-20曲线之下，我们就称这个环境符和NC-20的需求。

大多数教堂或剧院的噪音都是由空调设备产生的，低频噪音是最难处理的，幸运的是人耳对低频噪音感觉不灵敏，否则音响工程界的日子就难过了。

NOTCH FILTER梳形滤波器

抑制一个很窄的频带，通常梳形滤波器都针对某一个频率做抑制的效果，最大可达-60dB，它是为了移除某特定频率，例如60Hz哼声，如果梳形滤波器Q值够大，则它对于讯号的影响将很小。

NTSC

THE NATIONAL TELEVISION SYSTEMS COMMITTEE美国国家电视系统学会制定的讯号传送标准，台湾电视也采用相同的系统。

OCTAVE八度音

440Hz是我们音高为中音A的频率，所谓比440Hz高一个八度音，表示要加倍为880Hz，低一个八度音就要除以2成为220Hz，因此利用乘法或除法我们可以得到某一个频率的相关八度音，这些八度音对音乐有很大的影响。

OHM'S LAW欧姆定律

欧姆定律是电压（V）、电流（I）和电阻（R）之间的数学关系，是由德国科学家George Simon Ohm发明的，定律也以科学家欧姆Ohm为名，$V=I\times R$。

ON AXIS中心正轴

在喇叭的正前方叫做中心正轴，或者在麦克风最高灵敏度的方向叫中心正轴。

OUTPUT IMPEDANCE输出阻抗

功率扩大机的输出负载大约4-8欧姆，但这并不是它的输出阻抗。

OVERDUBBING叠录

多轨录音中某些声轨同步播放的情况下，去录其它声轨的操作模式。

OVERLOAD过载

过载会发生是因为音响设备的输入讯号电平太大，使得音响设备失去线性范围，引起失真或削峰失真可以持续发生，也可能出现短暂的时间。

PAD衰减

衰减是ATTENUATOR的简称，为了防止讯号过载的简单电路，可以衰减10或20dB。

PAL
PHASE ALTERNATING LINE

PAL系统是德国德律风根公司发展出来的彩色电视传输标准，大多使用在欧洲国家、澳洲、大陆及香港，但是法国使用SECAM系统，各系统都不能相容。

PANPOT（PAN）音场控制

“PANOROMA”的缩写，在立体音场中控制送至左、右输出的电平比例。

PARABOLIC MICROPHONE 抛物球面反射式麦克风

抛物球面反射式麦克风是一个麦克风系统，包含麦克风及一个形状像抛物面的反射表面，对于高频率收音很具方向性。

PARALLEL并联

电子线路元件以并联相接，表示电流经过连接点时会平分给并联的数个元件，这与串联不同，串联相接则每个元件经过的电流都相同。

并联相接每个元件的电压都是一样，但是电流则依本身阻抗而不同，因此愈多元件并联在一起，合起来的阻抗会降低，我们使用一台扩大机时无法并联很多喇叭，因为扩大机无法供应足够的电流驱动喇叭，一支喇叭阻抗如果是8Ω，一台扩大机每声道各并联两支阻抗就变成4Ω，并联三支阻抗就变成8/3Ω，并联四支阻抗就变成2Ω，如果你的扩大机规格没有注明2Ω能输出多大功率，最好多买一些扩大机。

PARAMETRIC EQUALIZER 参数式等化器

有一种具有可调Q值及可调频率的等化器叫做参数式等化器，由于Q值可以调整，我们可以改变等化器对邻近中心频率的邻居频率受影响的程度，又可以准确地选到我们想调整的频率，对一个内行的使用者参数式等化器是工作上最佳的利器（唯一的缺点是无法像1/3八度音图形等化器一样，可以同时控制30段中心频率）。

PASSIVE被动式

被动式音响器材被称做被动是表示它没有放大线路以及讯号经过它会产生电平的损失，很多音响器材都是被动式的，例如分音器、喇叭。

PA SYSTEM （PUBLIC ADDRESS SYSTEM） 公共广播系统

PA是一个播音系统，大多数人

都把它讲成剧院或室外表演的播音系统。

PFL（PRE-FADER LISTEN）监听

一种可在不影响主输出的情况下，个别监听各声道声音的功能。

PHANTOM POWER幻象电源

电容式麦克风因为本身有极高的阻抗，需要一个前级扩大机来正常工作，前级扩大机大都做在麦克风里面，需要外加的电源才能工作，称为幻象电源，幻象电源由混音机供应，也有独立的幻象电源供应器，都利用麦克风讯号线将转换的声音讯号送给混音机麦克风输入声道；因为声音讯号处理器是交流电而幻象电源是直流电，它们可以利用变压器加以隔离，因此幻象电源的电压不会损坏音响讯号。

幻象电源使用48伏特的电压，也有12~48伏特可切换的机种，混音机有幻象电源的总开关，高级一点的混音机除了总开关之外，每个麦克风声道会有独立的开关。早期的铝带式麦克风绝对不能使用幻象电源，使用平衡式接线的话，即使使用非电容式麦克风，如果幻象电源开了，也没有关系，注意开幻象电源之前，请先插好麦克风。

PHASE相位

如果利用示波器看正弦波讯号，水平轴单位是时间，波的形状就和数学的正弦一样，几何学的直角三角形，直角相邻角度的对边和直角对边的笔直等于Sine，正弦曲线就是这些比值和角度的关系，而角度的值我们称为相位。

正弦讯号里图示的时间取代角度为水平轴X轴，正弦一圈要走360度，然后回到X轴原点，相位其实是时间的测量值，360度等于讯号出现一个周期。

PHASE SHIFT'相位偏移

相位偏移是音响器材的一种特性，当讯号经过音响器材而产生的相位改变叫做相位偏移。

讯号经过电子器材时一定会产生或多或少的时间延迟，如果每个频率的延迟时间是常数，那么音响器材输入讯号与输出之间的相位偏移将是一种线性化频率的改变，这种系统称之为线性相位，但是几乎很少器材是真的线性相位，非线性相位的改变就是相位偏移。

以波型来看，相位偏移将会产生波形的失真（虽然频率响应曲线很平坦），学者怀疑人耳是否能听到这种波形的失真呢？如果失真的程度大的话，当然听得出来，尤其数字音响在处理较高频率讯号时会产生很多相位的偏移，尚有待学者努力研究。

PINK NOISE 粉红噪音

粉红噪音是随机噪音的一种，其每一个八度音程具有同样的功率（例如100~200Hz、200~400Hz、400~800Hz等功率都一样）。

POLARITY 极性

连接喇叭的两条线把它接反后，喇叭圆椎纸盆的动作也会相反，原来往前推的动作变成向后缩，这种现象我们叫做反相，也等于180度的相位偏移。平衡式接线的正负端如果接反，也是反相的一种。

POLAR RESPONSE CURVE 极座标响应曲线

极座标响应曲线亦称为极性形式POLAR PATTERN，是用圆形来显示音响器材讯号灵敏度与器材涵盖角度位置的关系，例如喇叭的极座标响应可以说明喇叭发射到不同方向的相对讯号强度，因为所有的音响器材不可能在某宽频带享有相同的极座标响应曲线，因此极座标响应曲线应该要测量很多种频率才有意义。麦克风的极座标曲线更重要，它要让使用者知道应该将麦克风指向什么方向，才能得到最佳的频率响应，一般的极座标曲线是数个不同直径的同心圆，每一个圆圈灵敏度大约相差6dB。

PPM峰值反应型电表

峰值反应型电表是为了要记载任何讯号的峰值电平，不论其时间多短暂(例如小鼓)都能正确地显示出来。在现场成音工作上，这个功能是很重要的，因为短时间的削峰失真也可能会带给喇叭系统的高音驱动器承受不了的压力，提供峰值反应型式的电表，无非是希望您更有能力控制全局。

PROXIMITY EFFECTS 近接效应

音源愈靠近麦克风震膜，低频响应愈大，叫做近接效应。

PSYCHOACOUSTICS心理声学

以心理学逻辑来探讨建筑声学的现象，心理声学家研究的领域包括耳朵对声音定位的能力，音响讯号相位偏移的现象，耳朵灵敏度对于各种失真的种类及失真数量之关系等等，是一门很新的学问。

PZM
PRESURE ZONE MICROPHONE
平面式麦克风

平面式麦克风是一种迷你电容式麦克风装在一片反射板或天花板、墙壁上；麦克风的震膜位置贴近反射板或天花板、墙壁的表面，使得直接音及反射音可以同时间同相位有效率地转换为电子讯号，在很多录音及PA的场合，音响控制者有时别无选择，一定要将麦克风放在靠近坚硬的反射面，舞台地板上或将麦克风放在钢琴上面板开口处，这种情形麦克风会收到两种音源：一个是直接从音源过来的直接音，另一个是被坚硬的反射面、舞台地板或钢琴上面板

PRA418,PRA428

反射，且稍有延迟又相反的反射音，这两个声音的组合使得某些频率因反相而消失，能量转换后频率响应产生了一些峰值或峰谷，影响了录音音色品质及产生不自然的音响。

如果我们将这个两声音相加（其中一个声音稍微加一点DELAY）模拟真实的情况，会发觉这个组合音听起来和任何一个音源不像，因为相位的相反使某些频率被抵消了，失去了原来的音色。

平面式麦克风就是设计用来必须贴近表面录音又不会导致音色喧染的麦克风，它的震膜非常靠近反射板并和反射板平行，因此直接音和反射音可以同时间同相位收音。

Q

“Q”值是等化曲线的另一个基本特性，也同时跟曲柄型和峰值和峰谷型等化曲线有关，Q值可以解释为等化器决定中心频率左右相邻频率同时被影响的范围大小，因为实际运用上，等化发生的效应不会只针对中心频率而已，从测量及实验结果画出来等化曲线，以数学的理论得知曲线的改变与斜率有关，斜率可以表示曲线是陡还是较平坦，

其曲线就有很大的差异，等化曲线而言这种因素就叫做Q值，大多数中低价位的等化器混音机，前级扩大机上等化器的Q值都是设计为固定不变的，只有专业的机种有改变Q值的功能，Q值大则曲线较陡，Q值小则曲线较平坦。

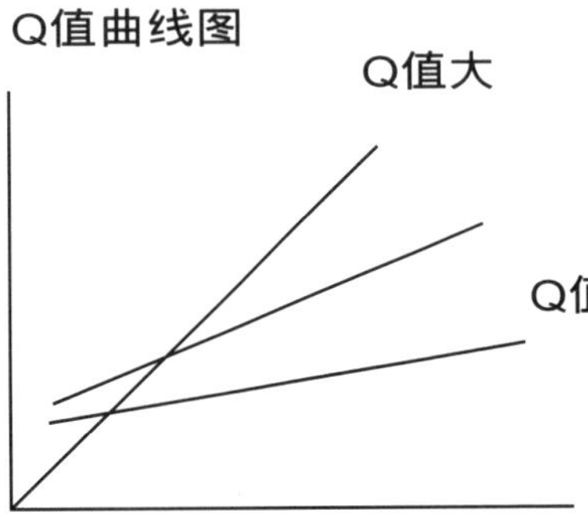

RCA PLUG OR JACK RCA接头

HIFI音响使用最普遍的接头，是美国RCA公司多年前为了传统唱盘讯号输出所设计的接头，因为体积小及价格低，广为HIFI制造厂使用，中低价位的混音机也附有一或两组用来录音或放音使用。

REAL-TIME ANALYZER 即时分析仪RTA

即时分析仪是频谱分析仪的一种特殊形式，系由一群带通滤波器组成，每一组带通滤波器都有一个固定频带宽度比例，例如八度音或1/3八度音，所有滤波器输入都和输入讯号连接在一起，每一组滤波器输出都经过一个侦测器可由显示幕观察，显示幕是利用讯号振幅和频率变化为座标的图形，每一组频带宽度的振幅由dB表示，显示幕是动态的，即时分析仪就是表示显示幕的内容是随着频率分析同步的反应而改变，经由显示幕可以了解输入讯号位于音响频率的位置，可作为混音、编曲的参考。

REFERENCE LEVEL 参考电平

音响器材的参考电平就是运作时的标准电平，以录音机来说参考电平就是产生最大的信噪比的电平，我们必须要知道音响器材工作时的电平及不致失真的最大电平，为了控讯号电平要使用电表，电表会有参考电平的讯号，通常在0VU处，这个参考电平是NAB于1954年为录音机订定的标准，其定义为以频率700Hz产生1％第三阶谐波失真的电平就是参考电平，录音机依此标准录制，在播放出来时，其讯号输出会产生一个特别的输出电压，该电压在电表指示0VU时产生0.775伏特RMS（电表应直接在600欧姆的负载），通常0VU实际表示为+4dBm。

REVERBERANT FIELD 混响区

在一个有混响的室内，当我们较接近音源可以听到直接音时，称该范围为直接音区，如果远离音源，很多经室内反射的反射音已经大于直接音音量时，该范围称为混响区。

REVERBERATION 混响

音源停止发音后，室内仍然存在的声音叫混响，很多人误会为回音ECHO，混响时间的定义是让声音音量衰退为千分之一所需的时间称为混响时间，换句话说是音压电平减低60dB的时间。

所有室内房间都有混响，只是混响时间不同，室内音响环境就不同。聆听者听到的声音是音源直接音和房子混响的组合，混响的组成很复杂，反射的声音从房间的各种方向而来，而直接音是能让我们确认声音来源的方位，当我们远离音源时，直接音变弱而混响相对地变强，在某一点当直接音与混响音量相等时，我们称此距离为临界距离。混响时间相对于建筑物让我们听到什么声音没有意义，必须要了解混响时间，混响的电平、建筑物大小等因素，才能判断、音响系统的设计，一个混响时间6秒的大教堂对于在教堂里面讲话的两个人来说，听不到什么混响，但是混响时间6秒的小空间只要两个人讲话就会听不清楚，大空间反射回来的混响比小房间的混响在时间上比较慢，音量也比较小，因此大的空间可以容忍较长的混响时间，大多数的商业音乐录音或家庭电影院环绕音响处理器都会加入人工混响，让听者模拟在不同的环境听音乐，其实录音室里混响很少，几乎没有；母带制作过程是加入了电子人工混响来模拟真实的环境，电子人工混响是绝对和实际混响不同的，但是消费者已经习惯了！

RIAA（RECORDING INDUSTRY ASSOCIATION OF AMERICA）美国唱片工业协会

该协会制定很多传统唱盘的重播标准。

RMS
（ROOT MEAN SQUARE）均方根

一段时间的信号大小变化的能量平均值计算方法。

ROLL OFF 滑落

当频率变高或变低时使得输出衰减就叫滑落；有时候被衰减的频率部分也称为滑落。

RT60 室内混响时间

音压衰减60dB的时间，通常这就是混响时间。

RUMBLE 唱盘噪音

传统唱盘放音乐时，希望操作愈平顺愈好，杂音愈低愈好，但是不管如何仔细设计，仍然避免不了因为不规则垫片，不同心轴承与滑轮和不能惯性运动的皮带等因素产生的噪音（大部分是低频），就称为唱盘噪音；直接驱动式的唱盘没有皮带，但是马达震动和不常态的速度仍然不能避免唱盘噪音的减少。

SABIN 塞宾

塞宾是声音被吸收的单位，等于一平方英尺完全吸音的量，因为没有所谓的完全吸音物质，所以各种吸音物质的量就用完全吸音量的分比来表示，吸音系数为0.5，则表示其吸音能力为完全吸音能力的50％。吸音系数常用来计算室内混响时间，不同的频率使用吸音的材质不同，塞宾之名是取用哈佛大学物理教授华勒斯塞宾先生之姓Wallace Clement Sabine，因为是他最早于1900年初期首先发表有关建筑声学的文章，他定义了混响时间，并研究测量与预测的方法，他是第一个应用科学原则去设计交响乐演奏厅的大师，全世界公认他设计的波士顿交响乐演奏厅是最佳的交响乐演奏厅。

SAMPLING 取样

在数位音响系统，音响讯号一定要送进类比数字转换器将类比讯号转换成一系列的数字，以方便尔后系统的处理；取样的第一部：讯号的瞬间振幅是由非常细微的时间差来决定，取样的工作必须非常的准确以防止将失真加入被数字化的讯号里。取样率是每秒取样的数目，则一定要平均及完全被控制。

取样率的选择，以前因为录音

技术的问题，专业采取48KHz，消费者产品如CD采取44.1KHz，现在消费用DVD取样频率也是48KHz。

SECAM

是法国制定的彩色电视传送标准，除了法国还使用在匈牙利、阿尔及利亚及前苏联等国家。

SERIES串联

串联相接则每个元件经过的电流都相同。

SENSITIVITY 灵敏度

音响器材得以产生额定输出的最小输入讯号就称为该设备的灵敏度，灵敏度愈高，即表示输入的讯号可以愈小，灵敏度通常相对应特别的输出，例如：扩大机的灵敏度是产生额定输出功率的输入电压，Fm谐调器的灵敏度是产生Fm规定信噪比输出讯号的最小输入讯号。

有时候灵敏度也被拿来作相对的比较，麦克风就可能会说成灵敏度很高。

SHELVING 曲柄型响应

一种影响截止频率（Break Frequency）以上或以下的等化响应，也就是高通或低通的响应。曲柄型等化器最常用在家用HIFI音响的高音、低音音色调整钮或中低价位的混音机，所采用的频率，在低频可能在50~100Hz之间，高频在5000~10000Hz之间，曲柄型名称的由来是因为使用曲柄型等化器时，其等化曲线因应使用情形改变的样子很像Shelf，Shelf的意思有书架、崖路、暗礁等，在专业音响用语则解释为曲柄型，其改变等化曲线的情形是由指定频率之前从0dB增益或衰减电平直到指定频率之后不再改变，而指定频率以上或以下频率的增益或衰减都保持在相同的电平。

SHIELD, SHIELDING 屏蔽

屏蔽就好像一件外衣，用来使内部免于磁场、电场或两者的干扰，某些音响线路元件，例如变压器及录音磁头等，对磁场的感应特别灵敏，磁场强度的变化将感应讯号线产生电流，家居生活中最容易被找到的磁场就是60Hz的电源线，它们是所有音响系统60Hz哼声的祸首，某些零件，例如电源变压器，如果用薄铁片或其他可被高磁力渗

透的金属包着它们，就可以有效地减低干扰程度，这是屏蔽的一种。

音响线路元件也很容易被电场及磁场干扰，良导体可以当作电场屏蔽，例如音响器材连接的讯号线，这些线都是铜线，并不能减少磁场的干扰，要减少磁场的干扰必须要用铁，可是铁的金属特性不适合做讯号导线，因此我们得用平衡式接线及差动式输入放大器的电路设计来减低磁场的干扰。

SIGNAL-TO-NOISE RATIO
讯噪比

线路中某一参考点的讯号功率和噪音功率存在的比例叫讯噪比，单位为dB，此处之噪音功率系指没有讯号存在的时候，机器本身的噪音功率，如果录音机讯噪比为50dB，则表示录音机输出讯号电平比噪音讯号电平高50dB。

SMPTE电影及电视工程师协会（SOCIETY OF MOTION PICTURE AND TELEVISION EGINEERS）

SMPTE TIME CODE
数字同步时间辨识码

数字同步时间辨识码用来同步处理录音机、电视、电影或摄影机等设备，将数位同步时间辨识码录在多轨录音机其中一轨，其他音乐节目录在其他轨，如此电影配乐可以录在一台或一台以上的录音机，也能在之后编辑，而且都能同步地将音乐与电影画面结合一起。

SNAKE多蕊麦克风讯号线（MULTICABLE OR MIKESNAK）

多蕊麦克风讯号线的专有名词因为这些线看来很像一条蛇。

SOUND-LEVEL METER音压表

测量音压的仪器，附有压力麦克风、放大器RMS侦测器、对数放大器及电表等，使用电池方便携带，至少包含一种加权滤波器使得测量结果较接近人耳实际的灵敏度。

SOUND PRESSURE 音压
SOUND PRESSURE LEVEL 音压电平

利用空气传输的声波引起空气中某方向的气压改变，这种气压的改变值代表声波的强度，也被我们称为音压，利用压力麦克风测量，以dB为单位，参考压力为20毫帕斯卡时（PASCAL压强单位）称之为音压电平，音压电平之参考电平为0 dB，0dB是人耳能听到1KHz的最低音量。

SPILL

来自其他音源的音响干扰。

TALKBACK对话

音控员经由辅助或群组输出对演出者说话或送声音至录音座。

THX
电影院特殊音响系统的注册商标

电影院特殊音响系统的注册商标，该系统由路卡斯电影公司的汤姆豪门Tom Holman设计，其名称节取其英文名称字首而得Tom Holman Experimental。

要得到THX戏院认证，戏院内的音响系统设计安装、戏院建筑声学、放映机、镜头、使用装潢材质、隔音标准等都必须符合THX制定的严格规范，并经专人调校。

TRANSIENT突波

突波是一种没有周期性，不会重复的声波或电子讯号，音乐有很多突波，例如打击乐器、激动的人声或麦克风掉在地上、忽然对着麦克风吹哨子等，它们的声波振幅都比正常音量的振幅大，较容易失真。

Tri-Amp参扩大机喇叭系统

Tri-Amp参扩大机喇叭系统：电子分音三音路喇叭音箱内装有高音单体、中音单体及低音单体，分别用三台功率扩大机驱动，并可以个别调整音量。

TRIM电平控制

为了校正目的，使讯号电平在某一限定或事先设定下的范围调整。

TUBE真空管

VACUUM TUBE的简称，英国人则称之为VALVE，是晶体管的被取代者，它比晶体管的体积大，温度高，效率较低，某些设备仍然需要真空管，例如X光设备及高功率无线电或电视发射机。

讯号放大较线性是真空管的优点，真空管的音响器材较晶体管更有音乐性，大概是真空管器材会产生较多偶次谐波失真，而晶体管器材产生较多奇次谐波失真的关系，两者失真的状况亦不相同，真空管发生失真是渐进式，失真发生时我们会感觉音色开始变大声或变尖锐，不像晶体管音响器材是失真一发生就马上反应削峰，并产生一堆高阶谐波失真。

2T RETURN 监听输入回路

通常用来输入来自录音座或CD输出的输入回路；它是输入声道的一部份。通常它的输出会经由一旋钮送至立体的MIX输出。

UNITY GAIN 单一增益

使用音响器材但总讯号不会增益也不会衰减的，就是单一增益的器材，大多数的讯号处理器都是单一增益，因此它们可以插入音响系统的各点工作而不会增减系统的总增益。

VCA（VOLTAGE-CONTROLLED AMPLIFIER）电压控制放大器

利用外部电压来控制放大器增益的扩大机叫VCA电压控制放大器，最常用在压缩器、限幅器及类比魔音琴。

VOICE COIL音圈

喇叭纸盆是由线圈驱动，线圈绕成圆柱形接在纸盆中心处，线圈被称为音圈，音圈身处于一个永久磁铁产生的强壮磁场内，音圈上面的电流在磁场中流动而依法拉第定律产生力，产生的力量从音圈到音盆，使音盆往内或往外移动而发出声音。

VU（VOLUME UNIT）音量单位

VU是音量表上讯号电平的测量值，单位为dB，当电压为0.775伏特RMS在600欧姆负载的情形下设为0VU。

WHITE NOISE 白噪音

白噪音听起来像调频电台之间的嘶声，是随机噪音的一种，其每一个频率功率都相同。

WOOFER 低音喇叭单体

低音喇叭单体都很大，直径大约12英寸、15英寸或18英寸，美国EV公司曾经生产过40英寸的低音喇叭单体，都是应用在多音路喇叭系统中，如果它们能发出30或40Hz的低频，就称之为超低音。

XLR

一种世界统一规格的麦克风接头，亦称为CANNON接头。

X-OVER分音器的缩写

Y-CORD

Y-CORD可以将讯号一分为二，并将两个相同讯号送往不同的地点，但是Y-CORD不能将两个声道的数字讯号连接一起。

第十一章 专业音响相关网站

扩大机制造厂网址

制 造 厂	网 址
CROWN	http://www.crown.com
HAFLER	http://www.hafler.com
QSC	http://www.qscaudio.com
CRESTAUDIO	http://www.crestaudiol.com
STEWART ELECTONIDCS	http://www.stewart.com
CARVER PROFESSIONAL	http://www.carverpro.com
EV	http://www.electrovoice.com
MACKIE	http://www.mackie.com
ROLLS	http://www.rolls.com
YAMAHA	http://www.yamaha.com/proaudio
BGW	http://www.bgw.com
CARVIN	http://www.carvin.com
ASHLY	http://www.ashly.com

喇叭制造厂网址

制造厂	网址
EVENT ELECTRONICS	http://www.eventelectronics.com
EV	http://www.electrovoice.com
JBL	http://www.jblpro.com
PEAVEY	http://wwwpeavey.com
TONNOY	http://www.tonnoy.com
NHT	http://www.nhtpro.com
MEYER SOUND	http://www.meyersound.com
AUDIX	http://www.audixusa.com
GENELEC	http://www.genelec.com
QUESTED	http://www.quested.com
DYNAUDIO ACOUSTICS	http://www.dynaudioacoustics.dk
L'ACOUSTICS	http://www.l-acoustics.com
HK AUDIO	http://www.hkaudio.com
DAS AUDIO	http://www.dasaudio.com
MARTIN AUDIO	http://www.martin-audio.com
NEXO	http://www.nexo.co.uk
MONTARBO	http://www.montarbo.com
TURBO SOUND	http://www.turbosound.com
ZECK AUDIO	http://www.zeck-audio.de
KLIPSCH	http://www.klipsch.com
SOUNDTECH	http://www.washburn.com/soundtech
EASTERN ACOUSTIC WORKS	http://www.eaw.com
COMMUNITY	http://www.community.chester.pa.us
MACKIE	http://www.mackie.com
YAMAHA	http://www.proyamaha.com
ROLAND	http://www.rolandus.com

ALESIS	http://www.alesis.com
ATC	http://www.atc.com 高品质监听喇叭
CELESTION	http://www.celestion.com
BAGEND	http://www.bagend.com
CERWIN VEGA	http://www.cerwinvega.com
SOUNDTECH	http://www.soundtech.com
BIRO TECHNOLOGY	http://www.birotechnology.com 高价位、高品质喇叭制造厂

麦克风制造厂网址

制 造 厂	网 址
AKG	http://www.akg-acoustics.com 制造高品质麦克风及耳机
AUDIO-TECHNICA	http://www.audio-technica.com
CAD	http://www.cadmics.com
DPA	http://www.dpamicrophones.com
COUNTRYMAN	http://www.countryman.com
GRACE	http://w ww.gracedesign.com
GT ELECTRONICS	http://www.gtelectronics.com
LECTROSONICS	http://www.energy.invensys.com/product
NEUMANN	http://www.neumannusa.com
SHURE	http://www.shure.com
SENNHEISER	http://www.sennheiserusa.com
SHOEPS	http://www.shoepes.de.
SONY	http://www.prosony.com
CROWN	http://www.crownaudio.com/crownaudio/
LECTROSONICS	http://www.energy.invensys.com/products/ lectro
TELEX PAGING MIC	http://www.telex.com
LELCTRO-VOICE	http://www.electrovoice.com
AUDIX	http://www.audixusa.com
MICROTECH GEFELL	http://www.microtechgefell.de/
AZDEN	http://www.azdencorp.com
SABINE	http://www.sabineinc.com
MIPRO	http://www.mipro.com.tw
CHIAYO	http://www.chiayo.com
SHOEPS	http://www.shoepes.de.

声音处理器制造厂网址

制 造 厂	网 址
ART	http://www.artroch.com
JOEMEEK	http://www.joemeek-uk.com
LEXICON	http://www.lexicon.com
BBE	http://www.bbesound.com
T.C.ELECTRONIC	http://www.tcelectronic.com
ASHLY	http://www.ashly.com
ELECTRIX	http://www.electrixpro.com
FURMAN	http://www.furmansound.com
LUCID	http://www.lucidaudio.com
BOSS	http://www.rolandus.com
MANLEY	http://www.manleylabs.com
FOCUSRITE	http://www.focusrite.com
DBX	http://www.dbxpro.com
KORG	http://www.korg.com
SABINE	http://www.sabineinc.com
DOLBY	http://www.dolby.com
RANE	http://www.rane.com
SYMETRIX	http://www.symetrixaudio.com
LA AUDIO	http://www.scvlondon.co.uk
MILLENNIA	http://www.mil-media.com 高品质A/D及D/A转换系统，适用于CD、VCD及DVD-A母带制作、录音及广播设备
APOGEE ELECTRONICS	http://www.apogeedigital.com
ORBAN	http://www.orban.com
KLARK TEKNIK	http://www.klarkteknik.com
BSS	http://www.bss.co.uk
BELLARI	http://www.rolls.com/bellari/
DRAWMER	http://www.drawmer.com
APHEX	http://www.aphex.com
TELEX	http://www.telex.com
EVENTIDE	http://www.eventide.com

DJ MIXER混音机/ PROFESSIONAL专业 CD/LP 制造厂网址

制 造 厂	网 址
GEMINI	http://www.geminidj.com
VESTAX	http://www.vestax.com
NEUMARK	http://www.neumark.com
AMERICAN DJ	http://www.american-dj-supply.com
PIONEER	http://www.pioneerusa.com
RANE	http://www.rane.com
ODYSSEY	http://www.odyssey.com
TECHNICS	http://www.technics.com
PHONIC	http://www.phonic.com

ORTOFON	http://www.ortofon.com
STANTON	http://www.staton.com
SHURE	http://www.shure.com
DENON	http://www.denon.com
ROLAND	http://www.rolandus.com
SKB	http://www.skb.se

混音机制造厂网址

制 造 厂	网 址
MACKIE	http://www.mackie.com
SOUNDCRAFT	http://www.soundcraft.com
SPIRIT	http://www.spirit-by-soundcraft.com
PANASONIC	http://www.panasonic.com
TASCAM	http://www.tascam.com
YAMAHA	http://www.yamaha.com/proaudio
BEHRINGER	http://www.behringer.com
FOSTEX	http://www.fostex.com
CARVIN	http://www.carvin.com
ROLAND	http://www.rolandus.com
AMS/NEVE STUDER	http://www.ams-neve.com 专业数位混音机
STUDER	http://www.studer.com
SOUNDTRACS	http://www.soundtracs.com
SONY	http://www.pro.sony.com
TL AUDIO	http://www.tlaudio.com
AMEK	http://www.amek.com
ALLEN HEATH	http://www.allen-heath.com
AUDIO DEVELOPMENT LTD	http://www.audio.co.uk
TOA	http://www.toaelectronics.com
FAIRLIGHT	http://www.fairlightesp.com.au
MIDAS	http://www.midasconsoles.com
YORKVILLE SOUND	http://www.yorkville.com

个人工作室器材制造厂网址

制 造 厂	网 址
HHB	http://www.hhb.co.uk
ALESIS	http://www.alesis.com
DIGIDESIGN	http://www.digidesign.com
PRESONUS	http://www.presonus.com
EMU	http://www.emu.com
ECHO	http://www.echoaudio.com
MOTU	http://www.motu.com
M-AUDIO	http://www.maudio.com
AURALEX	http://www.auralex.com
ROLAND	http://www.rolandus.com
EDIROL	http://www.edirol.com

接头，线材制造厂网址

制造厂	网址
LITTLITE	http://www.littlite.com
SWITCHCRAFT	http://www.switchcraft.com
WHIRLWIND	http://www.whirlwind.com
HEUTRIK	http://www.neutrik.com
GOTHAM	http://www.jbl.com
CANARY	http://www.canary.com
MONSTER CABLE	http://www.monstercable.com

专业音响杂志网址

制造厂	网址
EQ	http://www.EQMAG.com
MIX	http://www.mixmag.com
AUDIOCAFE	http://www.audiocafe.com
AUDIO MEDIA	http://www.audiomediacom
AUDIOPHILE AUDITION	http://www.audaud.com
BE RADIO MAGAZINE	http://www.beradio.com
DIGITAL PRO SOUND	http://www.digitalprosound.com
ELECTRONIC MUSICIAN	http://www.emusician.com
ASIA PACIFIC	http://www.apb-news.com
LIGHTING &SOUND	http://www.plasa.org
RECORDING MAGAZINE	http://www.recordingmag.com
LIVE SOUND	http://www.livesoundint.com
PROSTUDIO	http://www.prostudio.com
SOUND ON SOUND	http://www.sospubs.co.uk
PRO AUDIO REVIEW	http://www.proaudioreview.com

专业音响协会网址

制造厂	网址
AUDIO ENGINEERING SOCIETY	http://www.aes.org
PLASA	http://www.plasa.org
MUSIKMESSE	http://www.musikmesse.de
SOCIETY OF BROADCAST ENGINEER	http://www.sbe.org

等化器

网 站 名 称	网 址
KLARK-TEKNIK	http//:www.klarkteknik.com
ASHLY	http//:www.ashly.com
EV	http//:www.electrovoice.com
ART	http//:www.artroch.com
BBE	http//:www.bbesound.com
FURMAN	http//:www.furmansound.com
DBX	http//:www.dbxpro.com
YAMAHA	http//:www.pro.yamaha.com
DOD	http//:www.dod.com
ALESIS	http//:www.alesis.com
APHEX	http//:www.aphex.com
HHB	http//:www.hhb.co.uk
JOEMEEK	http//:www.joemeek-uk.com
RANE	http//:www.rane.com
SYMETRIX	http//:www.symetrixaudio.com
SABINE	http//:www.sabineinc.com

音响设备网站

网站名称	网 址
ACUTRON ELECTROACUSTICA	http://www.acutron.pt 广播录音专业音响器材
AMBIANCE ACOUSTICS	http://www.calcube.com 喇叭制造厂
API（AUTOMATED PROCESSER ,INC.）	http://www.apiaudio.com 混音机及模组式音响设备制造厂录音及广播用混音机，麦克风前级，等化器及声音处理器
APOGEE ELECTRONICS CORPORATION	http://www.apogeedigital.com 高品质A/D及D/A转换系统，适合做CD、DVD及DVD-A的母带制作录音及广播工作
ATC	http://www.atc.gb.net 监听喇叭
ARX SYSTEM	http://arx.com.au 澳洲制专业音响
AUDIOLIST.COM FREE AUDIO CLASSIFIED BUY&SELL,VALUE GUIDE	http://www.audiolist.com 买卖音响器材网路
AUGAN INSTRUMENTS	http://www.augan.com 多软录音及编辑器材
AURAL SYMPHONICS	http://www.auralsymphonics.com 发烧级AUDIO/VIDEO线材
BENCHMARK MEDIA SYSTEM, INC.	http://www.benchmarkmedia.com 麦克风前级及类比/数位转换器
BIRO TECHNOLOGY	http://www.winternet.com/~biro/ 高价位喇叭制造厂

BOOM AUDIO	http://perso.wanadoo.fr/boom.audio/ 法国麦克风BOOM杆
BRYSTON LTD.	http://www.bryston.ca 加拿大设计制造专业级HIFI电子产品
C37 SOUND SYSTEMS	http://www.c37sound.com 专业级HIFI喇叭
CADAC	http://www.cadac-sound.com 专业LIVE混音机
CALREC AUDIO	http://www.calrec.com 广播及OB车数字混音机
CELESTION	http://www.celestion.com 英国制HIFI喇叭、吉他喇叭
CREST AUDIO	http://www.crestaudio.com 专业音响
CROWN INTERNATIONAL, INC.	http://www.crownaudio.com/crownaudio/ 专业音响
D. A. S. SOUND PRODUCTS	http://www.dasaudio.com 西班牙制专业音响
D.W. FEARN	http://www.dwfearn.com 手工专业真空管麦克风前级
DANISH PRO AUDIO	http://www.dpamicrophones.com 丹麦制发烧级录音室麦克风及领夹式麦克风
DATEQ AUDIO TECHNOLOGIES	http://www.sale.nl/dateq DJ MIXER、广播用MIXER
dBLITTLE ACOUSTICS + WOODWORKS	http://www.dblittlea-w.com 舞台用监听喇叭、旅行用保存箱
DPA MICROPHONES	http://www.dpamicrophones.com
DTS CINEMA SOUND	http://www.dtsonline.com/cinema/ DTS数字环绕，目前最好的环绕系统，可将家庭剧院转换为清晰的六声道，音质比CD棒，比DOLBY DIGITAL好
DURAN AUDIO-AXYS	http://www.duran-audio.com 高品质主动式PA系统
EELA AUDIO	http://www.eela.nl 广播用音响器材
FAIRMAN HANDCRAFTED IN DENMARK	http://www.fairman.dk 录音用真空压缩限幅器丹麦制
GARWOOD COMMUNICATIONS	http://www.garwood-radio.com 无线耳机舞台监听系统
GERTNER AUDIO	http://www.gertneraudio.com 高品质喇叭
GILTRONICS	http://www.giltronics.com 真空管麦克风前级
GOTHAM AUDIO CORPORATION SWITZERLAND	http://gotham.ch 瑞典线材制造厂
GRAHAM-PATTEN SYSTEMS	http://www.gpsys.com 录影带剪接用的数位音响器材
HEADROOM	http://www.headphone.com 发烧级耳机放大器

HES ELECTRONICS	http://www.ib.be/hes 广播系统用的专业音响及INTERCOM
JOEMEEK COMPRESSION	http://www.joemeek-uk.com 相片光碟压缩器，麦克风前级及EQ
JOSEPHSON ENGINEERING	http://www.josephson.com 录音室舞台及测量用的电容式麦克风
KENETEK PRO AUDIO	http://www.kentek.com 中等价位高品质的专业音响
KLIPSCH LLC	http://www.klipsch.com 专业、戏院、家用及电脑用喇叭
LUNDAHL TRANSFORMERS	http://www.lundahl.se 专业音响及真空管扩大机需要的高性能变压器
MARQUETTE AUDIO LABS	http://www.marquetteaudiolabs.com 新或中古录音器材
MILLER＆KREISEL PROFESSIONAL	http://www.mkprofessional.com 监听喇叭及多轨混音对低频的管理控制器
MR.DBX：YOUR SOURCE FOR HARD-TO-FIND DBX CONSUMER AUDIO EQUIPMENT	http://www.mrdbx.com 中古dBX消费性器材网路商店
MTA CONSOLES / DESKS	http://www.toft.co.uk 混音机及专业音响器材
MXL CONDENSER MICROPHONES	http://www.mars-carm.com 电容式麦克风线材接头
MYTEK,INC.	http://www.mytekdigital.com 发烧级录音器材制造商
NAGRA,U.S.A.,INC.	http://www.nagra.com/nagra/default.htm 专业录音器材
NATIONAL TECH-TRADERS	http://www.techtraders.com 加拿大中古专业音响器材商店
NEUMANN	http://www.neumann.com 录音室用麦克风
NEUTRIK	http://www.neutrik.com 专业音响接头
NPM AUDIO	http://www.horzions.net 网路专业器材咨询
OTARI	http://www.otari.com 专业混音机
OUTLINE	http://www.outline.com 3000瓦扩大机、讯号处理机DJ混音机、喇叭、数位音压表
PRECISION ANAIOG SYSTEMS	http://www.pacificnet.net 专业音响工程，电影及录音室服务
RECORDING CONSOLES OF THE 20th CENTURY	http://www.recordingconsoles.net 可连结至很多混音机制造商
REXROAT SOUND	http://www.exroatsound.com 列阵式号角演唱会喇叭
ROLLS CORPORATION	http://www.rolls.com 讯号处理器、扩大机、混音机、真空管设备附件等
SABINE INC.	http://www.sabineinc.com 回授终结者制造厂

SADIE	http://www.sadie.com 高品质数位音响工作站，适用在CD/DVD母带制作、电影配乐、电台音乐制作及多轨录音剪接等
SD SYSTEMS INSTRUMENT MICROPHONES	http://www.sdsystems.com 所有乐器用麦克风
SENNHEISER ELECTRONIC CORPORATION USA	http://www.sennheiserusa.com 麦克风，耳机
SHURE	http://www.shure.com 麦克风，耳机
QSC AUDIO PRODUCTS,INC.	http://www.qscaudio.com 扩大机
QUANTEC TONSTUDIOTECHNIK IN MUNICH/GERMANY	http://www.quantec.de 数位音响界面转换器，DSP环境效果机
RAMTECH	http://www.ramtech.net 多PIN 接头
RANE CORPORATION	http://www.rane.com 专业音响
RAPCO INTERNATIONAL SIGNAL TRANSPORT	http://www.rapco.com 专业音响巡回演唱或录音室安装用的线材 MULTI-CABLE
SIGNAL TRANSPORT	http://www.sigt.com 平衡式扩大机、接线盒
SOUNDMASTER GROUP	http://www.soundmaster.com 利用ION 工作环境将后制作技术化为简单的电脑使用者介面
SPECK ELECTRONICS	http://www.speck.com 高品质混音机及等化器
STAGE ACCOMPANY	http://www.stageaccompany.com 专业制造扩大机、等化器、分音器及喇叭
TESI	http://www.tesi.es 数位及类比AUDIO/VIDEO 讯号派送系统
TOA ELECTRONICS,INC.	音响工程器材 http://www.toaelectronics.com
TORN ELECTRIC VALVE	http://www.gtaudio.com 针对号角喇叭设计的真空管扩大机
AMPLIFICATION	http://www.tdsaudio.com 企图回复因录音重播音响讯号丧失的泛音
TUBESVILL TECHNICAL SERVICES	http://www.tubesville.com 真空管音响器材修理服务，专精录音室器材、乐器用扩大机及发烧级音响
VIDEO MASTERS INC.	http://www.vmi-kc.com 军用喇叭系统
VIEW TRONICS GMBH	http://www.viewtronics.com 专业数位VIDEO/AUDIO 磁碟录音机
WAVEFRAME	http://www.waveframe.com 电影、电视及数位音响工作站
WIREWORKS CORPORATION	http://www.wireworks.com 专业AUDIO及VIDEO 接线系统及附属配件
WOODWORX AUDIO PRODUCTS	http://www.woodworx.com 专业喇叭厂
ACUTRON ELECTROACUSTICA	http://www.acutron.pt/ 自动广播电台、无线电台及电视网络遥控系统

ALTER EGO DIGITAL COMMUNICATION	http://www.alterdigital.com/ 64声道数位制作公司，专精商业性音乐及剧院音响
BROADCAST PROFESSIONALS FORUM ON COMPUSERVE	http://go.compuserve.com/BPFORUM 有关广播、电影及数位内容的专业创作，最资深的网上论坛，帮助专业人员解决问题及跟上产业界的脚步
DIGITAL AUDIO BROADCASTING（DAB）	http://www.magi.com/~moted/dr/ 数位收音机，一种新科技可以使收音机播放CD品质无干扰音乐
EBU-EUROPEAN BROADCAST-ING UNION	http://www.ebu.ch/ 欧洲广播公会，可以连接至公会会员
INSTITUTE OF BROADCAST SOUND	http://www.jkaudio.com/ 利用电话线可以遥控混音机从事广播工作
NATIONAL PUBLIC RADIO	http://www.npr.org/ 美国最大的非营利性公共收音电台网络
NETIA DIGITAL AUDIO	http://www.netia.fr/ 提供21世纪数位收音技术
NVISION	http://www.nvision1.com/ 广播及后制作产业使用的数位音响及录影设备制造厂
RADIOTOWER-THE INTERNET RADIO RECEIVER	http://www.radiotower.com/ 网络内现场广播的音乐电台
STUDER DIGIMEDIA	http://www.studer-digimedia.com/ STUDER公司聪明的数位广播软件
STUDER PROFESSIONAL AUDIO AG	http://www.studer.ch/ 收音机及电视广播专业音响器材的领导品牌

其他音响相关网站

AUDIODIRECTORY	http://www.audiodirectory.com 专业音响咨讯网站
AUDIO-ONLINE	http://www.audio-online.com 加拿大网站有专业音响及剧场相关资料
CLEAR PERCEPTION STUDIOS	http://www.clear-perception.com 麻州剑桥的数位录音室，专精于音响制作及后制作
CHARLES M. SALTER ASSOCIATES, INC.	http://www.cmsalter.com 位于旧金山的建筑声学及音响系统设计公司
DTS CONSUMER PRODUCTS	http://www.dtsonline.com/consumer/ DTS 数位环绕，目前最好的环绕系统，可将家庭剧院转换为清晰的六声道，音质比CD棒，比DOLBY DIGITAL好
FRANCIS MANZELLA DESIGN, LTD.	http://www.frndesign.com 纽约的建筑声学咨询及录音室设计公司
HOSA TECHNOLOGY, INC.	http://www.hosatech.com 线材、转接头及附属品
MIX THAT！	http://www.infinet.com MARK FARMER网站讨论过去十年之内其所负责的上千场合唱团、演唱会及时装表演

MUSIC GRINDER RECORDING STUDIO	http://www.musicgrinder.com 好莱坞世界级录音室
FORENSIC AUDIO ANALYSIS	http://www.forensicaudio.com 为法院做声纹辨认的公司
MUSIC YELLOW PAGES	http://www.musicyellowpags.com 包含40000家专业音响制造厂，批发商及代理商
THE MUSIC RESOURCE SITE	http://www.jps.net/mrs 音乐家、作词家及音响工程师的网上资源
THE SOUNDSPEED MOVIE DATABASE	http://soundspeed.findhere.com 电影外景录音工业资料网站
TSC AUDIO FORUM	http://www.trinitysoundcompany.com/bbs 讨论现场成音、遥控录音等专业音响主题
WATERLAND DESIGN	http://www.waterland.com 顶尖的录音室及录影带制作设计公司
WEST STAR AUDIO ACOUSTIC CONSULTANTS	http://www.userglobalnet.co.uk/~wst 音响及建筑声学设计
WORLD WIDE PRO AUDIO DIRECTORY	http://www.audiodirectory.demon.nl 可连结至所有主要的专业音响制造厂
ZED SYSTEMS AUSTRALIS	http://www.axs.com.au/~zeno/ 技术服务的澳洲公司，专精接线等安装工程

音响教育及研究单位相关网站

网站名称	网 址
AMBISONIC SURROUND SOUND	http://www.standford.edu/~mleese/ 高保真立体环绕声常问的问题及目录
AMBISONIC SURROUND SOUND RESEARCH	http://www.york.ac.uk/inst/mustech/3d_audio/ambison.htm 高保真立体环绕声研究， YORK大学网站
ART LUDWIG'S SOUND PAGE	http://www.silcom.com/~aludwig/contents.htm 声音物理学音乐、听觉及音响系统设计
AUDIO	http://archive.comlab.ox.ac.uk/audio.html/ 网络虚拟图书馆
AUDIO AND THREE DIMENS-IONAL SOUND LINKS	http://www.user.dircon.co.uk/~wareing/3daudio.htm 3D 音响相关的参考文件、研究、工具、人、商业系统及产品网站
AUDIO RELATED TECHNICAL PAPERS	http://www.cudenver.edu/aes/tech/index.html/ 音响相关技术文件
CNMAT	http://www.cnmat.berkeley.edu 新音乐及音响技术中心
DEPARMENT OF ACOUSTICS & VIBRATION, ITALIAN CENTER FOR AEROSPACE RESEARCH	http://www.cira.it 研究及测试3D 声音的领域
FILM & TV CONNECTION	http://www.film-connection.com 电影工业及广播教育课程
FILM SOUND THEORY	http://hem.passagen.se/filmljud/filmsound.htm/ 电影声音理论的文章、术语及目录

FIRST WORKSHOP ON DIGITAL AUDIO EFFECT（DAFX98）	http://www.iau.upf.es/dafx98 数位音响效果国际研讨讨论网站
GAUS-ACOUSTIC & VIBRATIONS GROUP RESEARCH	http://www.gaus.gme.usherb.ca/eng
IDEFAGSKOLEN A/S	http://www.idefag.no 提供一年音响工程教育
INSTITUTE OF AUDIO RESEACH	http://www.audioschool.com 音响研究学院提供音响工业的训练
INTERNET SOUND INSTITUTE	http://www.soundinstitute.com 免费帮助你学习了解音响系统及操作技巧
LAKE DSP	http://www.lakedsp.com 数位讯号处理运用到音响世界的领导者
OPMENT	http://www.ozemail.com.au 澳洲昆士阑的网站，提供录音间及家庭录音的介绍，并提供绝招，甚至Email帮你解决问题
PARMLY HEARING INSTITUTE OF LOYOLA UNIVERSITY CHICAGO	http://www.parmly.luc.edu 人类心理建筑声学及听觉物理学的研究试验室
PENN STATE GRADUATE PROGRAM IN ACOUSTICS	http://www.acs .psu.edu 最大最包罗万象的建筑声学研究所
RECORDING INSTITUTE OF DETROIT	http://recordinginstitute.com 底特律立案合格的音乐录音及作曲的音乐学校
SF AUDIO NET	http://www.sfaudio.net 提供职业的录音室教学，数位音响及MIDI应用，各种程度都受欢迎
SOUNDSCAPES FROM THE VOICE-SEEING WITH YOUR EARS	http://ourworld.compuserve.com/homepages/Peter_Meijer 盲人利用听觉替代视觉的研究
SPX SISTEMAS ELETROACOUSTIC LTDA	http://orbita.starmedia.com/~spxaudio 音响训练课程
STANFORD CENTER FOR COMPUTER RESEARCH IN MUSIC AND ACOUSTICS	http://ccrma-www.stanford.edu 史丹福中心研究电脑在音乐及建筑声学上的运用
THE FEMALE MUSICIAN	http://www.femalemusician.com 教育女性从事各种音乐工业领域的网站
THE MUSIC & AUDIO CONNECT-ION	http://www.musicandaudio.com 音乐家、音响及专业音响的国际资源
THE NEW STEREO SOUNDBOOK, SECOND EDITION	http://stereosoundbook.com 由Ron Streicher及F. Alton Everest合著的新立体音响手册（第二版），内容包括立体声压声录音及再制作
THE OMEGA STUDIO'S SCHOOL	http://www.omegastudios.com 马里兰高等教育部立案合格的录音艺术学校
THE UNIVERSITY OF YORK, ENGLAND	http://www.york.ac.uk 电声学、声音扩散及音乐的学院
THE WORLD FORUM FOR ACOUSTIC ECOLOGY（WFAE）	http://interact.uoregon.edu/MediaLit/WFAE Homepage 建筑音响生态学世界论坛
TU DELFT-LABORATORY OF SEISMICS AND ACOUSTICS	http://wwwak.tn.tudelft.nl/ 地震声学试验室

UNIVERSITY OF ARIZONA SCHOOL OF MUSIC RECORDING STUDIO	http://www.arts.arizona.edu/studio/ ARIZONA 大学附设的专业录音室提供录音服务及教学给该大学学生及职员
VIRTUAL ACOUSTICS PROJECT	http://www.isvr.co.uk/dept/FDAG/vap 利用数位讯号处理来改进再制作系统的品质，其最终目标要能让聆听者产生幻觉，以为自己置身于另一个虚拟的音响环境里；并完全感觉不到自己实际存在的空间
AES DIRECTORY OF EDUCATION PROGRAMS	http://www.aes.org/education 提供专业音响教育课程及就业机会的国际性组织
ELECTROACOUSTIC MUSIC STUDIOS, UNIVERSITYOF BIRMINGHAM, ENGLAND	http://www.bham.ac.uk/music/ea-studios 英国BIRMINGHAM大学电声学音乐录音工作室

电子音乐及MIDI 网站

网站名称	网 址
E-MU SYSTEMS, INC.	http://www.emu.com 数位音响取样机、魔音琴及硬碟录音
HINTON INSTRUMENTS	http://www.hinton.demon.co.uk 设计及制造专业级订制MIDI 及自动音量控制器材，另含专业MIDI 参考资料
IAEKM	http://www.iaekm.org 国际电子键盘制造业协会
ICMA SOFTWARE LIBRARY	http://www.leeds.ac.uk 英国的软体图书馆
KOBLO	http://www.koblo.com 丹麦公司生产魔音琴软件
MARK OF THE UNICORN	http://www.motu.com 数位音响界面、MIDI 界面及苹果电脑的音响软件制造厂
MIDI MANUFACTURERS ORGANISATION	http://www.midi.org./mma/ 出版MIDI 标准协议及基本的组织
PAVO	http://www.pavo.com 提供一些自行组合 MIDI的设备，尚有300页MIDI及电子器材的科技介绍
PROSONUS	http://www.prosonus.com 音乐图书室有 4GB 的乐器音乐的范例
RES ROCKET	http://www.resrocket.com 可以现场即兴演奏的网站
SEER SYSTEMS, INC.	http://www.seersystems.com 魔音琴PC软件领导品牌
SONIC FOUNDRY	http://www.sonicfoundry.com 数位音响编辑PC软件领导品牌
SYNOPTIC	http://www.synoptic.net 音响设计PC软件领导品牌
THE FRONT ROOM	http://www.users.interport.net KURZWEIL 魔音琴音色发展者
THE MIDI FARM	http://www.midifarm.com MIDI 使用者聚集讨论的网站

音响搜索引擎

网站名称	网 址
AES WWW SEARCH	http://www.aes.com/search/ 为INTERNET主要专业音响工作搜索引擎
ALIWEB（ARCHIE-LIKE INDEXING FOR THE WEB）	http://aliweb.emnet.co.uk 依压缩档案为索引的搜索引擎
BOOKS	http://www_slac.slac.stanford.edu/FIND /books 书籍资料搜索
ENGINEERSEARCH	http://www.engineersearch.com 搜寻全世界的音响工程公司、音响顾问或工程师
LYCOS	http://www.lycos.com 搜索引擎
WEBCRAWLER	http://www.webcrawler.com

音响测试及测量相关网站

网站名称	网 址
AUDIO PRECISION	http://www.audioprecision.com 专业音响测试及测量仪器制造厂
AUDIOMATICA	http://www.mclink.it/com/ audiomatica/ 意大利制造CLIO系统的电子声学测量系统用在喇叭系统及建筑学分析
AURORA	http://www/ramsete.com/aurora/ 自动音响测量及听觉测试的PC软件
ENERGY TIME FREQUENCY	http://www.etfacoustic.com PC 软件为音响重播设备的建筑声学测量系统
GOLD-LINE	http://www.gold-line.com 专业音响测试及分析设备

HpW WORKS	http://www.hpw-work.com 英特尔HW 平台软件测量系统，利用音效卡，WAVE及ASC II档案
LIBERTY INSTRUMENTS	http://www.libinst.com LAUD及IMP音响测量系统制造商
LINEARX SYSTEMS INCOPORATED	http://www.linearx.com 专业电脑协助工程及建筑声学测量工具
LINDOS ELECTRONICS	http://www.lindos.co.uk 工业标准LA100音响分析器英国制造厂
MLSSA BY DRA LABS	http://www.mlssa.com 建筑声学测量系统制造厂
NaTCH ENGINEERING	http://www.natch.co.uk NATKIT测试系统英国制造商，已成为喇叭制造测试的工业标准
PC ABX	http://www.pcabx.com 作听力训练的免费音响范例
RHEIN TECH LABORATORIES, INC.	http://www.rheintech.com 德国音响设备测试实验室
ROHDE UND SCHWARZ	http://www.rohde-schwarz.com 音响视讯及广播用的测试仪器
SOUND TECHNOLOGY, INC.	http://www.soundtechnology.com 专业音响测试及测量仪器
SYSID	http://www.sysid-labs.com 建筑声学测试仪器
TIMO ESSER'S AUDIO UTILITIES	http://www.esser.u-net.com 包含有用的音响测试工具
VIBRATIONDATA	http://www.vibrationdata.com 可下载建筑声学及震动软件及辅助工具

专业音响购物网站

网站名称	网 址
NATIONAL TECH-TRADERS	http://www.techtraders.com 加拿大中古专业音响器材商店
AUDIOLIST.COM	http://www.audiolist.com 买卖音响器材网站
DIGIBID	http://www.digibid.com 中古专业AUDIO/VIDEO 及音乐乐器拍卖网站
PRO AUDIO DOT NET	http://www.proaudio.net 专业音响中古设备
PROFUSION PLC（UK）	http://www. profusionplc.com 网络专业音响店
PROGEARS AUCTIONS	http://www.progears.com 专业音响、电影、广播器材网络拍卖店
SOUNDBROKER	http://www.soundbroker.com 买卖新的、中古的专业音响拍卖店
SYE MITCHELL SOUND COMPANY	http://www.syeco.com 买卖中古绝版或经典专业录音设备
THE MUSIC CONNECTION	http://www.themusicconnection.com 寄售及贩售中古音响器材
BSW USA	http://www.bswusa.com 贩卖与广播有关的器材
FULL COMPASS	http://www.fullcompass.com 贩卖专业器材网店
COLOSSAL SOUND SERVICES	新旧专业音响出售及服务中心
MR. DBX	http://mrdbx.com 中古dBX消费性器材贩售网站
SWEETWATER	http://www.sweetwater.com 贩售专业音响网站
MUSICIAN'S FRIEND	http://www.musiciansfriend.com
GUITAR CENTER	http://www.guitarcenter.com
SAM ASH	http://www.samash.com
B&H	http://www.bhphotovideo.com

MAGAZINE 杂志

网站名称	网 址
EQ PROFESSIONAL PROJECT RECORDING & SOUND	http://www.eqmag.com 专业录音音响工程
MIX	http://www.mixmag.com 最具代表的专业音响及录音器材商业杂志
AUDIO CAFE	http://www.audiocafe.com 有关音响、家庭电影院及录音
AUDIO MEDIA	http://www.audiomedia.com AUDIO MEDIA杂志的网络版
AUDIOPHILE AUDITION	http://www.audaud.com 每月出版的电子杂志，有关音响、音乐、家庭电影院及音响使用心得
BE RADIO MAGAZINE	http://www.beradio.com 无线电台广播工程及管理的技术性杂志，包括公正厂格的器材采购评测
DIGITAL PRO SOUND	http://www.digitalprosound.com 有关VIDEO 配乐设备的杂志
ELECTRONIC MUSICIAN	http://www.emusician.com 讨论音乐家录音及在个人工作室或家中制作音乐，排名第一的杂志
ASIA PACIFIC BROADCASTING	http://www.apb-newa.com TV 技术和多媒体
UPBEAT	http://www. com 美国NAMM 官方出版品
PRO AUDIO REVIEW	http://www.proaudioreview.com
SOUND CONSTRUCTORS	http://isl-garnet.uah.edu
NET-ZINE	电子音乐家杂志
LIGHTING & SOUND PUBLISHED FROM PLASA OFFICE	http://www.plasa.org PLASA官方出版品
RECORDING MAGAZINE	http://www.recordingmag.com 录音音乐家的杂志
LIVE SOUND INTERNATIONAL MAGAZINE	http://www.livesoundint.com 讨论音响技术、商业及实用经验的杂志
MIXDOWN	http://www.mixdown.com 录音工程师看的
PROSTUDIO	http://www.prostudio.com 出版有关无线电台、电视广播、现场成音、录音、制作母带、动画及电脑图形、录影带编辑、复制录影带等
SOUND ON SOUND	http://www. sospubs.co.uk 英国高科技录音音乐杂志，销路欧洲第一名
ETEC	http://www. etecnyc.net/default.htm/ 为从事娱乐专业技术人员设立的网站，内容包括戏剧、电影、电视、俱乐部、演唱会、主题公园及建筑光学等

Professional Audio Essentials

附录I
现代录音入门

基础录音

不管卡式录音座、数字多轨录音座、硬碟录音座或任何其他录音设备，它们的录音程序大致上是一样的，其目的就是要把很多声音录下来，汇总成为立体母带，为了达成这个目的，我们要进行多轨录音及多轨混音两种工作。

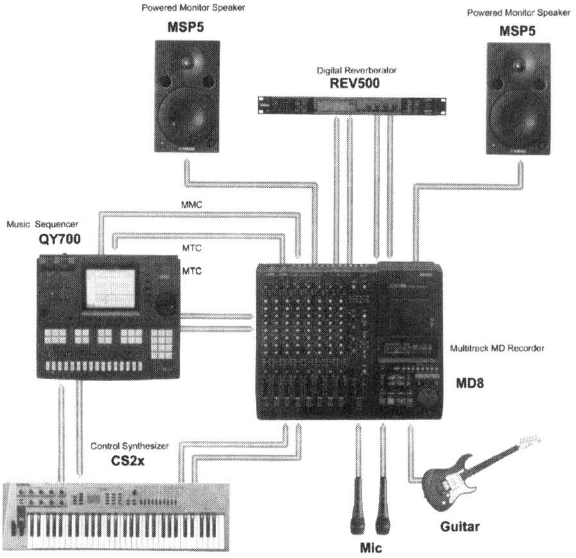

多轨录音

专业录音室混音器要求有复杂的讯号路径插接系统和独立的监听线路。群组系统可以轻易地搭配四或八轨录音工作，混音器功能可分为两个部份：录音时混音器一定要能接受范围宽广的输入讯号，适当地混音并送到正确的录音座音轨，它也一定要有提供监听混音的功能，这样音乐家在叠录Overdubbing新的部份时，能够听到先前录音的内容，甚至给音乐家监听的混音平衡，可能和混音器主要输出的平衡有差异，例如:在叠录Overdubbing人声时，歌者可能要求人声和节奏吉他声音大一点。等录音完成之后，混音器用来平衡录音座各个声轨的讯号完成最后的立体混音，最后混音时效果器可能加在个别的音源，或许某些声轨的EQ要做调整。

小的立体混音器，并不是设计从事复杂的多轨录音，但是他们可以同时做录音和监听录音带讯号的工作，八轨录音的摆设方法，利用四个群组把讯号音源送往录音座，可以同时录四个不同的录音带声轨，前八个混音机声道被当做录音带倒送使用。大多数家用的多轨录音工作室使用者，常常每次都利用一或二轨来进行音乐创作，这样可使用的声道业已足够。录音座的输出送往混音机前八声道并将讯号指派到主要左右混音输出，因为讯号路径系统已经可以把同一个声道的讯号同时送给混音和群组输出，所以经由录音机的回授就不可能产生了。

连接的效果器，可以把讯号送往主混音机输出，因此他们的效果可以在多轨录音时听得到，却不会真的录进多轨录音机里，这个功能可以使得在最后进行混音时，每个音轨都可以选择不同的效果器或不同的效果设定。当要将录好的多轨带作最后立体声合成时，我们只要在录到立体录音座之前调校平衡音场位置和效果电平大小即可。

以上介绍的讯号指派方法很像录音室里专业的工作，好的混音机是在改换录音和混音工作时，不必重新安排接线，再者，因为监听混音在录音时已被调好，所以大部份的最后立体混音工作在这之前已经完成。因为有简单而干净的讯号线路设计，利用它来做多轨录音，可以比很多大型录音室混音器的水准还高。再者，立体输人声道非常适合连接立体MIDI乐器(通常MIDI讯号都会和多轨录音同步)。

多轨混音

录制各种人声、乐器或特效在各自独立的声轨中，录音机必需具有叠录的功能，才能在不洗掉先前内容之下一边听到先前录音的内容，一边再录一轨新的音乐讯号，这个动作可以一直重复，直到多轨录音机的音轨完全客满为止。

举例来说：我们有一台48轨的混音机及一台48轨的多轨录音机，先将CLICK节奏录至第48轨以为所有音轨录制歌曲速度的依据，然后邀请鼓手、吉他手、贝斯手及钢琴手四个人跟着CLICK一起录，这四人我们称为节奏组，然后先请钢琴手配音加入魔音琴，钢琴手必须听到刚才录制节奏组的内容，以便同步加入新的内容，之后可以再叠录弦乐、主奏吉他、合音、打击乐器、管乐特殊效果、人声等，当所有录音都完成之后，就要进行多轨混音的工作。

将多轨录音的各音轨讯号录到一组立体声轨的录音设备程序（母带录音）叫多轨混音。

多轨录音机的多轨输出将接到混音机的高电平输入声道，每个声道都可以单独处理送进来的讯号，例如：个别加入不同的效果器或声音处理器给人声或乐器，调整每个声道的音量使得单独声道中的人声或乐器声不会特别大声或特别小声，这些调整的动作都有可能会在录音途中改变，因此当我们完成所有设定的工作，熟悉了编曲的内容，知道了制作人的要求之后，然后将全部的声轨录进一台立体声道的录音机内，类比类的混音机在混音录母带过程中需要用人工的方式来改变各声道的平衡，数字混音机会帮助我们工作，它会自动记忆每一次录音师改变的内容，并且在下一次播放出来。

并轨

有的时候要录下的音源太多，但是录音声轨不足，我们可以把某些已录好的声轨混音后合并录到另一轨或另一立体声轨，这种合并声轨的做法是多轨录音的一种程序，它和录现场乐器或人声不同之处，只是将预录的内容合并录到录音机的另一个声轨，什么时候会用这种程序呢？有几个时机：

1.节省声轨。

2.将预录的声轨作为音效处理再录一轨，然后将两声轨再并轨，因为并轨后的声道效果已录好，效果器可以交给别的声轨使用，就不必买很多台效果器。

3.EQ的情形同2。

虚拟音轨

并轨可以节省声轨，可是必须把某些预录声轨洗掉，并轨之后的全部内容也不能再做个别修正，而且并轨也会将录音的品质降低，如今数位录音技术的发展，有另一个功能强大的虚拟声轨，虚拟声轨没有限制，不会将预录声轨洗掉，所有预录声轨随时都可以叫出来，试听之后再决定要使用哪一道，详细内容请参考（附录二）硬碟录音。

声轨管理

多轨录音中，所有的乐器人声都录在不同声轨，各有自己的EQ设定、效果选择、立体音场的配置及音量大小，我们必须事先规划并在工作中录音，以利于多轨录音的进行，有时候某些乐器或特殊效果只录在整首曲子的某一段，声轨内还有很多录音的部分可以录其他类似的内容，这样的安排也得确实纪录下来，有了完整的记录，可以让混音师在工作之前对录音内容有整体的认识，才不会在混音过程中因混乱而浪费很多时间，毕竟录音室一小时的租金也不便宜。

剪辑

传统录音剪辑可是很难的工作，工程师必须在盘式录音座附的剪辑刀剪掉不要的磁带，再将分开的磁带接起来，当然如果下刀错误，那么录音就得全部重来，是个压力很大的工作。

数字录音尤其硬碟录音就完全没有这种压力，我们可以将录好的数位讯号任意搬家，而且最棒的，原始录音丝毫也不会改变。

多轨录音混音秘诀

当我们进行多轨录音混音时，较聪明的作法是将所有低音和主唱人声Pan到中央，背景人声和其他乐器设定到左或右声道，效果器的立体输出通常都设定在极右或极左声道，这样可以产生较宽的立体音像。

先平衡节奏组之后再加其他乐器进来，最后再加人声，这样才不致于将人声音量混得太大声淹盖了其他声音。加一点混响可以帮助产生专业水准的人声音响，混音程度好不好，最好的办法就是打开房门在隔壁听，没有人知道为什么，但这种办法可以马上听出来到底人声太大声或太小声。按下录音座监听键可以听录音带重播的声音。

EQ可以用来加强某些声音的特色，例如吉他或低音鼓，但是自然的声音，例如人声最好只加一点。

设定输入增益的程序：

(1)按下欲调整声道的PFL键。

(2)调整输入增益控制钮，以没有突波讯号的人声为例，右上方的LED音量指示表会显示在大约“0”的地方，如果是小鼓声，就得提高至大约+8，这个程序必须在每一个声道重复设定，才能进行其他工作。

如果增益设得太高，则余裕被减少，峰值失真的可能性相对增加，相反地，如果输入增益太小，我们必须在混音机其他部份加以补偿，最后的结果可能只是弄出一大堆不必要的嘶声。

▲请注意：通过效果器的讯号大小也必须调整在最佳状况，如果使用辅助输出的控制钮转大约3/4，然后在效果器上调整输入增益，使得讯号峰值大约在效果器本身电表0VU的地方，任何效果器接在插入点，一定也要利它们本身的输入增益控制，把增益调至最佳状况，如果效果器有输出电平控制，也应该在最初设定时转到3/4处。

处理器接在输入声道或主要输出的插入点时，如果他们可以设定在+4dBu(不是-10dBV)工作就可以不需修改而直接发挥最好的效果.因为所有的插入点都在0dBu高电平中工作。

增益调整的精准应该是工程师的好习惯，也应该是一个例行公事，我们花一些时间及心思在混音机前仔细设定好，一定会能发挥音响器材百分之百的潜力。

附录Ⅱ 硬碟录音

硬碟录音有什么了不起！硬碟录音的功能就像电脑文书处理软件一样的强大，硬碟录音是数字录音的一种，我们得先了解数字录音再来详细研究硬碟录音。

什么是数字录音？

如果说数字录音是最新科技，那么传统录音叫什么？我们叫类比录音；类比录音虽然使用多年，但是它一直有很多无法解决的问题。例如：

1.录音带本身的嘶声无法消除，尤其复制后更严重。
2.录音带本身抖动率值太高。
3.保存不易，时间久了录音带会损坏，平时又要注意湿度、温度、防震等问题。
4.维修不易，需要经常性的清理及调整。
5.寻曲太慢，如果要剪辑歌曲中的某一点，一定要从头找起，找到为止。

数字录音有何不同呢？它就像CD一样将音乐更换为数字，转换为数字讯号以后有以下好处：

1.没有嘶声、抖动率，没有任何杂音；
2.复制不会降低音质；
3.可加人很多讯号处理程序却不伤害声音品质；
4.可任意快速寻曲。

数字录音有以下几种形式：

1.数字磁带录音机；

（如ADAT或DA-88）

数字磁带录音机是将类比讯号转换为数字讯号后录在磁带上，磁带很便宜但是它也有类比录音带的缺点，例如：

（1）寻曲太慢；

（2）同一轨重复录音会将原始讯号洗掉；

（3）没有UNDO复原这种功能；

（4）无法利用一台机器将曲子的某一部份复制到同一曲子的另一点；

（5）一台几乎无法编辑；

（6）无虚拟声道，表示声道固定无法扩充;

（7）必须另买外接的混音机、效果器。

2. MD录音是将类比讯号转换为数字讯号或数字讯号录在一段数据形式的MD形式，MD片也很便宜，但是：

（1）大多数只能录4~8声道；

（2）同一轨重复录音会将原始讯号洗掉；

（3）使用类比式混音机，所以再并轨时会有音质降低之虞；

（4）无内建数位效果；

（5）对声道声音的复制或编辑几乎不太可能；

（6）无法和其他MD录音机一起用以增加录音声道；

3. 硬碟录音是将数字讯号录在电脑硬碟内，这种方式有很多的优点，其方便的功能普遍地广为音乐人士接受。

有两种硬碟录音的形式：一种是以电脑为工作站的录音座，另一种是独立的硬碟录音机，详如以下说明：

（1）电脑工作站形式硬碟录音，需要一台运转速度快的CPU，需要较高阶的电脑使用知识，高级的音效卡（知名品牌有Digidesign、M- Audio、Roland、Ediroll、MAYA、E-MU、ECHO、TerraTec、MOTU、RME、EGO-SYS等),或利用USB 或FIREWIRE线连接至电脑的外接介面，高容量的硬碟与RAM，还得买录音软件，知名的软件有Cubase、Nuendo、Sonar、Reason、Logic Audio、Samplitude、Vegas Audio/Video、 Sound Forge、Wavelab、Cool Edit、Pro Tools等，

当然花费也多一些。

（2）独立的硬碟录音是专为硬碟录音设计的，内建有混音机及数位效果比较省钱，很容易学习使用，较稳定可带着走，可以和其他硬碟录音座同步工作，以增加录音的声道。

硬碟录音最大的不同是它允许我们重新组织已录制的音乐内容，可以更改错误，甚至可以尝试不同的版本以亲身体验来帮助我们做取舍的判断，它最好用的功能有：

（1）随机编辑；

（2）虚拟声道；

（3）音质绝不降低；

（4）数字混音；

（5）数字效果；

（6）可选用AMPTE、MIDI及其他同步设备。

我们可以利用CDR来BACK-UP我们录制好的成品，同时也能减轻硬碟容量的负担，以便从事很多录音工作。

其实硬碟可以BACK-UP的不只是音乐讯号而已，它还可以记下你混音机上的设定环境、效果器的设定、虚拟声道、编辑情形，甚至所有您现在已不想要的编辑内容，这些资料对我们很有帮助，一旦我们想将编曲再修改一下时，只要将储存的资料叫出来，会省很多时间和工作。

革命性的剪辑模式-----UNDO还原功能

使用类比磁带录音时，我们想把某一部分音乐洗掉，那个某部份就没有了，我们如果忽然反悔想要补回来，那么必须重新录音，再来一次；但是硬碟录音完全两回事，在硬碟录音里录好的东西就存在硬碟里，如果不想要某一部分音乐，把它删掉了，硬碟并不会真的把那个某一部份永远洗掉，只是没把那某一部分音乐放出来给我们听，一旦我们觉得还是原来的比较好，只要用UNDO还原指令，大多数硬碟驱动器可以还原任何删除、复制或移动的指令，因为删除、复制或移动小节都不会改变原始录音的资料，如果你不喜欢，就命令它UNDO就可以还原。

复制COPY

复制是硬碟录音最好用的功能，就像文书处理一样，我们可以把音乐的某一段复制到歌曲的任何一部分，例如：如果一首歌有72小节，其中63小节，鼓的打法都一样，我们就可以用复制功能将录好的一小节快速复制到其他62小节；或者以前唱片公司为偶像造型却不太会唱歌的歌手录配唱，是制作人与录音师的恶梦，现在只要能磨出一句能用的，那么在歌曲其他位置相同的句子都可交给硬碟录音的复制功能去处理，帮老板省了一堆录音配唱的租金，当然这种歌手现场演唱时，一定有很多合音天使，其中至少有一个是声音装得很像歌手帮他唱完全场的合音枪手。

随机编辑

我们想要编辑硬碟录音储存的音乐资料时，可以马上跳到任何指定的小节、节拍或者时间位置（类比类磁带必须要从头开始找到为止），因此当我们在配音时（OVERDUBBING）不必再等倒带，可以马上跳到第二段和第一段作比较，省了很多时间。

虚拟声道

作录音工作时，常常会多录几道乐器SOLO或其他人声、特效，等将来混音时作取舍，或者作不同版本的结果让制作人或老板来决定，这样的作法需要很多声道，我们永远嫌类比混音声道不够用，在硬碟录音没有这个问题，虚拟声道的设计让录音轨道无限制，我们可以将五种或十种以上不同感觉的吉它SOLO录在第一轨及它的虚拟声道，被下指令的吉他SOLO会被放声音出来，其他未被放音出来的吉他SOLO声道叫虚拟声道，想录多少种都随便你！

数字效果

有些硬碟录音座内建数字效果器，这些效果器可以让我们在不离开数字模式的状况下处理录好的音响，同时也毫不影响声音的原始品质。

内建数字效果器的好处：

1. 所有动作都在数字模式下工作，维持最高的音响品质。

2. 每一声道都可以设定不同的效果形式及效果音量大小。

3. 可以先上车再决定要下车还是要补票，什么意思？加人某些数位效果之后，要还原还是保留效果都可以在任何时间做决定，而不影响原始录音资料。

4. 保留原始录音资料作日后编辑之用。

5. 自动FADER可于混音时即时记忆的人工调整设定值自动的变化过来。

6. 不必接线。

数字混音机

1. 所有工作都在数字混音模式里进行，在BOUNCING或混音时不会损失音响品质。

2. 数字混音机有自动推杆FADER，记忆场景等超强功能让混音机有更强大的控制性能。

3. 内建数字式混音机让硬碟录音系统机动性更强。

4. 可以马上比较不同的混音设定。

5. 重播录音作品时，会将数字混音机回复所有当初的设定资料。

6. 将混音工作变得简单。

7. 混音工作自动化。

时间压缩

硬碟录音储存的资料是数字，我们可以变一些魔术，例如将音乐片段时间变短而不改音调PITCH，或者修改音调不改变时间点或时间长度，这个功能对作广告歌曲或作电视打歌版很有用。

综合以上说明我们可以归纳出下列硬碟录音的强大功能：

1. 利用虚拟声道在同一声道里录制及编辑很多不同的独奏。

2. 留下人声和音的声道以防事后重新混音。

3. 内建数字效果器。

4. 录音及编辑时不必担心损伤原始录音资料。

5. 一首歌可以尝试很多不同编曲。

6. 自动FADER。

7.可将全首曲子的混音方式、效果等以数字模式记忆下来。

8. 可以直接作CD母带。

9. 随机选曲不必等。

10.可以和MIDI、录影带及其他录音座同步工作。

11. 可以同步讯号和多台机器连接一同工作。

StudioLive 16的功能

StudioLive 16.4.2是一台16声道的数字混音台，所有声道都带XMAX麦克风前级放大电路，内建

22进18出的Firewire音讯介面，及效果。

StudioLive 16.4.2是PreSonus进入数字混音台领域的处女作。这是一台16声道的数字混音台，所有16声道都带XMAX麦克风前级放大电路，内建22进18出的Firewire音讯介面，4段式EQ、压缩、限幅和通道闸门等多种DSP效果，6组辅助输出，4组群组输出，大型LED音量表和talkback对讲系统。

StudioLive 16.4.2将Firewire音讯介面与数字混音台完美地结合在一起，使电脑录音重播和混音工作融合在一起完成。

StudioLive 16.4.2

StudioLive 16.4.2

StudioLive 16.4.2 要特性：

◎16输入声道，6辅助输出，4群组输出；

◎16输入声道全部带XMAX麦克风前级放大电路；

◎高解析度类比/数字转换，动态118dB；

◎32bit内部处理精度；

◎可上机柜；

◎2组31段式EQ、22组压缩、22组限幅、22组高通滤波器和22组通道闸门2组立体混响与延迟等多种DSP效果；

◎可储存/调整预置参数；

◎主输出亦附有效果，包括混响、延迟等；

◎大型触摸按键；

◎快速反应LED音量表；

◎Talkback对讲系统；

◎100mm推杆；

◎附赠自行开发StudioLive多轨录音软件；

◎相容Mac 及 Windows平台；

◎直接录音介面支援 Logic, Nuendo, Cubase, Sonar, Digital Performer等；

◎22声道同步录音, 18声道同步放音。

StudioLive 16.4.2背面

Professional Audio Essentials

附录Ⅲ 数位混音机

数位混音机是PA专业音响的革命，其优异的性能及高品质的音响，是类比混音机无法比拟的，数字混音机和类比混音机到底有何不同?我们以最畅销的YAMAHA数字混音器O1V96V2举例如下：

YAMAHA O1V96V2

YAMAHA O1V96V2

◎ 多达16个类比输入 - 12 个麦克风前级扩大器- 以及8个透过内建ADAT介面输入的数字声道。前12轨类比输入可以接受麦克风讯号或是平衡/非平衡的高电平输入信号，其他的4个声道可以接受平衡式/非平衡式的个别高电平输入或是配对成两组高电平输入。可以处理类比与数字的混音。 如果需要更多声道，还有 Mini-YGDAI扩充卡可以插入O1V96来增加各种额外的ADAT、AES/EBU或类比输出入介面格式。

◎ O1V96 具有立体主输出，8个独立的混音Bus输出，2个Solo回路，8个Aux辅助输出回路等 - 总共20个回路。以满足各种混音的需求。

◎ 内建业界标准的 ADAT 光纤数字介面， ADAT 光纤介面在现今的数字音频领域广被使用，透过简单的光纤连接，可以得到8个输入与8个输出回路，来处理数字信号而无任何损耗。还可以透过O1V96 预设的扩充槽来扩充额外的输出入声道。

◎ O1V96内建优异而容易使用的数位配线系统，所有的输入、输出、效果器、与声道安插等讯号，均可以配置到混音座上任意的输入与输出声道。任何的效果器可以指派到Aux的回路上来进行Send式的操作，或是直接安插到指定的任意输入声道上。直接输出的功能也可以将任何输入声道的讯号，直接送到任意的数字或是类比的输出上。 8个Aux回路可以指派到系统上的任意位置。而且常用的配线方式可以储存在O1V96内以便日后随时取用。

◎ 混音座的设定可以透过 O1V96的场景记忆来呼叫使用，总共有99组记忆可供使用；场景记忆除了可使用面板操作外，还可以透过MIDI 的 Program Change 讯息来操控，具有简便的自动控制功能。

◎ 最重要的是：01V96 的设计能与主流的数字录音系统进行整合，让我们可以拥有完整的音乐制作与混音的环境。可以与Digidesign的Pro Tools或Steinberg的Nuendo进行连结软体的混音与参数处理的控制，录放/声道指定控制与编辑功能的使用，可直接使用O1V96的控制介面。同时还有“General DAW”模式让你还可以与其他的硬碟录音系统进行整合。

◎ 所有输入声道均具有独立的动态处理压缩控制与杂讯抑制器。4段参数式EQ的所有频宽均为20 Hz 到20 kHz全频可调，可调频宽范围0.1 to 10，±18dB增益的数字等化器，声道延迟效果最大可达 452 milliseconds（96 kHz模式下）。即使是立体输出、8个bus输出、8个Aux回路也都具有独立的压缩控制与EQ调整功能。

◎ 如果需要更多的输入，O1V96提供了“平行连结”功能，可以连结两台O1V96，达到 80轨输入的大型混音系统。

◎ 具备 6.1、5.1 与 3-1 环场相位模式，可在无损其他功能与效能的情形下，进行环场的编辑。

◎ 附赠Studio Manager 软体可以跨 Macintosh 与 Windows 双平台使用。 Studio Manager可以用连线或离线的方式操控所有的参数，透过图形化的介面，很容易就可将参数对照到混音座的各项功能上，还可用来管理混音资料。

O1V96体积小，价位合理，可以很轻易地置人小型录音室的空间内，却提供等同于大型混音座的音质与功能。

附录IV 故障排除

TROUBLE SHOOTING

理论上，在出租前仔细认真地检查与测试将在音乐盛会中担负重任的PA器材，可以让您高枕无忧地躺在混音机前看戏。但实际上，那些扩大机、效果器、混音机等电子机件，都得辛苦地随时侍候一旁嘘寒问暖，整个工作下来，常常是如履薄冰般地冒了一身冷汗。翻开现代成音史，我们发觉如今的音响设备比起以前的那些古董是要坚固耐用多了；但是在这行干久了，总会有机会碰到机件故障的状况，大难临头之际，是否能逢凶化吉，这就要看造化了。

造化其实就是你面临问题的反应力，以及解决问题的速度。身为系统工程师，此时你的能力就要受到重大的考验了。如果有那位聪明的仁兄，开发了一套方法或理论，能够在众目睽睽，身系演唱会成败的压力下，快速而有效地将故障排除，那我想他早该写一本书，然后退休在家赚取版权费发财了。经验是无法用其他东西取代的，惟有充分的了解、熟悉所有设备的构造及操作特性，才能有效地瞄准故障的关键，立即做出“从哪儿下手”的正确选择。

对讯号路径及系统输出、人接线的全盘掌握，是排除故障的基本修养。最为工程师们所津津乐道

的，竟然是器材故障的话题，我好几次跟其他同业聊起了与这些故障机器抗争的“战史”，他们甚至还互相比较，看谁出事的状况最为惨烈，有趣吧！

在此，我想撇开一些成功的案例不谈，仅就有关大家遭遇的一些器材故障挫折经验，提出来供各位做为参考。另外，亦要推销一种“积极性排除故障”的观念，就是试着期待发生故障，并模拟如何解决它，事后再加上分析，甚至相信自己根本就是一个排除万难的马盖先。其实上，不论是机器或是操作人员本身，事先的测试准备和周密的彩排是很重要的，而且永远不嫌多。这是个简单的道理，似乎每个人都承认有其必要性，但就是没有人愿意认真确实执行，怪哉？

经常在一些专业杂志中读到有关现场节目电力系统的问题，原因很简单：电力是一切工作之母，没有正常的供电，一切免谈！好些年前，在NORFOLK的一场演唱会里，工程师遇到了毕生来最大的灾难。提供音响的工程公司使用了一组三相、两百安培电流量的配电系统，该系统接在舞台后厅的电源上，但中性线始终没有接牢；节目进行到一半，悲剧发生了！中性线松脱，所有的音响系统宣告停摆，工作人员花了15分钟才找到问题的症结，观众已非常不耐烦，频频骚动，场面颇为紧张。这些混乱的状况其实只要事前仔细地检查是可以避免的，聪明的人可以从别人的错误中学到教训，所以负责电源供应的人员，一定要将交流电电源线接头处打个结，以妨它不意松脱。

现在的工程师对于交流电压的测试显得很马虎，要知道，在排除故障的程序中，牵涉到对所有影响你机件正常运作之变数的掌握，所以尽可能地熟悉各种演唱场地(体育场馆、大会堂、俱乐部……) 交流电系统之详细资料及特性。工作之前，请用电压计测量所有电源插座的正、负极电压，确定器材接地良好及电源接线的相位一致。除非完成上述测试，否则不轻易将电源接通。我就看过好几次这样的意外事件，使我更加相信养成事前检查习惯的必要性。曾经有一趟旅行演出，掌管配电系统的工作人员，每天都很仔细地检查每一线路及装置；不过后来制作单位因为预算的关系，交给另一家音响工程公司，让他们继续完成最后一周的演出；后来我才知道，制作单位付出了很大的代价，才学到了检查电路的重要。那天，工作人员不留意将中性线(NEUTRAL)接在电源的火线(HOT)端，接电后机器马上烧坏。虽说“时间就是金钱”，但事先检查花的时间，与烧坏机器的代价比起来，那可是要便宜太多了！电源接地不良，反相位的错误常会产生莫明的干扰或哼声杂讯，导致音响品质的恶化，特别是使用于数字介面器材的导线。有一次在美国路易斯安那的音乐节里，一台YAMAHA CP- 80电钢琴产生很糟糕的杂讯，好几个乐团使用过，情形一直很糟。工作人员一发现这状况，就开始检查交流电源，音响组的人员说他们的电源接地绝对没有问题，其实也的确是，然而，就是没有人想到要去检查那一条供电给电钢琴的电源延长线，当工作人员把那条地线已经断了的延长线换过之后，所有的杂讯立即消失了，其实这倒没啥神奇之处，只是花了些时间，仔细地检查罢了。

我常随乐团应邀前往学校的室内体育馆内表演，因为学校用的系统很“迷你”，使用几个墙角20安培的电源插座就足够应付的了，有一次，其中有一组插座的火线与中性线接反，不知情的使用这插座供应舞台右侧之器材，然后开始纳闷，为何右侧的喇叭杂讯总是特别大，当然，接下来就是一阵花时间的摸索。

交流电有时还牵涉到发电机的问题。户外演唱没有足够的电力来支应所有的音响及灯光系统，有时候决定让音响吃建筑物本身的电，而灯光系统就用一台租来的发电机，停在舞台后面来供电。演唱进行的时候，灯光发生了奇异的状况，好像闹鬼，即使将灯光控制盘的推杆关掉，灯还是亮的，演出时间为了检查故障原因而延后，工作人员发现原来中性线上有25伏的电压。根据规定，中性线在拉到建筑物之前应先完成接地，使中性线与地线的电压差为零，我们发现发电机的中性线与车厢外缘结合，但却因四个橡胶轮胎彻底地将车厢与地面隔离，使其无法完成真正的接地；这时候，发电机的技术人员一定不在，为了让节目能准时开始，建议将发电机供输来的中性线，想办法接线到浴室里的水管，让深入地下的水管有如地棒般达到接地的目的。这件事让我们学到的教训是：使用发电机之前，要确定是否已完成良好接地，并且要在发电机技术人员离开前就该做好。

一套双声道的PA系统，似乎是标准配备，我想这是为顾及声音投射涵盖面及声道平衡的考量；但是，大多数人都没有设想到主要系统可能需要“保护装置”，比如当限制器、图形等化器、分音器……万一阵前倒戈时，你该怎么办？在底特律一场演唱会中，使用一套双声道三音路的系统，节目进行到一半，分音器突然故障，所有的中、高音全没有了，只剩下低音部份，PA工程师惊惶得脸色苍白如纸，竟然一句话也不说的就“跷头”了，留下了孤单的老板和一堆故障机器，这时候，几乎所有的观众都回过头来，用奇怪的眼光看着老板，在毫无支援的情形下，老板决定发挥马盖先的精神，徒手与噩运搏斗。老板先将一条原本由分音器送往低音扩大机的讯号线，转接到混音机的左声道输出，这样可使声音讯号避开分音器，直接送低音喇叭做全音域的播出，并且迅速地利用EQ将歌者的声音调至可听到的程度。至于中、高音路方面，则由一个平衡式Y型讯号接头将送往中、高音喇叭的讯号线连结后，经由等化器接在混音机右声道输出，同时，我用等化器将低频部份衰减，并强调800Hz以上之部份，将合并后的中、高音路利用PANPOT来调整左、右声道的平衡；当下唯有一直祷告，希望已拿掉足够的低频，以免将号角给炸掉，结果……帅啊！演唱会有惊无险地圆满结束。现在想起来觉得好笑，可是当时可真不是闹着玩的，在那家伙“跷头”的情形下，老板一心只想把演唱会保住；后来，主办单位和乐团对老板真是感谢再三。当然，那位搞了大飞机的主控工程师后来再也没有听说在这行露过脸了。话说在美国中部一家很大的PA公司AERIAL其克服分音器故障的成功案例中，多次得感谢双声道系统的大力帮助，AERIAL公司主系统的扩大机组，是双声道配备，如果要应付一个单声道的节目，那只要利用混音机中的讯号合并成MONO 输出，并使用一半的扩大机组。无论如何，一定将图形等化器、限幅器、分音器等左右声道之控钮部份都调成一致，不论使用任一声道工作，万一发生什么差错，另一备用声道即可马上接替工作。

举个例子，现场使用一套双声道系统的左声道部份来做单声道的成音工作，正当开演前调音测试进行到一半的时候，分音器的左声道出了问题，立刻当机立断将扩大机组上三部份机组的左声道接线全拔出，插到右声道去，以便使用分音器正常的右声道部份继续工作，而全部恢复过程也不过只花了15秒钟。这次事件让公司决定重新买了一台新的分音器，并且维持了原来双声道系统的安排。

喇叭及驱动器的故障排除最好是在出租前就把它给解决掉。记不得有多少次在现场，待PA工程师万事俱备，坐上控制台准备“秀”一下的时候，却发觉喇叭连屁也不放一个，甚至从两边音箱出来的声音严重地不一样，这时候做什么补救都太迟了！爵士音乐会里，每逢贝士手弹奏某个音符时，演奏厅右侧的低音喇叭就会发出极大嗡声。另外，在一场灵魂蓝调音乐会上使用一组全新折叠式号角的超低音喇叭，在演出中，发现两边的喇叭在低频部份有些微的差异；当天是单声道系统，照理说两边的喇叭不应有这样的现象，所以决定待器材回到公司后，给予它彻底的诊断。

测试圆椎式喇叭，较常用的方法，是输入喇叭适量的10Hz讯号来观察它的反应，因为10Hz已超出任何喇叭平常工作能量的极限，你将可以藉此听出音箱本身任何不正常的状况，例如音圈震动时的摩擦声，圆椎纸盆及其周边的怪异声响，防尘盖网的松脱等。通常在如此严格的测试下，八个喇叭中有六个会是不及格的，也不知道这些喇叭在这种状况下还被使用了多久？也许，别的操作者已注意到这现象，只是没有仔细地把病因给查出来；像这种超低音喇叭，除了那些非常有经验的操作者，它所能承受的工作频率有时低到让人无法用听觉去判断音响的品质。如果所有外租回来的喇叭都能作这样的测试，相信你下回与它“共事”的时候，就不必再提心吊胆，担心它是否会出状况了！

另外，建议音箱各部份，每年都要做一次频率扫描测试，用频谱中各频率给予轮番测试各组件部份，如此可概略地了解因圆椎纸盒的疲乏，或松动的喇叭单体框架及音箱其他问题所引起喇叭的共振失真，可别小看这些小麻烦，它往往会彻底破坏你扬声系统的完美表现。还有，喇叭及驱动器每年最好做一次相位的检查。

现在的扩大机都备有随机的冷却风扇来达到机体散热的效果；大部份的风扇都有防尘网，必须时常去清理这些滤网；否则防尘网过脏堵塞，使得散热不良将导致扩大机烧坏。

另一个使扩大机停摆的原因就是电路的负载过荷，摇滚乐团抱怨他们在一间PUB里表演的可怕经验，他们说“交流电压不正常”，我们演奏时电压大约只有105伏特，通常每晚至少跳电一次以上，我们的成音设备真的太逊了，结果发现他们将两台CROWN DC-300A及两台CROWN PSA-2扩大机同时接在一组仅20安培的电源回路上，怪不得产生压降，现在这种高功率的扩大机是需要一个既稳定又足够的电压才能正常工作的。不过，幸好他们用的是CROWN DC-300A，这台元老级的扩大机，曾几何时，是PA系统中的标准配备，现在虽被新一代的机种所取代，但它在105伏的电压下，仍可以将声音推动得结实、清晰，实属难能可贵的了！

新一代的扩大机可不能这么将就了！你要它跑多快，就得给它吃多少草！否则它马上罢工抗议。像CREST800这种扩大机，单用一组20安培电容量的电源也不够它消耗；

如果在现场电压不稳的情形下，那只有尽量找出所有电源插座，分散电源供应，并留心每个回路的负载切勿超过饱和，唯有如此，才能确保扩大机输出保持最小的失真。

大家公认最可怕的梦魇莫过于在节目进行中混音机故障了，通常附近是不可能摆着一台40轨混音机备用，这时唯有尽快换一个备用电源供应器，试试看能不能起死回生？如果无效，那就自己看着办吧！其实事情倒也不致悲观到这地步；主控工程师STEVE FISHER，有一个救命绝招；他曾在加州负责一场 AL JARREAU 演唱会的监听混音工程师，演唱会中途主系统的混音机突然故障，电源供应器换了也没有用，主控工程师 LARS BROGGARD 马上利用INTER-COM 告诉 FISHER，当时FISHER正在进行监听混音，他当机立断迅速拉了一条MULTICABLE将他监听混音机的输出讯号送往BROGGARD 处，并进入后级放大，会场的成音又瞬间复活起来，他们就用这种克难方式撑完后半场的演出。也许这并不是什么高深技巧，但却是一个在紧迫压力下迅速思考，解决困境的成功典范。检查系统所用之线材是另一件在器材出租前就该做好的事，因为每一根线材均有其使用年限，老旧的接线很容易出问题，所以出租前不仔细检查，无异是自找麻烦。现在有很多公司聘请专门检查线材的人，这是一项很正确的投资。线材中尤以麦克风讯号线需特别检查，一条外层隔离线断掉的讯号线仍然可给动圈式麦克风使用，但如果接上电容式麦克风或是那些需要PHANTOM POWER 的数字介面时就不灵光了，所以，检查麦克风讯号线是否正常时，最好是用电容式麦克风，这样就万无一失了！

你可曾看过哪家公司时常检查麦克风的讯号线？一场持续数天的音乐节里，每天第一个节目开演前的试音阶段都有人不厌其烦地检查麦克风讯号线。如果一天内有不止一场的节目演出，这事先的检查是较聪明的。当使用数字介面的乐器有杂讯时，可能问题不在交流电，也许是讯号线里的隔离线断了，请注意当你测试时，应将所有和主控混音机连接的其他讯号线一并检查，这可以让您线材故障的机率减到最低。相信在工作时，掌握自己不偏差的态度与掌握机器的正常运作是一样地重要；自我中心、专断独行的个性，常常会与工作伙伴及表演者之间产生沟通上的鸿沟，使不谅解的事频频发生，原本是短短数小时的一场节目，不愉快的气氛却让大家觉得度日如年。我的看法是，不论你在专业素养及工作能力上有多大的表现，没有人会接受你恶劣傲慢的态度；灵活的交际手腕及自重、自爱才是我们工作人员应有的修养。

我很幸运能够和很多成音出租公司一起共事，大家都相处得很愉快，而且都以专业水准完成交付的任务，成功的部份原因是事先计划，确实执行，每一位工作人员都有特定分派的任务；例如一人专责舞台麦克风及 SNAKE 的接线，一人负责监听系统，另一人就负责主系统部份。每天工作开始之前，工作人员会聚在一起讨论工作的优先顺序，虽然只是一个普通的舞台，但周密与慎重的态度，就好像是为了一个超级乐团的演出需求所准备的。当然，不论是何种规模的乐团，都可以适用于一般的装台设计，因为在混音机上，鼓的声道始终不变，而歌者麦克风的声道永远是按照舞台上由左至右固定排列着。另外，要指定一个人负责和乐团协调并取得有关资料，包括乐器摆设位置，监听喇叭分送的数量、位置及用途，还有就是得概略地了解表演内容、程序，以适当完成监听混音及声轨安排；尽量尊重并配合表演者惯用的器材所必需做的弹性。当然，有时也应让表演者能认同专业上的建议。总之，取得相互间的信任、协调一致是最终的目的。我向来很坚持在表演前，彻底地进行接线的测试、检查。亚特兰大的美国民主党慈善祈福演唱会，在当晚的压轴节目之前，数个团体轮番上阵表演，包括歌手AL GREEN在内，竟然没有一人事先做试音，现场的成音效果真是糟得一塌糊涂；轮到AL GREEN表演时，他的歌声几乎听不见，他的主控工程师一脸沮丧地在混音机上瞎摸，怎么也找不到AL GREEN的麦克风是哪一支，当时至少有十个以上的音轨给搞混了；AL GREEN表演结束后，主办单位就要求把节目给暂停下来，赶紧将所有的接线重新整理过，结果当晚的压轴节目上场表演时，不论歌声、乐声都能清晰地呈现出来，并可良好定位、混音后送出去。所以，别偷懒，确实做好线路的检查，免得临场出大糗。

现在大家普遍利用监听系统来作为主控台与舞台的对讲工具，INTERCOM 本来是挺好的，可是常常因为舞台上的工作人员过于忙碌而忽略了主控的呼叫，我们通常在听混音机上分配一轨专门给主控台做为对讲之用，而这轨永远是“ON”，由主控工程师自行负责对讲麦克风的开关。通常，当第一个乐团表演完后，舞台上立即进行换场的工作，歌者的麦克风是最先被重新设定好的，这可让监听工程师有机会迅速从事下一步的调校工作；至于主控工程师则可利用耳机经由麦克风听到舞台上的动静，再利用对讲方式与舞台上的人员沟通；这样，整个换场及重新安排混音的工作就可以在很短的时间内完成。当然，以上的动作都是在主控混音机的副组群（SUB-GROUPS）关闭的情形下进行着，观众只听到中场音乐的播放而已。

还记得先前提到的分音器故障经验吗?其所以能如此迅速地掌握状况是因为在工程人员的脑海中始终储存着一些如何应变的画面，遇到不同的状况知道该用什么样的接线，接什么地方。不但要求接线的精准，甚至还尽可能要求线路的整齐，一目了然。如果没有这样的危机意识及准备工作，到头来就得让所有的人陪你坐在混音机前沙盘推演“如果X或Y线坏了，那该怎么办?”哦……天呀!

我曾观察一位工程人员随时都背着一个背包，里面有工具、耳机、电压计、各式各样的特殊接头等，他说身为现场成音工程人员永远都不知道，在演唱会最后一分钟又会发生什么状况，这是他的工作哲学，我很赞同。

附录V
麦克风：物理与情感之间
The Microphone : Between Physics and Emotion

The Microphone：Between Physics and Emotion

麦克风：物理与情感之间

作者： Jörg Wuttke, Schoeps GmbH, Karlsruhe

翻译 陈荣贵

使用麦克风需要了解一些物理知识，然而音乐牵涉到感觉、情感，录音牵涉到高深的技术，录音工程师一定要能巧妙地将它们结合在一起，任何工程师以技术为基础做出不合理的决定，很容易就是自己信仰的受害者。

麦克风及感觉

麦克风技术在录音工业界数十年以来，在基本设计方面来说并没有重大的改变，某些旧式麦克风现今尚在使用，并且还有很高的口碑。

相反地，录音机、LP唱盘及其他类似器材的设计却日新月异，产品淘汰率很快，我们可以了解为什么旧麦克风会带来那么强的怀旧情节，“姜是老的辣”是最常见的标语，但它们可能会被这种感觉导人迷途。

事实上，并不是每一个旧式的真空管麦克风都是好麦克风（新设计的也未必都好），录音工程师有责任将物理和音乐感情连接起来，这很不简单，因为在某方面物理学和音乐本身是互相矛盾的，物理学要求的是不夸张的、真实的，然而没有情感的音乐是没有想像空间的，其结果是：没有足够的基础得以利用纯物理来评断声音录音结果的好坏。

录音工程师可以被新科技或喜爱音乐的动机吸引，这些动机都有个人主观的因素，充分了解物理与音乐两个领域可以被结合是很重要的，换句话说，我们如果不假思考就将主观意识结合，很可能会误人歧途。

感觉的迷失

我们最熟悉的混合科技与情感的例子，就是把爱高传真音响视为宗教崇拜的发烧友，他们会为自己的音响添加各种盲目崇拜的周边产品，任何真实的工程知识只会令他们生气，虽然那些才是真正该探讨的方向，小心盘算的音响升级计划抵不过他们崇尚时髦趋势的采购欲望。

盲从及迷信取代了知识与理性，某些音响杂志的偏颇文章更应该对直接鼓励这些音响迷的态度而负责。几年前一家知名的德国HIFI音响杂志发表了一篇有关使用发烧交流电源排插座产品的报告，产品外型是圆的，多个插座被安排成一个圆圈，测试者得到惊人的效果，他指出使用这种电源排插座供应电源的音响系统，其声音会变得更“圆”满！当然，这么神奇效果的电源排插座，就不会在乎奇贵无比的价格了，我建议买这种产品的音响迷也应该买一本书，书名叫“国王的新衣”。

很多有名的音响评论专家常经过一番大费周章，仔细的聆听并分辨一些无法听到的音响（虽然并未真正听得到）。我们不需要读高等心理学就可以理解这些事情的发展，试想如果某专家并未感觉出测试报告中所说的差异（姑且不论此差异是否存在）在众人面前或其他测试者之前有多么困窘！而且，那些花了一大笔钱的发烧友，在某方面来说，可能不是那么容易可以处理好事实真相。

寻找真相很难，凭着简单的聆听想要分辨出微细的音响品质更难，聆听不是最好的方法，但是它是唯一可以确认出A或B音响差异的较好方式。我曾经也是主观意识的受害者，有一次为一群音响迷介绍一个最新改进版本的前级扩大机，大家听了赞不绝口，都被新的声音感动得振奋不已，但是等到散场之后所有人离开时，我才恐怖地发现，刚才展示全程所用的电路都是BYPASS旁通的，没有人真的听到什么新线路的差异，喇叭发出来的美妙声音，A/B测试根本没有区别，为什么有这种结果？那是因为大家心理期待以及自以为听到电路差别，如果真有差异也仅仅是几条短的讯号线，它们的材质甚至还不是无氧化铜的！只有少数人才能完全地注意到自己的偏见及固执，没有人可以知道如果没有偏见与期待会有什么不同的结果，因此专家也不会比平常人高明到哪里去！专家对他们自己的期待与态度也没有免疫能力，例如：即使是某些音响专家也会认为真空管扩大机就保证比晶体扩大机更具有温暖的音色，当然这句话并没有任何明确的条件基础，骤然下此结论并不合乎逻辑，好像认定电子学历史里，没有做出音响很烂的真空管扩大机似的，但是我们曾经听过某位专家说：真空管扩大机音色温暖的程度还和真空管扩大机本身工作温度有关！这是一个将感觉与科技随便结合最让人迷失的例子。

我们建议从事音响及录音工作有关的人，在处理技术性问题时，必须将感觉与物理各自独立，才不致贻笑大方。

客观与主观

科技是客观的，在牛顿物理学的领域，事物可以真，也可以假，科学的发展已经学会轻松地处理某些问题，我们现在得到前所未有的科技进步，主要原因应该是我们工作的方法合理（不像中古世纪的炼金术）。

我们的通路也容许大家从先知建立的知识库里，再延伸更广，否则，将永远要从零开始，就不可能有进展，社会进步和科学发展有密切关系，我们甚至可以问如果没有科学发展，社会进步可能吗？今日医学伟大的进步和早期医药落后之比照，即可得到答案。

换句话说，当主观意识比较强的事物，合理是没什么用的，例如艺术，要评价所谓“美丽”或“好”是依个人喜好而不同，幸运的是，世界上已经存在某些被普遍接受的价值观念，允许我们可以了解哪一种状况是可被大多数人接受的，例如我们不喜欢听没有高频的音乐，或者谐波失真对音色的影响是好是坏，这个简单的问题尚存在很多不同意见，如果武断地评论就显得太鲁莽。

但是我们可以确定第二，甚至第三度谐波是好听悦耳的，另一个以主观方式判断的特别优点是，我们的头脑可以用很快的速度计算出大量的资料，比如：人和人初次见面就可以马上感觉是否喜欢对方，这种好恶的立即主观判断是我们无法用数据测量的。

什么是真理?

问题出现了：我们如何公正得到最确定的声音品质？前人想将客观资料转变为主观数据条件已有很多的尝试，其结果似乎是一个不可能任务，但是听众如果想要知道“比较好”的结果，倒是有其他的方法可以采用。

I、科学调查

测量永远是工程师寻求真理最安全的方法，技术资料是客观的，可以允许做实际的比较，以科学的方法评价测量资料，使复杂的环境条件简化，就可以得到处理结果，结论可能留下很多让习惯实际经验的读者不满意，某些例子展示的实际状况也会和某些期待相矛盾，很多情况显示理论的改进，可以在实际实验中得到验证。

II、听力试验

永远有必要知道自己的判断是真实正确，如之前所言，真理必须做直接比对，差异很小时，特别需要下这个功夫。

1、专业音响的科学思维。

A、麦克风线：

所有麦克风都需要麦克风线，我们必须简短讨论这个热门主题，详细的说明可能说来话长，导体工业技术已经是发展成熟的科技，发烧麦克风线专家应该是一位好的数学家，因为他们为了商业的理由而忽视物理，让客户错误使用那些定义清楚的传输线及阻抗特性，众口铄金的这种例子到处都是。

所有麦克风线的电路，来源及负载阻抗和麦克风线本身的材质参数一样重要，所以任何一种特别的优点并不能令我们认为他就是好线的保证。

麦克风线的各种参数，均匀电容distributed capacitance的要求占很重要的地位，它的影响力和麦克风输出阻抗值成正比，但是输出阻抗200Ω的麦克风，并不会产生任何严重的降低讯号品质（长100或200公尺以内），如果麦克风阻抗更低的话，还可以安排更长的麦克风线。

然而，电容式麦克风而言，不正确的幻象电源产生的问题比麦克风线还多，即使昂贵的专业器材对麦克风电源的控制也常掉以轻心，例如：供应电流可能不足，或供应电流可能错误，这些都会产生明显的失真，并减低了它的最大 SPL 音压。

B、“小型A/B”立体录音

使用一组立体麦克风，以尝试错误的方法寻求最佳的录音位置仍是目前最普遍的方法，麦克风组合和交响乐团的距离直接音和间接音的比例，两支麦克风之间的距离由经验和品味来决定，但是总有人想要找到两支麦克风之间的最佳距离，一直在试了又试，其实是不必要的，到底两支麦克风的距离要多大？才能在放音中使立体音像饱满，而不致产生一种“中空”的效果？如果有这种学问，就有理由得到录音技术进步的希望，这种完美追求的复杂性太难，并不是我们只用实验就可以解决。

立体音响定位的方法有两个：

音乐的音量可以在某一声道比另一声道大声，或者它可以较快地到达距离音乐较近的麦克风，任何一种差别够强的话就可以明显地得到立体音像。

立体音像的极端位置是极左或极右，在这种位置我们要放的演唱会舞台上极左或极右的音源（音像地位超出喇叭的范围可以利用讯号反相来达成，但是这样会严重地打扰正常的音像，因此这种反相的手法只用来使某些电视或手提收音机立体音像更宽广）。

假设两支麦克风是同一形式，可能是全指向或其他指向性，当两支麦克风的相对距离很小的时候（小于1公尺），空间麦克风录音讲究的是音源到达的时间差，因为大多数的音源都会以大约相同的电平同时到达两支麦克风，简单地说这种录音方法最重要的特性是（在欧洲以“SMALL A/B”著称）。

（a）如果一个讯号被两个声道以相同的音量拾取，经由喇叭播放，从极左或极右的喇叭听到的声音一定会有至少1.0~1.6毫秒的到达时间差。这个标准依著名的空间麦克风录音定位理论来说，很不幸地，并不很精确，我们将会用1.2毫秒的时间差做参考来继续讨论。

因为音速每1.2毫秒移动大约40公分，让喇叭圆满地再生交响乐立体音像，40公分大概是交响乐极左或极右音源距离两支麦克风的最小数据，较小的到达时间差可以使音源座落在立体音像之内，然而，两支麦克风如果只距离40公分就得摆置在极左或极右音源的连线上（和第一排音乐家同高同齐，如【图1】），如果麦克风距离交响乐团远一点，两支麦克风的距离必须增大，才能使极左或极右的音源到达时间维持最小必要差距。

【图1】交响乐

小型A/B立体录音在不同距离录交响乐

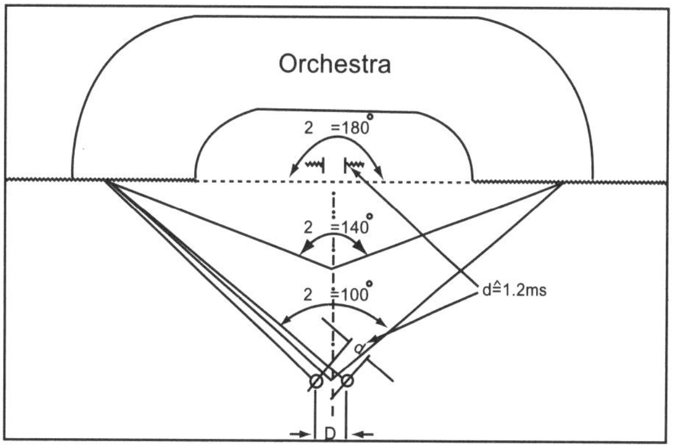

【表1】两支麦克风相距D、会有不同的角度

2	60°	80°	100°	120°	140°	160°	180°
D:	81.1cm	64cm	53.3cm	46.9cm	42.7cm	41.1cm	40cm

如【表1】。

（b）声音到达的时间取决于声音传送的长度，对某些频率来说，两支麦克风的间距相当于波长的一半，这些频率使两支麦克风会产生相反相位的讯号，一半波长奇数倍的频率和两支麦克风的间距相同的话也有同样情形，如果相位相反就无法产生立体音像（如果一

支喇叭的接线相反），只听到一种奇怪空间的感觉。幸运的是，波长一半的偶数倍频率是相同的，就可以产生某种程度的定位，但是相反的元素却明显的和同相位元素一样大，这样就产生了一种人工的（假的）空间感。在纯粹的空间麦克风录音技术里，交替声道的相位在全频谱里一直会以正相及反相交替改变，如果某一支喇叭是反相，立体音像会变，但相反的，在重和立体录音却无法仅利用聆听来判定哪一个反相是正确的，在这个例子里，“SMALL A/B”录音方法的证明比尝试错误的方法有显著的优点。

C、选择麦克风

对建筑声学的基本了解，有助于使用空间麦克风立体录音技术，对于麦克风的基本了解，则有助于如何选择正确的麦克风，例如：低频率收音最好的麦克风是电容式压力型麦克风，或特殊环境中使用压力梯度式麦克风配合近接效应也可以成功运用。

麦克风有很多种，但是不能应付每一种特别需求，相反的，愈好的麦克风愈像其他好麦克风的音色，麦克风的多款型式是为了解决各种不同的用途，例如电容式麦克风中的压力型麦克风是全指向性的，是很多录音场合的理想工具，如果你不能和音源靠得很近，或回授问题很严重的话，就无法使用，这时候就得用全指向性麦克风。

如果使用立体录音就需要指向性麦克风，(M/S立体录音在“M”声道可以使用全指向性）麦克风位置的摆设，一定要找到所谓的“SWEET SPOT”甜点，天籁之孔。了解麦克风原理的人更有能力处理复杂的录音工作，以食谱的概念教人使用麦克风，可以让学习者简单地学会麦克风技术，但是在录音现场面对一直在变的实况，却没什么帮助，录音工作很困难，做为一个录音工程师，确实需要专业的修养。

D、麦克风的球形罩

接下来的例子阐述利用科学分析与预测，麦克风球形罩保护震膜的效能，当然我们无法提出一个以偏概全的说明，指出他们使用的方法比较好，有一个标题“工程师将附属配件转换为艺术”，讲到艺术，则事关个人品味。

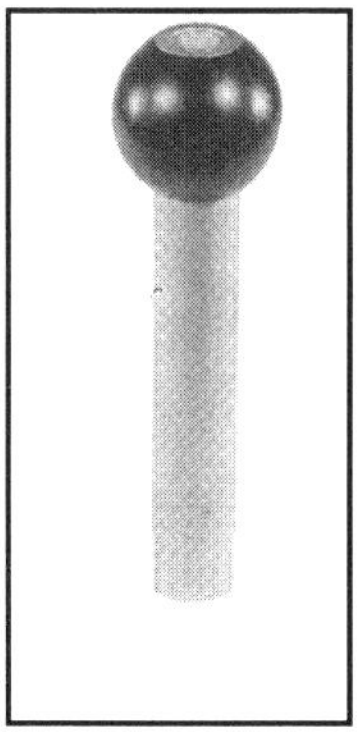

【图2】
小震膜全指向性麦克风
加球形罩

从技术立场来说，长久以来大家都知道球型体可以在音场内表现良好，而且1951年NEUMANN M50麦克风已成功的利用这个优点。

【图3】
Neumann M50麦克风外壳拆下后的造型

一般物理分析会将球形与圆柱体直径视为相等，要将一个球形体放在圆柱形麦克风上，显然球形的直径要大一点，因此可以在【图4b】中看到一个50mm球形体在直径20mm的圆柱形麦克风之上，它的测试结果可以和【图4a】的麦克风测试结果比较。

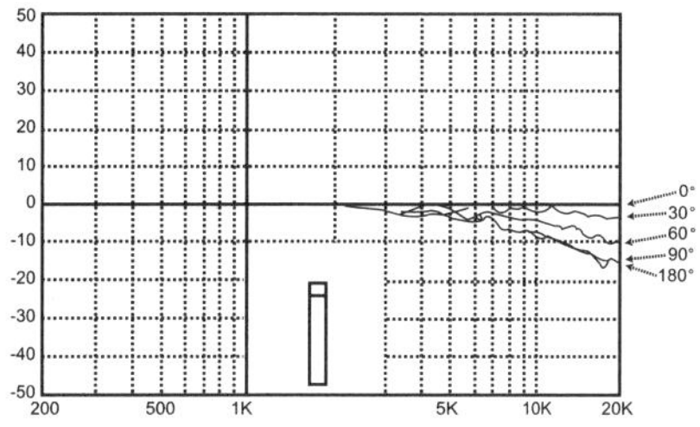

图4a 频率 Hz

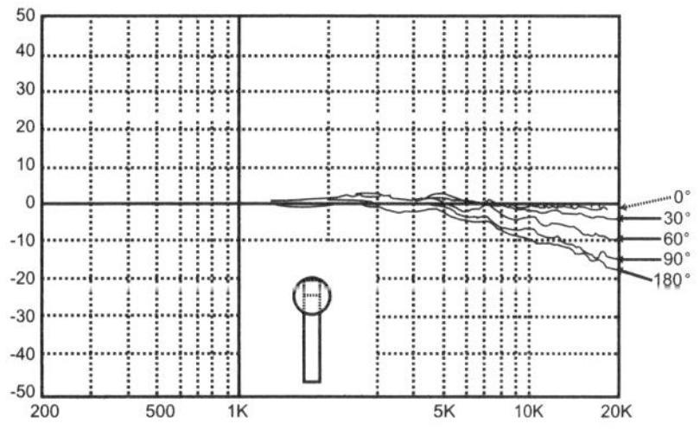

图4b 频率 Hz

我们惊奇地发现装了球形护罩之后，只对10KHz以上的频率有一点影响，这表示球形罩在建筑声学上的表现非常良好，依实验显示直径50mm球形护罩的表现和值20mm圆柱麦克风性能差不多，球形护罩在音响上的影响大多在2KHz及8KHz稍有增益，以技术来说，这是一个非常有趣的配备，但是麦克风是否因为使用球形护罩而性能更好呢？答案是：依情况而定，类似修改音色的方法也可以利用等化器来做，然而最重要的是等化器无法改变极座标响应，至于球形护罩对极座标响应的影响，也比我们要预期的小。

E、大震膜麦克风

很多工程师趋向使用大震膜麦克风的态度是另一种感觉与期待的话题，特别场合挑选大震膜麦克风的理由，大多只是想使用一个大的、映像强的麦克风而已，一般技术上大多数的争议是大震膜麦克风可以将低频率录得更好，如果使用电容式压力型麦克风，即使小麦克风也可以录得完美低频率响应的音色，但是一般可应用的大震膜麦克风都是压力梯度型，如果近接效应不能作用，它的低频响应会受到限制。

从物理的观点来看，大震膜麦克风有优点，也有一些不值得使用的缺点，最大的缺点就是比起小震膜麦克风，其极座标图(指向性)对于频率高低有显著的影响，这样会造成声音的染色，当然有些结果可能受到欢迎，低频无方向性地在极座标响应中拓宽，将产生一种声音“温暖”的印象。有很多把理论上的缺点转变为实际使用优点的例子，新型的麦克风将很快地可以利用这些参数故意地制造特殊用途。

F、“SHOTGUN”麦克风

干扰长管式麦克风笔直的外形，所激起我们的期待，可能在现实生活中不存在，因为没有一个麦克风可以只接收从中心轴传来的音源，麦克风的方向性是将其他方向(偏轴)音源压抑之后而得，在无响室里，远处的音源都可以被全指向性或指向性麦克风拾取，指向性麦克风存在的理由，是因为环境中的反射音从各种角度被分割成相同的分量出来，我们称为“扩散”声音能量；这种能量如果超过了直接音时，即使用最佳的指向性麦克风也不可能做到音源重现，因此音源距离增大，指向性麦克风的指向性就愈小，因为扩散声音的元素增加。

这种说法经常造成惊愕及不信任，但是别忘了我们是人，不是麦克风，我们有两支耳朵及一个头脑，即使在声音扩散很强的地方，我们也能分辨出立体音响的讯号，我们也可以找出声波发射的位置。

在此有另一个状况，需要利用比较测试来帮助我们将迷信转换为知识，【图5】显示将SHOTGUN和另一支8字型麦克风一起做M/S立体录音工作，如果采用超心形指向性麦克风，麦克风应朝前方，为了比较能够完全公正，我们允许将超心型指向性麦克风放在SHOTGUN麦克风之前，真这样摆的话，麦克风会干扰拍电影或录影的工作，但是即使如此优惠SHOTGUN，在距离音源2m以上，效率就大幅下降而不具任何意义。

为了测试指向性效应的实际差异，音源位置必须精准地座落在

【图5】

两支麦克风中心轴上，两支麦克风讯号电平一定要完全匹配，然后我们可以同时旋转两支麦克风，使得音源可从45°、90°或更大角度送过来，接着聆听两个讯号，他们压抑不想要的声音的能力高低就可以一清二楚，当人们利用这方法来比较 SHOTGUN和小型高品质超心形指向性麦克风，实际结果是很惊人的，因为长管干扰式麦克风的外形印象超出了实际的方向性特点。

事实上“SHOTGUN”麦克风只有在高频率约5KHz以上的指向性较超心形指向性麦克风为强。

【图6】显示SHOTGUN和迷你心形超指向性麦克风在灵敏度及频率响应方面的差异。

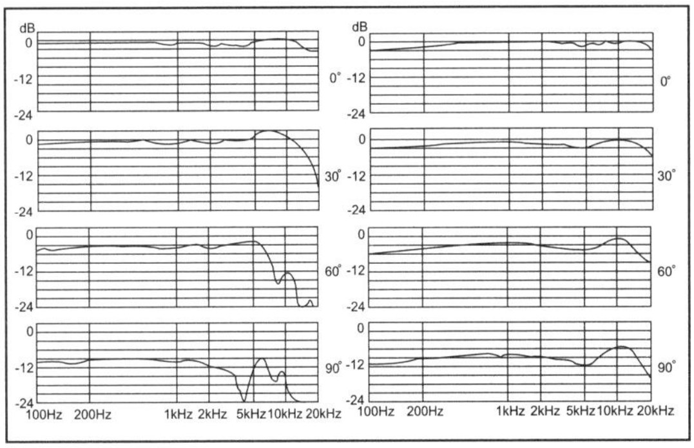

能回答第2个问题，我们的感觉是相对的，例如：一件物体的温度是冷是热，和我们环境的温度有关系，但是如果一定要说声音A比声音B好，没有其他的方法会比直接、立即的比较更能证明，然后我们才能了解差异是否存在，如果存在差异？差异多大？哪一种差异？测试过程中任何形式的打断，都可能会导致错误的判断。

A/B测试的形式最重要的是两个讯号电平都必须相同，0.5 dB的差异，依音量大小来说可能听不出来，最小也需要0.5~1.0dB才听得出来（某些作者认为至少2dB），但是我们换个角度来解释：通常音量比较高的讯号可能会被判定为音色较好，为了不失公允，以及减少错误的机率，A/B聆听测试的两个音量一定要完全相同。

让两个讯号电平调整一样最好的方法，就是在两者之间利用不同的电路去寻找他们的零点，这么做的先决条件是两个音源是绝对同相的讯号。

2、聆听测试

不论何时比较声音品质，聆听测试一定会有最后的结果，微小的差异是无法用任何方法去确认的，人类的感觉不是绝对的，如果任何人只听一种声音而不知道比较测试，那个人将会变成自己经验的受害者，最悲哀的是那些陷人这种陷阱的人几乎都不会清醒，他们的行为就建立在偏见的基础上。

但事实上，执行一个不正确的聆听测试很困难，能分辨以下两种要求是很有用的。

A.音色是否不同？如果不同，哪里不同？

B.哪一个声音比较好？（回答问题以前，需要很长的聆听过程）

能回答第1个问题的人，不见得

【图7】中的A表示真空管电容式麦克风的扩大器，B表示晶体电容式麦克风的扩大器，电压分配器之后的电容提供两支麦克风震膜完全相等的电容量，任何音乐讯号都可经过他们来传送，因此麦克风扩大器就会像实际录音一样的工作，除了所有的麦克风摆设的不确定因素都已排除，及不同麦克风震膜的影响也就不会存在，使得测试变成了单纯比较麦克风扩大器，经过数次测试实验，发现只有在高音量时，真空管扩大器反而因为它的噪音较大而马上被听出来，但是在普通音量时，非常惊讶地发现，非常困难听得出有什么不同！如果我们听比较复杂的音乐内容，就变得不可能知道是否使用真空管扩大机了！

【图8】

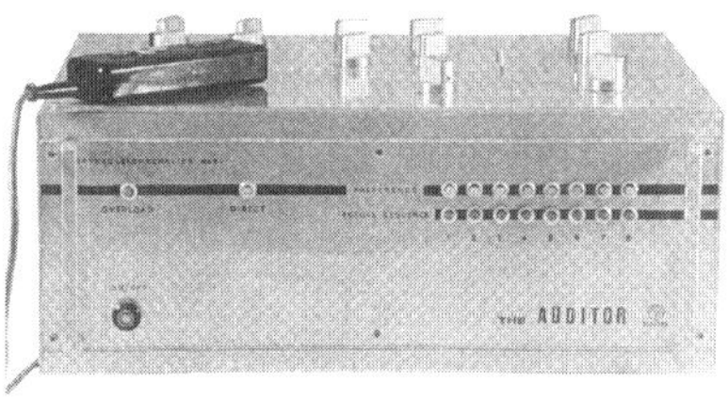

【图7】

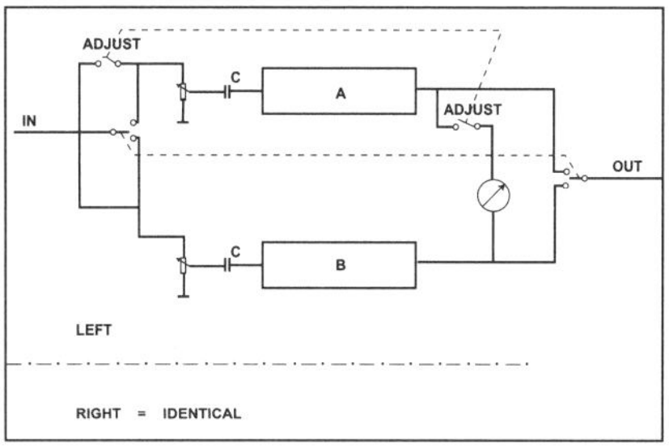

结论

录音是一种艺术，显然的我们喜欢表现个人特点，也许别人以为那只是工程师的一个工作而已，但是没有纪律就不会有艺术，艺术家知道自己作品及技巧的极限，了解自己有创作艺术与生俱来优美的天赋，因此，我们身为录音工程师一定要小心处理这些事物，他们包括艺术的设计、执行及最后艺术的用途。

不管我们的幻想空间如何不受限制，为了追求我们的目的，而去炫耀电子建筑声学的基本定律会显得太鲁莽。否则选择忽视这些原则的人，他们将贡献出混乱，只会领导我们走入歧途，而忘了我们的目标：保存精致、不易懂的声音，带给我们乐于存在的意义。

Professional Audio Essentials

附录Ⅵ 恒压式喇叭系统简介

恒压式喇叭系统的定理

使用一台扩大机同时驱动很多低功率喇叭的最好办法就是恒压式喇叭系统，本系统施工容易，只要利用两条线将各喇叭并联即可。

恒压式喇叭系统依其最大RMS电压25，70，100，140，200伏特而分类，“恒压”可能引起误解，因为喇叭线上的电压和音响讯号电平并无关系，事实上，在恒压式喇叭系统中，没有随时保持常数不变的东西，恒压式喇叭系统喇叭线上的电压确实也是音响讯号，也会随着音响本身调节。如果我们用电表去量恒压式喇叭系统，将不太可能实际量到70伏特（除非音响达到峰值），如果音响静音，就只量到0伏特。

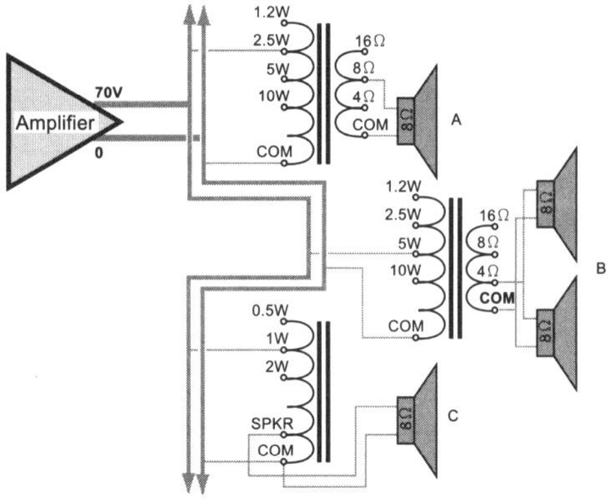

70伏特恒压喇叭系统

恒压式喇叭系统扩大机可以在该系统电压输出最大功率，例如，70伏特扩大机可以在70伏特产生最大功率，不管扩大机最大功率是50瓦，150瓦还是700瓦，各该扩大机额定功率的多寡，在于扩大机可以输出的电流有多大，依欧姆定律E（电压）=I（电流）×R（电阻），如果额定功率70瓦的扩大机设计在70伏特输出1安培电流的话，那么350瓦的扩大机将会在70伏特输出5安培，我们拿它和一般低阻抗扩大机比较，低阻抗扩大机的额定功率是直接和扩大机供应8Ω，4Ω或2Ω喇叭的最大电压有关系，因此负载相同时，高功率扩大机输出的电压当然比低功率扩大机输出的电压高，例如扩大机额定功率100W / 8Ω可以输出28.3伏特，因为

E（电压）=I（电流）×R（电阻）

P（功率）=I（电流）×E（电压）

I（电流）=P（功率）/ E（电压）

R（电阻）=E（电压）/ I（电流）

=E（电压）/ P（功率）/ E（电压）

=E2 / P（功率）

E2=R（电阻）×P（功率）

E（电压）=$\sqrt{R（电阻）\times P（功率）}$

=$\sqrt{8\times100}$=28.3伏特

扩大机额定功率200W/8Ω，可以输出40伏特。

E（电压）=$\sqrt{8}$×200=$\sqrt{1600}$=40伏特

这就是恒压式观念产生的契机，它可以将系统简化，并将各该组成分子的某一变数变成常数，但是我们不能将一般的8Ω喇叭直接接上70伏特恒压扩大机上，因为依上列公式：

70=$\sqrt{8\times P（功率）}$ P（功率）=（70×70）/ 8=4900 / 8=612W

每支喇叭将消耗612W，如果接20支，就需要12,240W，可能吗？那么我们要如何设计以及控制恒压式喇叭系统中每支喇叭所需功率呢？

答案是：利用变压器，每一个喇叭都得装上变压器，变压器将恒压输出喇叭线上的电压转换成较低值去实际驱动喇叭，变压器上的标签可以让我们选择当恒压达到最大值70伏特时，喇叭将收到的功率电平。

一般低阻抗扩大机每声道驱动1支或并联2支，3支喇叭都可行，而且每一支喇叭都得到相同的功率，如果想接更多的喇叭或为某些喇叭提供不同的功率时，就得利用并联串联的喇叭接法，还要演算一大堆复杂的数学算式，更糟的是，只要一支喇叭故障、移除或增加，就会改变其他喇叭功率分配的状态，恒压

式喇叭系统可以免除这些计算及考量的烦恼，它会要我们忘记什么阻抗，即使扩大机升级时，也不必要重新计算喇叭功率的分配。

为什么是70伏特?

为什么是70伏特，如果你不喜欢，70.7伏特可以吗? 其实70.7伏特才是恒压式喇叭系统实际的数据，出现70.7有两个理由，第一、从以上算式可以发现我们常常使用平方的算式，70.7的平方就是5000，比较容易记（请注意，当时可没有计算机这玩意儿）；第二、依美国国家电子法（NEC）规定，100伏特讯号电路被规划为第一类，必须有更高规格的接线要求，将电压设在70.7伏特，可以用第二类规定，而且又可享3dB的安全空间，来处理负载变化及音响峰值等不定因素。

异于70伏特的恒压系统在其他国家也很普遍，欧洲都是用100伏特（不用70伏特），美国也使用25伏特在一般公立学校做公共广播。

140及200伏特可输送高伏特/电流比的音响功率可以将电线电阻带来的耗损降至最小。

设计恒压式喇叭系统

设计恒压式喇叭系统有三个步骤：

1. 决定喇叭涵盖区域及安装地点；
2. 决定每支喇叭的功率电平；
3. 选择正确的扩大机。

喇叭涵盖区域及安装地点

在恒压式喇叭系统安装喇叭，其目的就是既有效又经济，换句话说就是用最少的喇叭让所有涵盖区域都能听得清楚。

在封闭空间内喇叭会产生两个音响区域，主要的是直接音区域---声音直接从喇叭投射过来，第一及第二反射音也可以考虑为直接音的一部份（如果它们的延迟够短，而且可以加强美化直接音的话）。
第二个是间接音区域，我们可以称它们为后直接音，间接音区域的混响声音会在房间内蹦来蹦去，在地板、墙壁、桌子、天花板之间反射，一直到被空气、家俱、人或房间自己给吸收掉，间接音区域是由各种不同的声音被反射至不同方向而造成，每个声波到达聆听者的时间都不一样，会把声音糊成一团，将减低声音的清晰度。

因此想提高声音的清晰度，就该将直接音与间接音比率增至最大，依反平方定律，直接音会因为距离喇叭愈远而愈小声，间接音当然也适用反平方定律，但是它们又多又乱，因此，间接音在室内的密度通常不会有显著的变化，右图显示一只喇叭在大空间内，其直接音与间接音的关系，靠近喇叭，直接音比间接音大声，又清楚，但随着距离拉远，直接音量及清晰度将降低，到了临界距离Dc时，直接音的音量和间接音的音量相等，超过临界距离，间接音就比直接音大声了，我们可能听得到声音，但是不清楚。

并不是所有的混响都是有害的，不管是自然发生或电子控制的混响音量是可以加强美化演讲或音乐内容的，然而在公共广播或背景音乐中加入混响是很少见的。

房子内混响愈小，间接音密度愈小，临界距离也愈大，相反的，房子混响变大，将减少临界距离，并减低清晰声音涵盖的区域，同时也加大了间接音区域，其结果可能使直接音区域和间接音区域比率仍旧保持一样，却让麦克风回授的机

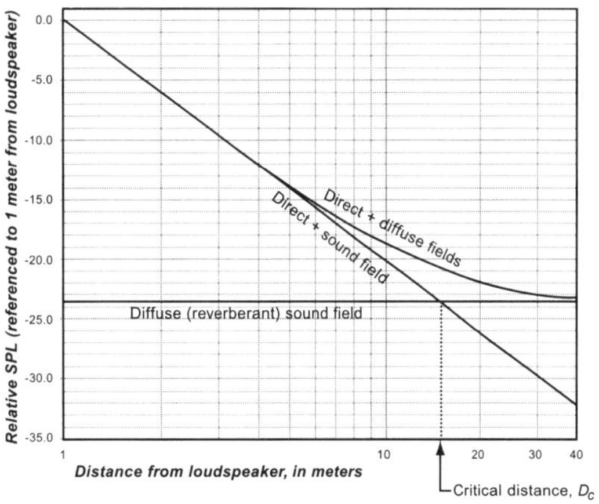

Intensity of direct and diffuse sound fields in an enclosed space

率变大，反而适得其反。

在先天不良的室内解决音响清晰的办法包括：

1. 利用音响声学的理论及建筑学的方法处理反射音表面。

2. 控制喇叭涵盖角度，使得喇叭涵盖区域尽量对着观众，而不是对着墙壁、天花板等反射面。

3. 使用多台低功率喇叭靠近观众，而不是使用大功率喇叭去轰炸很多人，这个办法甚至可以减小总音响的功率，减少声音的能量，让间接音区域的密度减少。

4. 最后一招就是使用恒压式喇叭系统，恒压式喇叭系统也可以解决建筑物死角的音响改善。

例如下图二楼下方座位就可以利用恒压式喇叭系统来解决。

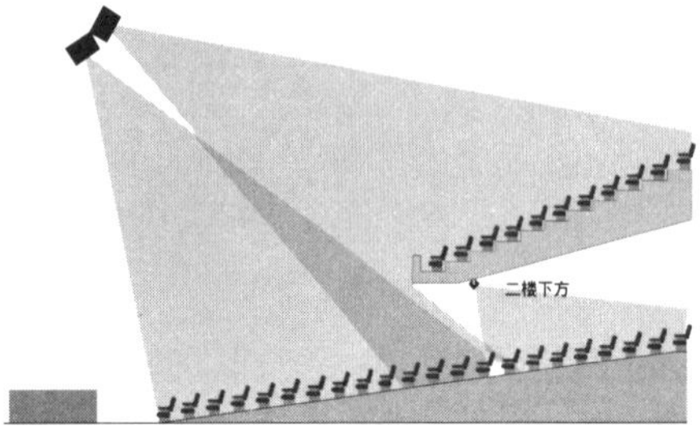

最常使用恒压式喇叭系统的场所有办公室、零售店、商业大楼等，大多使用嵌顶式喇叭，基本原则是喇叭间距不超过天花板高度的两倍，如果喇叭有90度的扩散角度，是非常适合播放背景音乐，但是呼叫系统或公共广播希望声音能涵盖更多不同位置的要求（坐或站的）就必须另行设计，比较好的方法是喇叭间距不超过人耳至天花板距离的两倍，这样喇叭会增多，声音会更清晰，房间走道、电梯间等人站着的区域喇叭间距较小，室内办公桌，会议室等人坐着的区域喇叭间距较大，因为耳朵距离天花板较远。例如：公司餐厅想增添音响系统，天花板高3m，人耳离地板平均1.2m，天花板距离人耳1.8m。

因此喇叭间距不要超过3.6m，如果要求更均匀分布的音场，可以将比例减小为1.5倍，依本例，其喇叭间距将为2.7m。

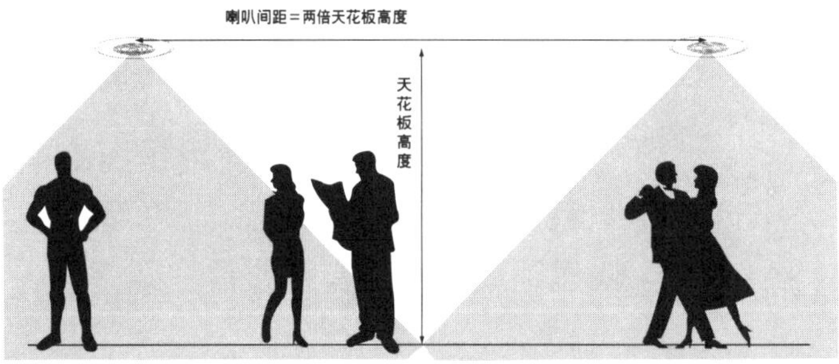

某些工厂现在供应扩散角度大于90°的嵌顶喇叭，可以允许更大的喇叭间距，换句话说，更经济，更少的喇叭，更低的成本，更有竞争

（当然功率扩大机可能要大一点）。

决定功率电平

决定喇叭安装位置及数量之后，我们需要计算每一支喇叭需要的功率，一般来说，背景音乐音量至少要比环境噪音高10dB以上，好的呼叫系统，则需要15dB以上，比环境噪音高25dB可以得到绝佳的清晰度，设计喇叭系统之前，我们必须测出环境噪音，将音压表设定在慢速反应，A加权位置，并在噪音最大的时间选几个聆听位置测量一下，接下来，量聆听者耳朵至天花板的距离D，利用D及喇叭灵敏度的规格（ndB@1watt，1m；表示输入1W，在距离喇叭1m听到的音压）来决定喇叭需要从恒压式喇叭系统中得到多大的功率。

利用dB＝20×logD的公式或反平方定律，将距离转换为衰减dB数值，我们要把此数值加上音压设计

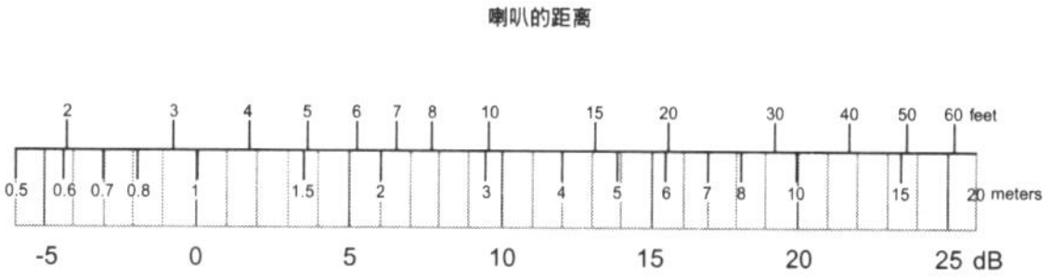

距离减少而增加的音压，灵敏度依1米1瓦为单位

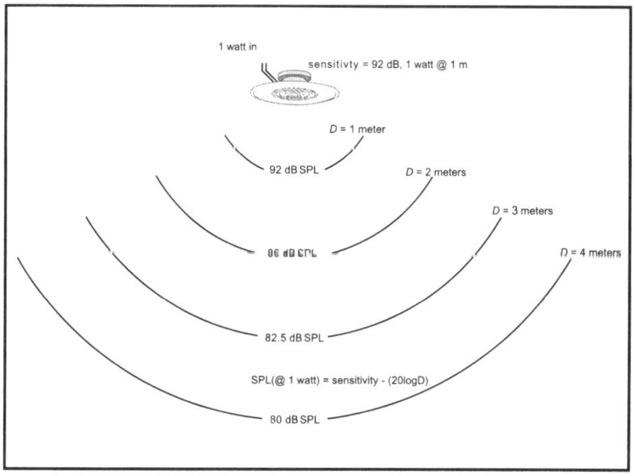

灵敏度92dB，1瓦@1米，距离2米时可得音压92-6 = 86dB(依反平方定律：距离加倍，音压减少6dB），距离4米时可得音压86-6 = 80dB

值，然后和喇叭灵敏度相减，才能决定到底喇叭需要多少瓦。

如果使用dBW单位（0dBW＝1瓦）计算功率，可以变成简单的加减计算式，因为喇叭灵敏度规格已经使用1瓦为参考。

因此它们可以使用下列公式：

功率（dBW）＝（规划的音压）＋（距离衰减的音压）－（喇叭灵敏度）

将dBW转换为瓦，请利用下图或方程式计算：

功率（瓦）$=10^{dBW/10}$

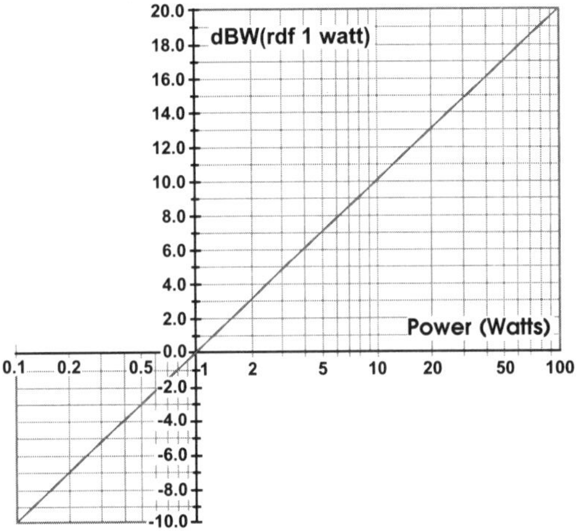

范例：

喇叭灵敏度为94dB@1W，1m；

办公室环境噪音为67dB（在办公人员坐姿的耳朵位置处测得）；

天花板距离办公人员耳朵（坐姿）1.8m；

客户希望听到最清晰的音响，所以我们规划的音压就是67+25＝92dB（高于环境噪音25dB）。

1.8m的音压衰减为5.2dB，因此喇叭需要的功率电平为92+5.2＝97.2dB的音压，喇叭需要的功率电平为97.2dB-94＝3.2dBW，依左表可切换为2.1瓦，喇叭的变压器标签列有0.5，1，2，4及8瓦，我们接在2瓦上，几乎完全匹配。

计算总需求功率

决定了每只喇叭变压器标签上的功率值之后，将它们全部加起来，其和为计算总需求功率的起点，如果有16支喇叭是2瓦，7支喇叭是1瓦，8支喇叭是10瓦，那么喇叭需要的其功率是16 ×2 + 7 ×1 + 8 ×10＝119瓦。

变压器有一个现象叫插入损失，高品质喇叭变压器一般会有插入损失1dB，表示输入1.25瓦给变压器只能让变压器输出1瓦给喇叭，中等品质变压器插入损失约2dB，表示输入

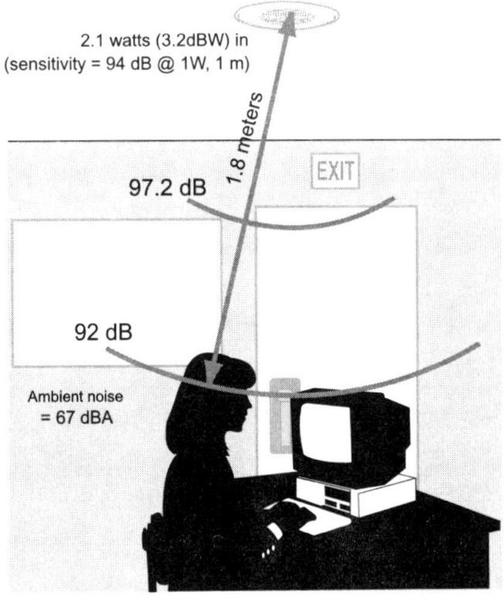

1.6瓦给变压器只能让变压器输出1瓦给喇叭。

低品质变压器会有更高的插入损失，将使全系统的音响品质严重降低，为了补偿插入损失，我们必须增加总需求功率的百分比。1 dB插入损失的变压器增加约25％，以本例119 ×1.25＝149瓦，2dB插入损失的变压器，增加约58％，以本例119 ×1.58＝188瓦，因此中等变压器需要输入188瓦，才能供应给需要119瓦的喇叭系统，变压器总功率瓦数加上插入损失之补偿才是恒压式喇叭系统真正的总功率。

功率扩大机的匹配

扩大机的额定功率应等于或大于恒压式喇叭系统的总需求功率，以70伏特系统为例，通常我们建议选择额定功率为总需求功率1.25倍的扩大机，增加25％的功率可以应付动态响应，也可保留将来系统变化的运用。

在同一系统中使用不同电压的变压器

电压不同的变压器也可以连接在恒压式喇叭系统中，但是原则上系统变压器的电压不得大于另一个变压器，例如70伏特的变压器可以装在25伏特的系统内，却不可接在100或140伏特的系统，70伏特的变压器接在25伏特的系统内，会有功率的降低现象，依下表可查出70伏特的变压器接在25伏特的系统内，其喇叭音量会降低9dB，系统中某些地区音量的变化，除了使用音量开关之外，也可使用大于系统电压的变压器处理。

变压器电压值

系统电压	50	70	100	140	200
25	-6 dB	-9 dB	-12 dB	-15 dB	-18 dB
50		-3 dB	-6 dB	-9 dB	-12 dB
70			-3 dB	-6 dB	-9 dB
100				-3 dB	-6 dB
140					-3 dB

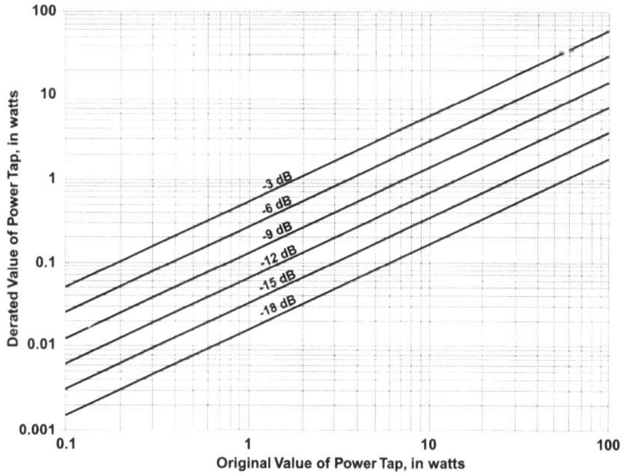

安装范例

喇叭变压器饱和状态。

喇叭变压器很小，品质各异，因此很容易在低频会产生心线饱和状态，因为变压器铁心受到音响讯号波形达到超过铁心可以处理的极限，使得其感应磁场产生饱和，饱和导致音响失真，也可能损坏驱动系统的扩大机，如果饱和的变压器使它们的磁场瓦解，并感应出大电压从喇叭线扩散出来，大电压将经由喇叭线送回扩大机，使它受损。

除了使用较大、较贵的高品质变压器之外，另一个有效地防止饱和的办法是在不影响声音的条件下，事先将作怪的频率滤掉，使它不能发作，某些扩大机可以选择滤掉33、50或75Hz以下的低频，如果系统中没有其他高通滤波器的设置，建议最好采用有高通滤波的恒压输出扩大机，然而如果喇叭变压器低频响应未达75 Hz以下时，一定要在扩大机之前的讯号路径中插入高通滤波，以保护扩大机及音响品质。

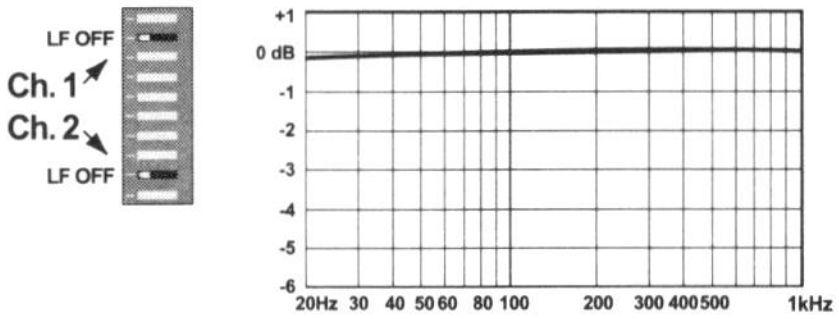

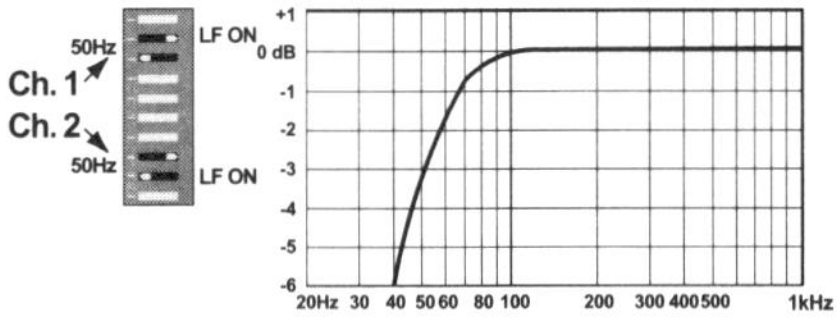

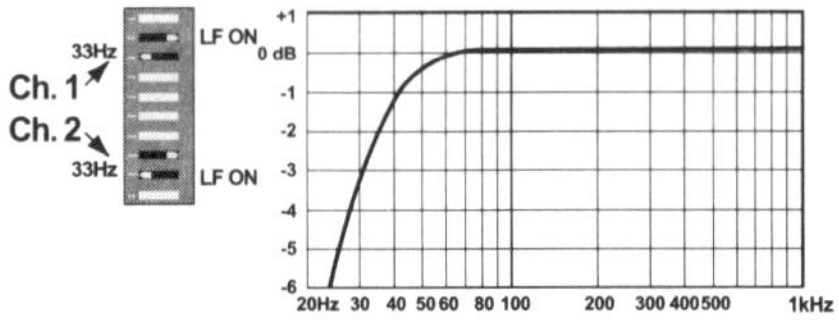

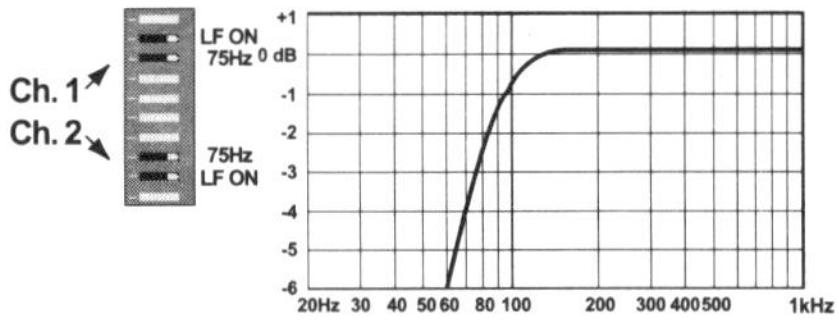

喇叭线的损失

线材的电阻和导体的面积呈反比，即使最高级的铜线对电流还是会有电阻，因此为了得到最小的功率损失，就要尽可能使用实际情况容许之下，规格最大的铜线，这对于直接连接低阻抗的喇叭是特别重要的，0.5Ω的喇叭线电阻可能对100伏特的恒压式喇叭系统起不了什么作用，但是当喇叭线电阻达到

2Ω，其功率将损失36％，音量将降低1.9 dB。

理论上扩大机利用0电阻的喇叭线驱动喇叭，将没有功率会在喇叭线内损失，下表我们比较理论上与实际使用的喇叭线，并解释一个新名词---功率传输系数，其方程式为

功率传输系数＝【喇叭负载电阻／（喇叭线电阻＋喇叭负载电阻）】^{2}

比方说：一个电阻为8Ω的喇叭，

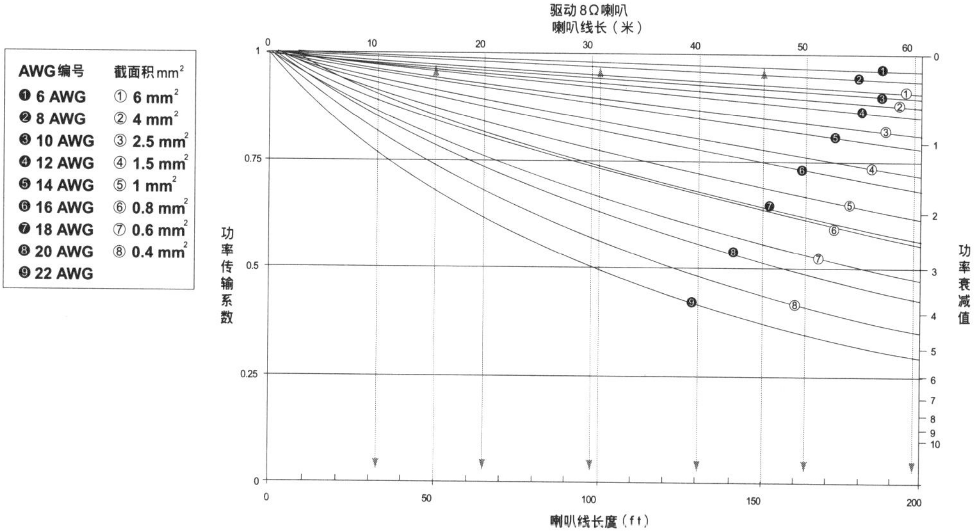

使用0电阻的喇叭线其功率传输系数为：$(8/8+0)^2 = 1^2 = 1$，表示没有功率的损失，如果使用电阻0.2Ω的喇叭线，其功率传输系数为$(8/8+0.2)^2 =$ 0.952功率将变得只有95.2％，其功率传输系数为95.2。

恒压喇叭系统接线范例

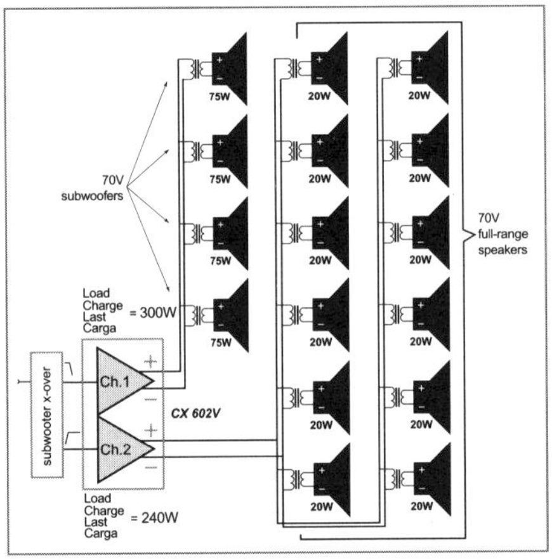
75W
75W
75W
75W
20W
20W
70V subwoofers
70V full-range speakers
Load
Charge
Last
Carga
= 300W
subwoofer x-over
Ch.1
Ch.2
CX 602V
Load
Charge
Last
Carga
= 240W

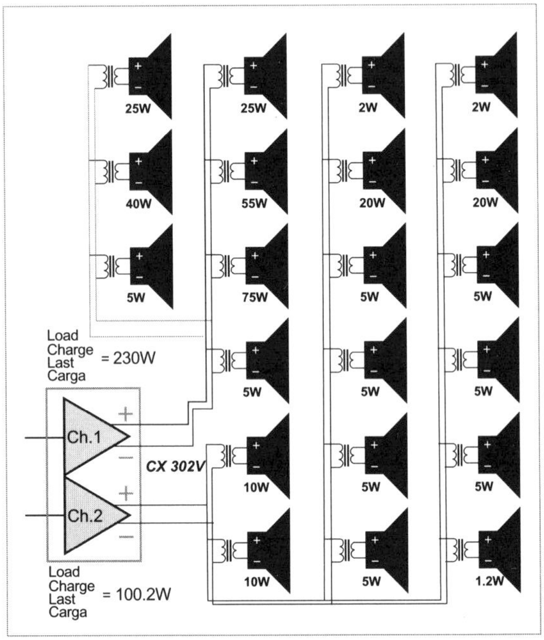
25W
40W
5W
25W
55W
75W
5W
10W
10W
2W
20W
5W
5W
5W
5W
2W
20W
5W
5W
5W
1.2W
Load
Charge
Last
Carga
= 230W
Ch.1
Ch.2
CX 302V
Load
Charge
Last
Carga
= 100.2W

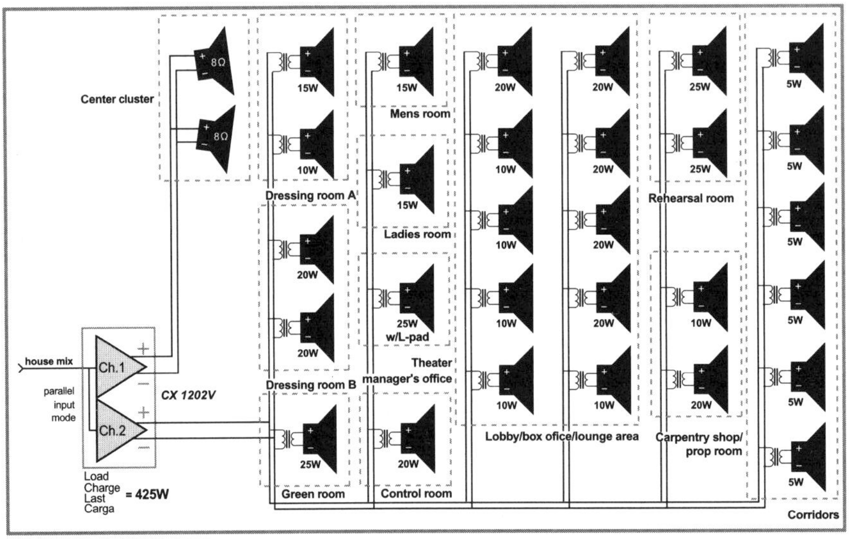
Center cluster
8Ω
8Ω
15W
10W
Dressing room A
20W
20W
Dressing room B
25W
Green room
15W
Mens room
15W
Ladies room
25W
w/L-pad
Theater
manager's office
20W
Control room
20W
10W
10W
10W
10W
20W
20W
20W
20W
10W
Lobby/box ofice/lounge area
25W
25W
Rehearsal room
10W
20W
Carpentry shop/
prop room
5W
5W
5W
5W
5W
5W
Corridors
house mix
parallel
input
mode
Ch.1
Ch.2
CX 1202V
Load
Charge
Last
Carga
= 425W

Professional Audio Essentials

附录Ⅶ

DJ 混音机

DJ混音机和一般混音机不同，是DJ专用，某些功能与一般混音机的功能，名称相同，功能不同；也有独门的控制开关，那是DJ老爷独享的功能。

DJ混音机的主要功能就是要把很多的音乐来源、例如：LP唱盘、CD唱盘、双CD唱盘、MD唱盘、双MD唱盘、取样机，MP3等，做一个重新组合，重新混音，持续的时间很长，也可以不停；混音的版本，凭着个人的创意，永远都不一样，DJ混音机有什么独门的控制开关及DJ老爷独享的功能，请详下文：独门的控制开关。

1. 交叉推杆

交叉推杆是DJ混音机的特殊推杆，是横的推杆，它把某两个声道分为声道A及B，并控制声道A及B音量之和的相对输出音量，推杆移向极左边，只有声道A才能输出讯号，听到声音，当推杆向右移时，B声道音量增加，A声道音

SOUNDCRAFT D-MIX 1000

量减小，推杆在中心点时，A、B两声道音量相等，推杆移向极右边，只有声道B才能在输出讯号，听到声音。

交叉推杆还可以启动CD唱盘自动放音，从左往右推或从右往左推即可控制CD唱盘放音或停止(必须搭配推杆启动自动放音的CD唱盘机种)。

2. 交叉推杆A、B声道设定开关

交叉推杆A、B声道设定开关可将各声道指定为A或B声道，未被选为A或B的声道讯号不会通过交叉推杆，不被交叉推杆控制。

3. 音源输入选择开关

选择PHONO(LP唱盘)或高电平输入(CD唱盘，MD唱盘，取样机，MP3)的音源。

4. 耳机模式键

耳机监听的方式分为立体模式及MONO模式：在立体模式，立体节目及监听讯息将送至耳机双耳，音量表左、右主要输出显示立体音量。

在MONO模式，耳机电路会将MONO CUE监听送往左耳，目前播放节目的MONO讯号送往右耳，目前播放节目MONO讯号的音量在右音量表显示，MONO CUE监听音量在左音量表显示。

5. 耳机左右平衡控制

耳机左右平衡控制有两个目的：

a：在立体模式，用来改变CUE监听及目前播放节目的相对音量，混音后送往双耳。

b：在MONO模式，可以改变左耳MONO CUE监听及右耳目前播放MONO 节目的音量大小。

6. CUE监听键

按下任一或全部的CUE监听键，可将被选择声道的音源送往耳机及音量表，各该被选择监听音源，将另行发展为新的混音。

CUE SPLIT /CUE MIX

CUE SPLIT模式时，目前播放MONO的节目由耳机某一边播放，MONO CUE监听由耳机另一边播放。

CUE MIX模式时，CUE监听的混音送往双耳。

NUMARK DM1001X

7. BPM 节拍

A、B声道各有一个节拍显示器，DJ可以将两首歌的节拍调整一致后，用交叉推杆切换接歌。

Pioneer 最新型Club-DJ 6声道DJ混音机 DJM-1000

Pioneer DJM-1000

其主要特色如下：

1）24bit/96kHz数字音频取样。

2）搭配CDJ系列数字接续端子。

3）高动能3式段HI、MID、LOW独立EQ调整。

4）可对应各种外部机器接续，2组“SEND/RETURN”系统。

5）数位连结机能实现更加丰富多彩的Re-MIX / DJing。

6）依DJ之使用习惯，可进行17段之Fader推杆曲线调整设定。

7）可更换适合Long Mix的旋钮式音量控制。

8）透过MIDI OUT接续端子，可利用Cross Fader连动控制外部MIDI设备。

9）方便DJ监听之Booth Monitor具备可调整EQ功能（±6dB）

10）DJM-1000可经过控制线连结Pioneer CDJ系列CD播放机，执行Fader Start连动控制功能。

11）Talk Over功能于使用麦克风时，DJM-1000会自动降低舞曲音量，使人声音量变大，让大家听得清楚。

12）各声道均具备输入电平侦测。可于开机或接续瞬间，自动侦测各音源之最高输入电平。

13）可连接影像混音器。

14）附SEND/RETURN输出入端子，可外接两台效果器，每一个SEND/RETURN都可以设定给任何一轨或是MASTER使用，其路径有Pre-Fader推杆之前、Post-Fader推杆之后以及Auxiliary辅助输出等三种模式可切换。

附录Ⅷ 相关图表

Professional Audio Essentials

【图A】 不同传播介质的音速

不同传播介质的音速

传播介质	公尺／秒
空气21℃	344
水	1480
盐水21℃ 35%盐分	1520
树脂玻璃	1800
软木	3350
枞木	3800
混凝土	3400
轻钢	5050
铝	5150
玻璃	5200
石膏板	6800

【图B】 波长和频率的关系

波长	频率
1.72cm	→ 20 kHz
3.44cm	→ 10 kHz
4.91cm	→ 7 kHz
6.88cm	→ 5 kHz
11.47cm	→ 3 kHz
17.2cm	→ 2 kHz
49.14cm	→ 700 Hz
68.8cm	→ 500 Hz
114.67cm	→ 300 Hz
1.72m	→ 200 Hz
3.44m	→ 100 Hz
6.88m	→ 50 Hz
17.2m	→ 20 Hz

三个标准音压表加权曲线

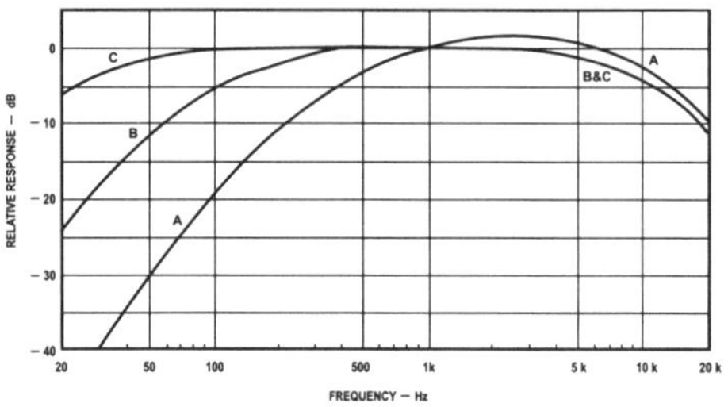

加权曲线应用

音压范围 dB	建议使用加权方式
20~55	A
55~85	B
85~140	C

配对多种讯号线色码

配对号码		
1. 黑/红	13. 红/橘	25. 蓝/橘
2. 黑/白	14. 绿/白	26. 棕/黄
3. 黑/绿	15. 绿/蓝	27. 棕/橘
4. 黑/蓝	16. 绿/黄	28. 橘/黄
5. 黑/黄	17. 绿/棕	29. 紫/橘
6. 黑/棕	18. 绿/橘	30. 紫/红
7. 黑/橘	19. 白/蓝	31. 紫/白
8. 红/白	20. 白/黄	32. 紫/深绿
9. 红/绿	21. 白/棕	33. 紫/淡蓝
10. 红/蓝	22. 白/橘	34. 紫/黄
11. 红/黄	23. 蓝/黄	35. 紫/棕
12. 红/棕	24. 蓝/棕	36. 紫/黑
		36. 灰/白

证　书

某些立体录音的方法通常要求两支麦克风的频率响应要完全一模一样，这就是SCHOEPS麦克风厂开出来的证明书。

SCHOEPS

Schalltechnik Dr.-Ing. Schoeps GmbH
D-76227 Karlsruhe (Durlach)
Spitalstrasse 20

Tel.: +49 (0)721 943 20-0
Fax: +49 (0)721 495 750
E-mail: mailbox@schoeps.de
Web site: www.schoeps.de

Zertifikat
über die Paarung von Mikrofonen

Certificate of Matching

Hiermit beurkunden wir,
dass die Kondensatormikrofone/Kapseln vom Typ
We hereby declare that the condenser microphones/capsules of type

......MK4g......

mit den Serien-Nummern
serial numbers

......# 78035......

......# 78036......

Auftrag Nr.
order no.

......CH2001-827......

zur Paarung bezüglich ihres Frequenzgangs
und der Empfindlichkeit speziell selektiert wurden.
have been particularly selected for their matched characteristics of
frequency response and sensitivity.

Karlsruhe, 22.08.01

....

Professional Audio Essentials

附录IX

线材简介

声音品质可以因为使用高水准线材而提升，但是市场上并不是每一个供应商能够提供实际测量的依据或真的让客户有听觉的差别。职业乐手、音控员及录音室工程公司都只会选购最高级产品，因为他们的耳朵及经验是不会错的，新材料及制造技术显著的进步，所提供高品质、高境界的音响设备，可保证经长持久的高品质。

线材依市场需求，有价位的不同，有使用场合的规定，都是决定价位的因素，大致规格如如下：

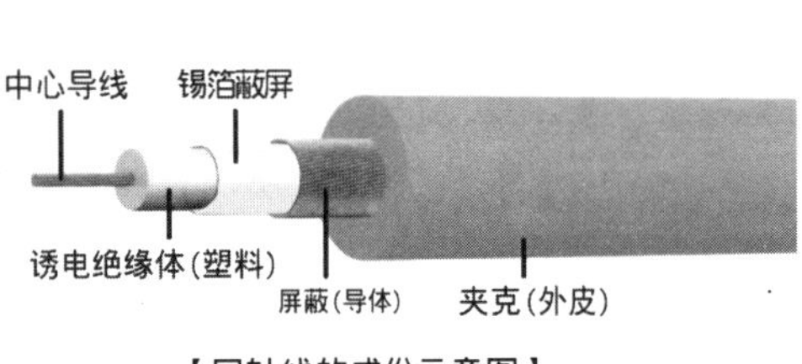

【同轴线的成份示意图】

■ 线的阻抗，其单位为 Ω/m；通常愈低愈好，为防止传输损失，喇叭线总长度阻抗最好小于15Ω/km（麦克风线及数据线比较不重要）。

■ 导线电容性，其单位为PF/m（pico.Farad/米）；通常愈低愈好，高电容的喇叭线，线拉愈长其高频表现愈差。

■ 衰减度，其单位为dB；通常愈低愈好，以每100m衰减多少dB来测量，对多蕊麦克风线传输特别重要，舞台及主场混音台之间的任何损失就会损害信噪比。

■ 串音衰减，其单位为dB；通常愈高愈好，形容线材结构的邻近线其线心抑制串音的能力。

■ 线材特性，其单位为Ω；

线全长都应保持一定，这规格对户外高频资料传输很重要。也就是说AES/EBU数位音响线，其要求阻抗标准为110Ω，视讯线阻抗标准为75Ω。

■每条线股数。通常愈细则导线柔软度愈佳（当然愈贵）。

■线心绝缘物质，通常为 PVC（Polyvenylchlorid）或PE（Polyethylen）聚乙烯，PE可以改善电容值，因此适合传输较高的频率，无卤素型式采用Polyolefin（聚烯烃）。

■外皮（夹克），普遍使用PVC，好处是价格合理；害处则是：温度很低时容易碎掉。广播电台喜欢使用PUR（Polyurethan）聚氨酯，因为常出外景，因为它的柔软度好，即使零下40℃也能工作。

■防燃性FRNC线（Flame Retardant Non Corrosive）其防燃防侵蚀特性符合严格的消防法规，而且它们不含卤素，不至于在燃烧时放出有毒气体，使受害者死于中毒。

■蔽屏的重要是为了线心免被干扰，通常在一条、一对或整条导线的外围。

1.编织蔽屏线，可涵盖85%，高张力。
2.螺旋蔽屏线，可涵盖95%，柔软度奇佳。
3.锡箔式蔽屏，可涵盖100%，对抗干扰最佳，柔软度不佳。
4.诱电塑胶，再加一层蔽屏，使电容性持久，几乎全部衰减麦克风会拾音到的干扰。
5.整体蔽屏，在多蕊麦克风线与夹克之间，再加上一层蔽屏，可改进干扰及加强硬度，为多蕊音响线特有的蔽屏方式，但是只用这一种整体蔽屏，对各声道之间的串音解决之道，则稍嫌不足。

所有蔽屏的方法都可在线材设计时，排列组合使用。

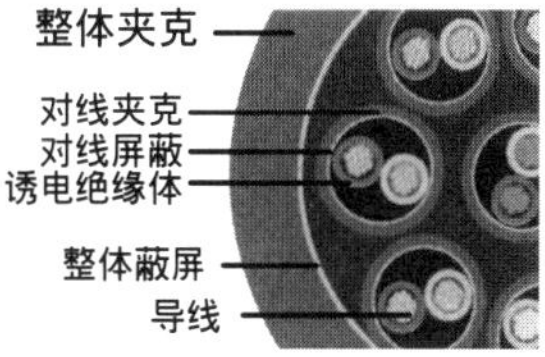

选择范例

体育节目的实况转播或演唱会需要特别标准的麦克风线，小于100mv的麦克风电平必须传到几百公尺外的混音台去，这种外场用的线，截面积0.5㎜²的导体可确保低的传输损失，好的缠绕铜线使麦克风线具柔软度，可以很容易卷入线筒，也能有效地防止干扰讯号。

选择适当的喇叭线最重要的就是导体线心面积，现代低频率范围PA扩大机承受4000W/4Ω，最大可达180V/40安培，这些讯号必须经由喇叭线来传送。

警告，请勿使用内含回收铜的喇叭线，常用的喇叭线就像电源线一样。其高含量氧使得喇叭线容易氧化，可能导致讯号传输损失，过热引起火灾，接驳时产生火花等。公共建筑的喇叭安装线要使用特殊的FRNC线，他们的塑胶成份具有不含卤素及防燃的特性。

多轨录音机、音响工作站、PATCHBAY、舞台盒及FOH等，每天都为录音室设计施工，这些工程需要多蕊麦克风线，要选用锡铂蔽屏，PE线心绝缘，再增加一层整体锡铂蔽屏，使他更具有好的声音品质及及低的干扰音量，符合高音响标准，允许个别地线设定，柔软度强，很容易可以布置完成，紧束的锡铂蔽屏，数字码辨识夹克，使得接头接线顺利又快。

户外数字广播需要极稳定的温度及容易卷收，有机动性又符合AES/EBU规格的数位110Ω线，如果防火是另一个需求，数字多蕊线得依照IRT规格而设计制造，不含

卤素，符合最严格的防火规定(VDE 0472 part 804 text B)，使用FRNC材质，并仍保持高度的柔软性：例如三重蔽屏，每对线包蔽屏，整体蔽屏，每对线全长双绞，数字码夹克。

竞争性高的电脑市场常常只提供品质不好的数据传输线，使得线材科技及产品正确性受到质疑，对于录音室要求高品质使用者，典型的工程范例是确保T-DIF格式正确的数据传输，数材外径符合D字型接头。

现代吉他拾音器有不同的绕线方式，由于线材的电容技术特性产生的低通滤波器，使高频率会听得很糊涂，所以传统的对策，很不幸的没什么效果，因为如此，利用所谓的诱电塑胶来做第三重的蔽屏工作，利用特殊物质做蔽屏增加导线和蔽屏线的距离，达成意想不到的在最小的噪音环境里传送资料。

附录X

Professional Audio Essentials

Intercom 对讲机

一般概念

Intercom对讲机是一个私人的通讯系统，可以让表演现场不同的两个或更多的工作人员群组互相沟通，好像打电话一样方便，简单的Intercom对讲机系统经常被用做别墅或大厦的对讲机，屋内的人可以和警卫、来访者或自己人联络。

最基本的Intercom对讲机线路包含两个Intercom对讲机互相连接一起，利用Push和Talk(PTT)按着通话开关来操作，研究Intercom对讲机之前，得先知道其专有名词的定义。

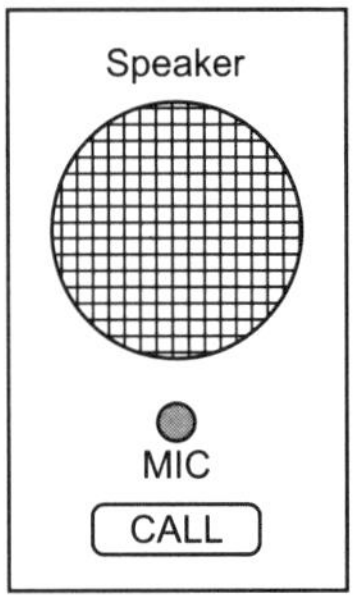

Intercom对讲机系统相关专有名词的定义：

1. Point to Point（PP）点对点是直接的，单程的，两个定点机台单独的通讯或机台与介面设备之间的通讯，点对点是Matrix Intercom矩阵式对讲系统最基本的沟通方式，受话的机台不必采取任何行动就可以听到，如果你想回答，那么在接收端有一个对话键，一定要按下讲，对方才能听到。

2. Party Line（PL）有时又称会议Line，是一群两个或两个以上，可做双向对谈的腰包子机，以全功双向模式，每一个机台一定要按指定聆听声道键，才能听到的某指定声道的声音，也要按着指定对讲声道键，才能和指定声道其他腰包子机通话；即使只用单向通讯路径，Party-Line也需要由两个动作来建立沟通管道，也就是说发话者机台，按对讲键说话，受话者机台按聆听键才能听到，Party Line就是要为各挂人员开会协商、执行命令的工具。

3. IFB：IFB代表Interruptible Fold Back不可切断回应，又称为IRF（Interruptible Return Feed），对讲机使用者在聆听某一方的通话时，可以被第三方传来的对话打断，这是广播电视台的一种典型功能，例如：新闻记者在交通颠峰时间的车祸现场实况转播，不仅要用耳机聆听新闻主播问的问题，还要听导播的命令，制作人的提醒，他们都可以提供最新消息或任何指示，IFB功能在Intercom系统仅容许唯一的声音讯号传递。

4. ISO：Isolation隔离功能允许使用者可以和另一个使用者做私下沟通，ISO通常是用在Party-Line系统中两个成员之间私下沟通的管道，以广播来说：ISO是常被视讯操控者用来私下和摄影师对话，而该摄影师是摄影机Party-Line的众多成员之一，这称做Camera Isolate隔离摄影机，最初是要将某一摄影师从会议中隔离，以进行私下协调；其操作方式为：想要私下沟通的成员只要按下某摄影机通话键，该摄影机就会从其摄影机Party-Line里隔离出来和你单独对话，当某摄影机通话按键释放，则该摄影机又重回摄影机Party-Line怀抱。

5. Fixed Group：Fixed Group是一群Intercom对讲机台及通讯介面设备，使用者只要按下Fixed Group固定群组通话按键，就可同时和所有Fixed Group成员讲话，Fixed Group通常是一对多的通话方式。

6. Tally：Tally是一种送出的讯号，为了做出特定的显示状况，电话铃声可视为一种Tally，对讲机控制板上有很多声道，它可以目视得知是那一机台有讯号送来，也可以显示为冲突，而得知某些功能不能执行。

7. Full duplex：Full duplex全功双向对讲机系统允许系统使用者可以双向沟通，并且不需要做任何控制动作（例如按通话键）。

Intercom对讲机系统基本形式

Intercom对讲机系统,依其定义可以归纳为不同型式的Intercom对讲机及副控系统，大约可分类为四种基本形式：

1）Party-Line系统；

2）Matrix矩阵系统；

3）无线系统；

4）附属配件；

简叙如下：

1）PARTY-LINE 系统

有线的Party-Line系统简单的说就是包括一群分散各地的人在一起讲话，这好比自家的电话分机一样，铃声响起，任何人在不同房间拿起话筒，就可以听到每一个人的声音，我们可以同步在线上和任何人通话，电话分机的彼端都可以参加这个公共的对话。

这就是简单的Party-Line（简称PL）系统，利用两条线Two-Wire（简称TW）就可以有双方通话或三方以上的会议交谈，示意图如下：

※ 注：TW并不表示系统内只有两条线，实际上并不如此。

用在电视台及舞台表演制作场合的Intercom对讲机牵涉很多人，大都利用一条麦克风线连接腰包子机，连成Party-Line的安排,使用者利用连接在腰包子机上的耳机麦克风和其他人对话，腰包子机由主机台或电源供应器延伸出来，主机台可有两声道或单声道甚至多声道的设计，通讯目标可以设定为所有人，或者是某声道的工作人员。

例如社区剧院、学校、大学

◇ 戏院的运用

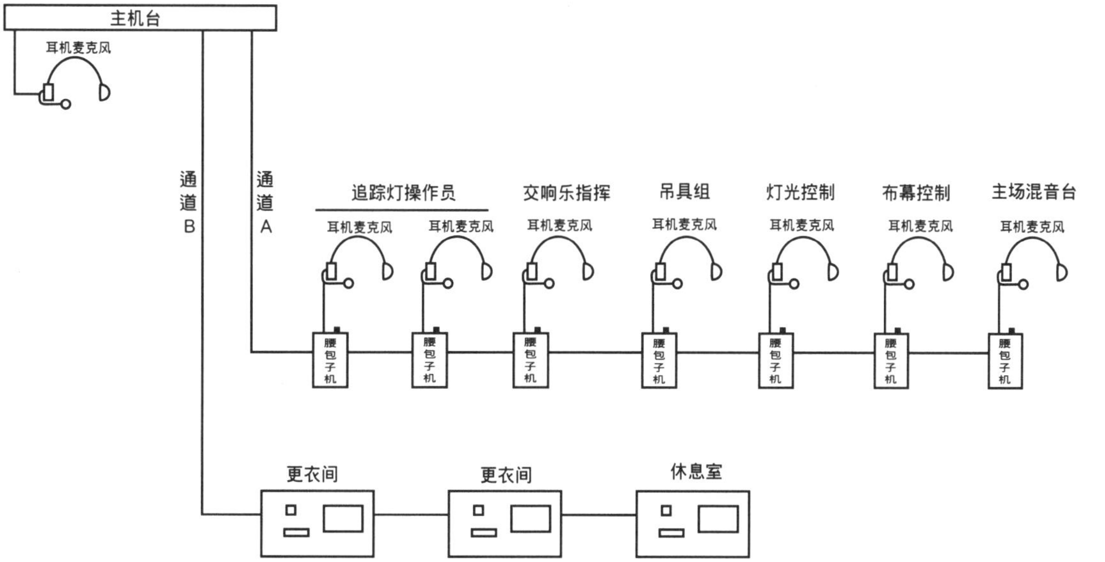

Channel A 追踪灯操作员、交响乐指挥、吊具组、灯光控制、布幕控制、主场混音台。
Channel B 更衣间、更衣间、休息室。

体育馆、体育运动及赛车场都使用Party-Line Intercom对讲机系统，小的TV广播设备及机动制作转播车，特别是制作新节目，将会需要2声道或4声道Party-Line 对讲系统，为摄影师、音响工程师、灯光工程师、外围广播人员、设备工程师及表演工作者之间建立沟通的桥梁。

使用在TV及舞台制作，通常是耳机/麦克风型式的对讲机连接在Party-Line管理系统内，可以在单线系统中允许任何两者之间做双向的通话。这种安排最常使用在现场表演或多媒体制作，例如：影像导演要和摄影师沟通，或舞台经理要和舞台工作人员通话或下命令给灯光操作者。

这种Intercom对讲机使用麦克风线连接，其接头为三接点XLR；Party-Line的人声由其中一接点传送，

◇ 电视台小型系统

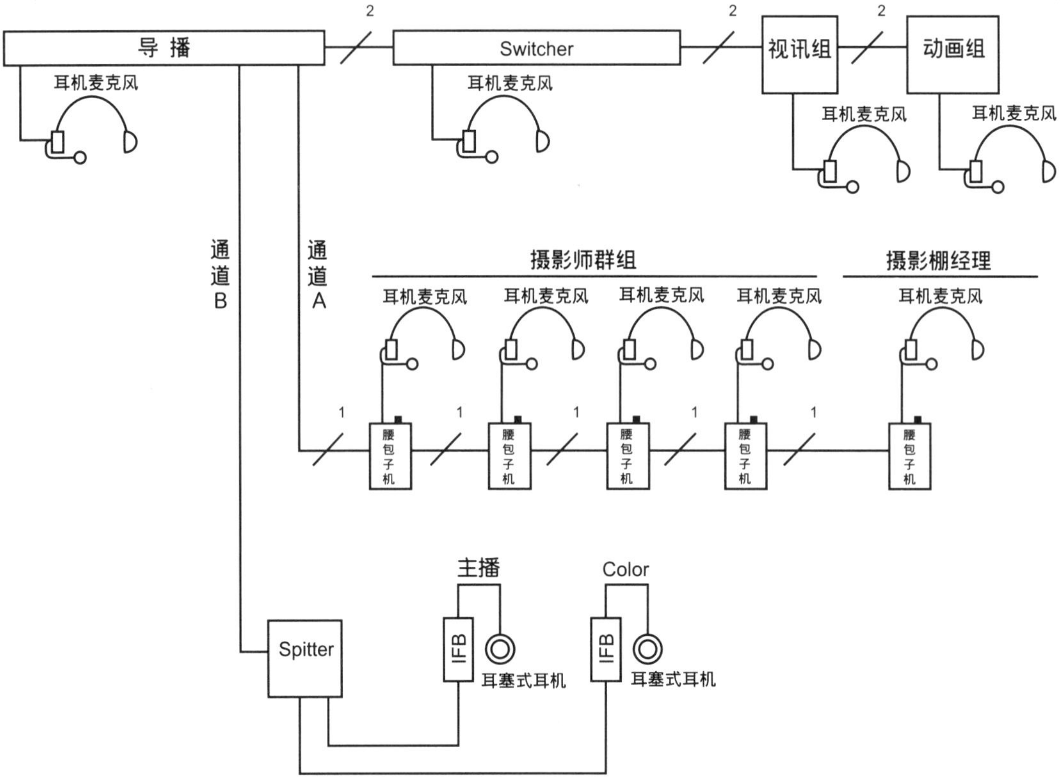

另一接点提供主机传来的工作电压，第三接点是共用的地线，有的人称此系统为Talk Back系统。

Party-Line系统的历史说来话长，最早由电视制作小组用来统筹协调所有的工作，各种工作包括：体育实况转播、现场综艺节目、录影节目，工作团队包括：摄影师、成音、灯光、舞台指导、导播、助理导播、助理制作以及其他人员。起初，所有团队分享一个对讲机声道，导播是龙头，随着对讲机的发展，额外的声道加入，每个团队仍然听得到导播的命令，然后又演变成可以切换至他们自己团队的声道，自行协调工作，而不必每次麻烦导播。20世纪60-70年代早期，对讲机系统都是自制的，或是和电话参杂地使用，自制的对讲机系统已足够胜任工作，只是缺乏扩充的弹性，及连接其他系统的介面，电话系统比较有弹性，但是数量增加至10组以上时，其声音的品质就不合格了。70年代前期，Clear Com 公司发表Party-Line给摇滚乐演唱会使用，因为大家对于表演的精确及技术要求愈来愈高，剧场舞台，甚至电视公司都开始采用，这个系统需要3条导线的麦克风线连接每一个机台，扣在皮带上的Intercom对讲子机问世，因此后台人员在彩排及演出时可以直接互相交谈！刚开始，只是使用者每一个人腰间挂着一个小盒子，利用标准麦克风线连接起来，既方便又好用，从此这个观念经由数家厂商研发制作出一系列的产品，并由专业人士广为使用。

Party-Line系统的优点是容易布置，操作简单，使用共通的标准麦克风线，小型可携带，声音清晰通讯可信赖， Party-Line Intercom对讲机系统是表演团体的标准设备，70年代中期，另一个RTS公司为电视公司设计一个系统，可以在3条导线的麦克风线传送两个声道(或者一个声道只用两条线)，这个系统的扩充性及弹性更佳，可以在一个声道接50个机台。Telex公司又发表平衡式的Party-Line系统，此系统特别适合在电子噪音很强的环境使用。

◇ 电视台中型系统

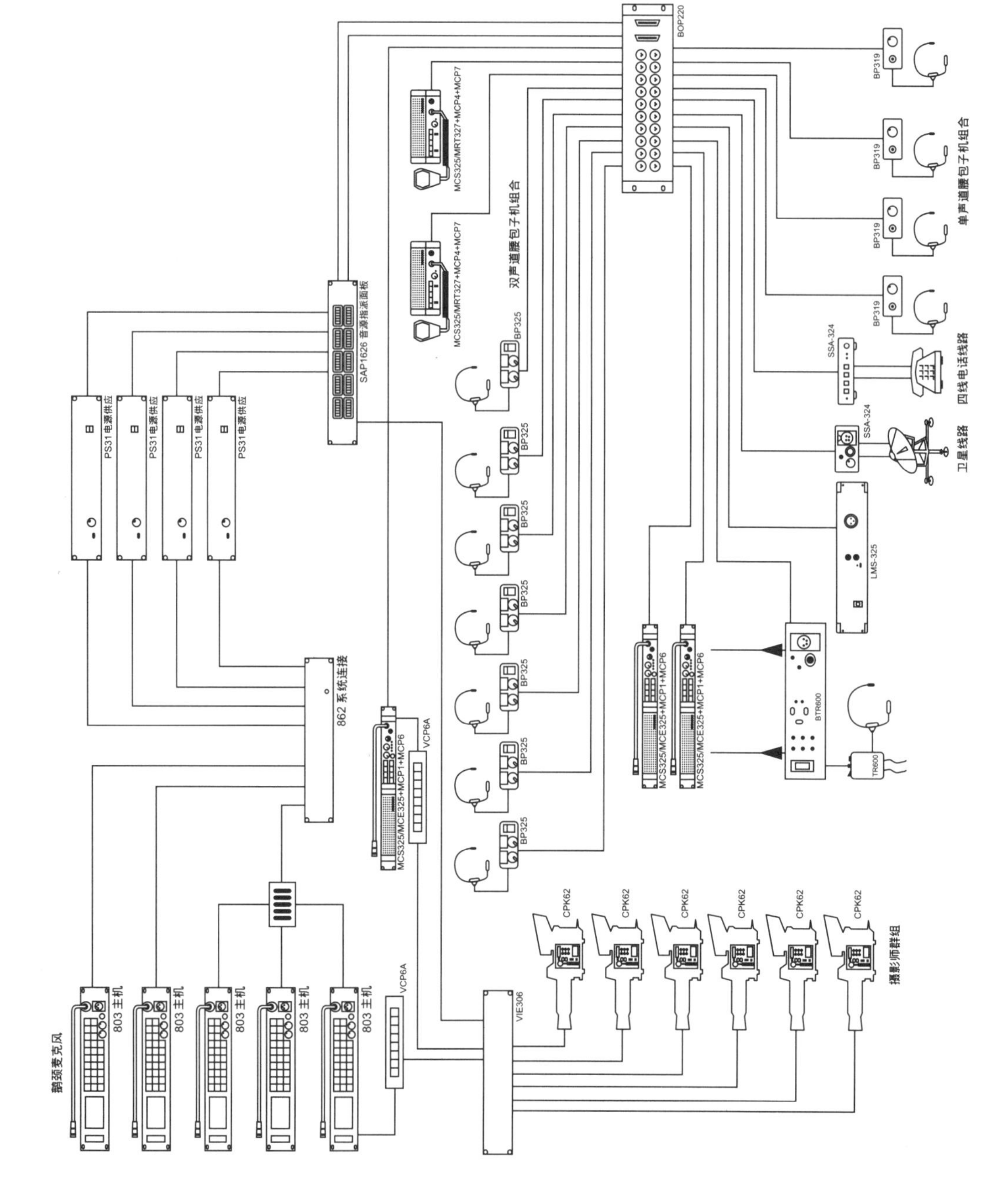
BOP220
MCS325/MRT327+MCP4+MCP7
MCS325/MRT327+MCP4+MCP7
双声道腰包子机组合
BP319
BP319
BP319
BP319
单声道腰包子机组合
SSA-324
SSA-324
四线电话线路
卫星线路
LMS-325
BTR800
TR800
SAP1626 音源指派面板
PS31 电源供应
PS31 电源供应
PS31 电源供应
PS31 电源供应
BP325
BP325
BP325
BP325
BP325
BP325
BP325
862 系统连接
MCS325/MCE325+MCP1+MCP6
MCS325/MCE325+MCP1+MCP6
MCS325/MCE325+MCP1+MCP6
VCP6A
VCP6A
VIE306
CPK62
CPK62
CPK62
CPK62
CPK62
CPK62
摄影师群组
803 主机
803 主机
803 主机
803 主机
803 主机
鹅颈麦克风

2）MATRIX SYSTEM 矩阵式系统

有线的矩阵式系统是一个数量很大的个体，有能力可以从A点到B点建立私人会话；以家庭电话系统来说明，比方说：在社区里有隔壁邻居、有瓦斯行、有便当店等，都有电话线连接至电信局的交换机房，任何时间，我可以打电话订便当，而我的隔壁邻居正打电话给瓦斯行，卖便当的不会听到我的隔壁邻居正打电话叫瓦斯。矩阵式系统也称为Cross Point交叉点系统、Point to Point点对点系统。

简单的矩阵式系统示意图：

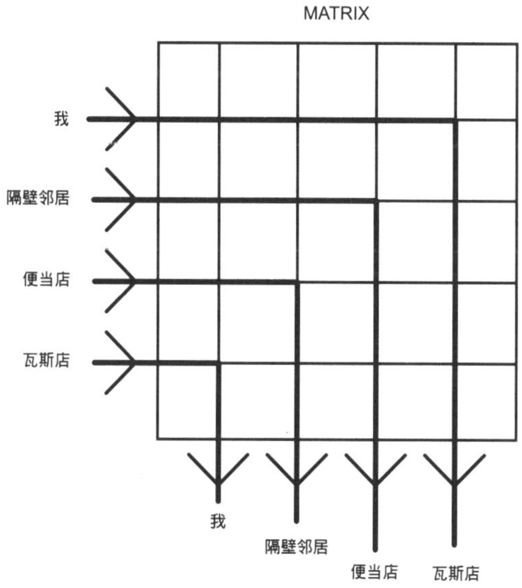

因为需要通讯的设施变得更多更复杂，点对点矩阵式对讲机系统就会被考虑采用，数字矩阵式对讲机系统是大多数电视广播录音室所采用，特别是那些现场新闻报导的节目，大型机动制作交通工具，一定是用矩阵式对讲机系统。矩阵式对讲机系统提供使用者更大的功能及弹性，因为它包含很多交叉点，使得任何对讲机输入都可以被指定到任何对讲机输出。

矩阵式对讲机系统包含中央通讯结构，经由它，所有的通讯及资料才能被指派，多通路对讲机台允许很多通讯与介面的声道，送往其他系统，例如：电话、双向无线电、Party- Line对讲系统、音响及IFB/CUE系统、微波发射系统、ISDN连结及控制其他设备，这些系统可以全部程式化，因此任何型式的点对点，群组或Party- Line通讯方式都可以执行，任何一个或全部的介面都可以被每一个使用机台接受讯号。

中心通讯结构包含很多电路卡，从各个机台及介面传来的讯号，都由它们来处理及指派，每一个机台及介面利用RJ-45接头连接中央通讯结构，来传导声音讯号及控制资料，典型的结构可能为9组8个电路卡，结构，来传导声音讯号及控制资料，典型的结构可能为9组8个电路卡，一共72路，通常机台连接至中央通讯结构在类比传输使用独立4对线，数位类比传输使用单对或同轴线，交叉点的定义是单向声音路径由线路之输入至另一线路的输出，在系统里每一对线路都存在交叉点，并且都会依需求连接或不连接，在系统线路中提供通讯路径。除了以上所说的点对点通讯之外，矩阵式对讲机提供Party- Line型式的会议、IFB、固定群组及ISO做私人通话，控制外部设备，包括：双向无线电等；通常，还有介面可以连接至双线Party-Line对讲机、4线电路及拨接电话线。

复杂的矩阵式系统示意图：

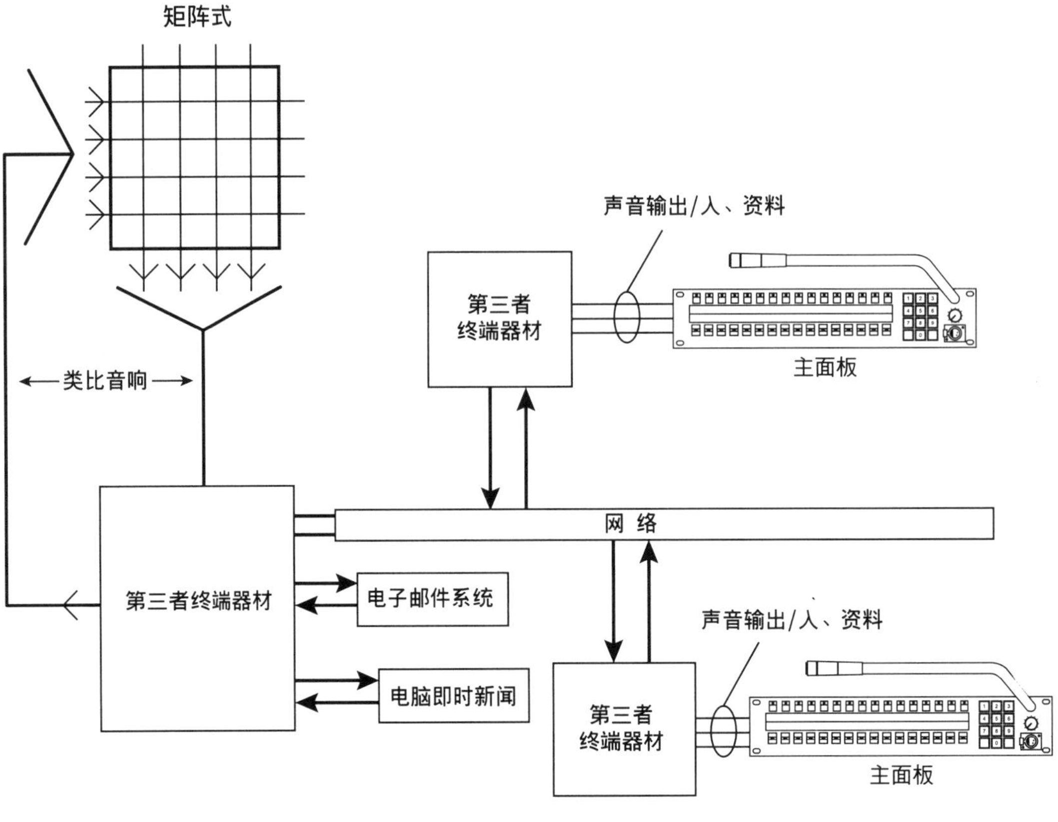

3）Wireless intercom Systems

无线对讲机系统

腰包子机系统的使用者，受连接系统的麦克风线限制，不方便到处移动，唯一解决的办法就是使用无线的科技。无线对讲机系统包含一个全功双向腰包子机，能够转换双向沟通，及一个基地台连接其他机台，并可接至邻近有线对讲机系统或其他声音系统；在大多数使用场合里，无线对讲机系统是有线对讲机系统的延伸，是让那些需要安全人员及机动高的工作人员使用的。

为了让每一使用者可以同时间一起讲话，每一个腰包子机都一定得在一个特别的频率工作，每一个无线腰包子机需要一组接收器及发射器，加上声音电路、一个麦克风前极及一个耳机放大机，这些配备当然比有线腰包子机复杂，也很难制造。无线对讲机比对其他双向无线电科技的好处是：无线对讲机系统是全功双向，因此使用者可以维持一段真正的会话，不必使用先按一个键再说的功能，同时，也能和有线对讲机系统利用介面连线使用。

标准对讲耳戴式耳机麦克风就是无线麦克风腰包子机的耳机麦克风，这些系统都在电视台VHF或UHF频率中工作，决定使用无线对讲机系统之前，先得决定在业主地区使用那一种频率，那一种能用，第二件考虑的事是，现场还使用其他的无线设备吗?例如：无线麦克风，双向无线电，Walkie-Talkie等等。

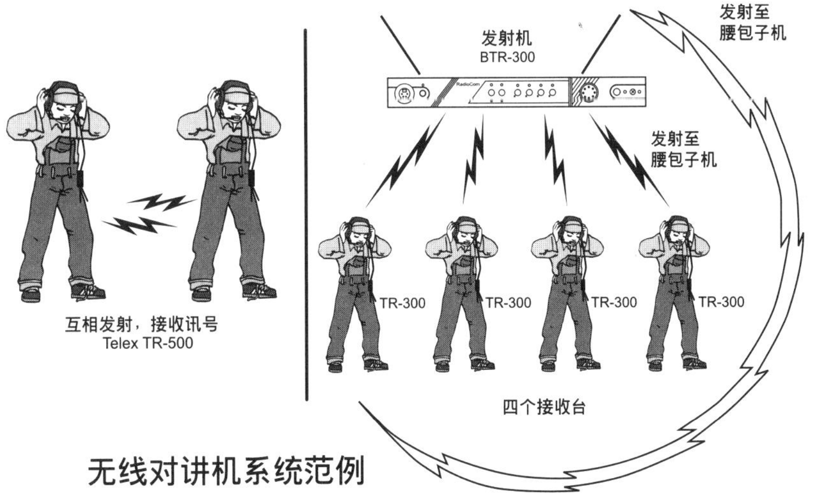

无线对讲机系统范例

标准美国电视频道

Chan	Start	Video	Chroma	Audio
46	662	663.250	666.8295	667.750
47	668	669.250	672.8295	673.750
48	674	675.250	678.8295	679.750
49	680	681.250	684.8295	685.750
50	686	687.250	690.8295	691.750
51	692	693.250	696.8295	697.750
52	698	699.250	702.8295	703.750
53	704	705.250	708.8295	709.750
54	710	711.250	714.8295	715.750
55	716	717.250	720.8295	721.750
56	722	723.250	726.8295	727.750
57	728	729.250	732.8295	733.750
58	734	735.250	738.8295	739.750
59	740	741.250	744.8295	745.750
60	746	747.250	750.8295	751.750
61	752	753.250	756.8295	757.750
62	758	759.250	762.8295	763.750
63	764	765.250	768.8295	769.750
64	770	771.250	774.8295	775.750
65	776	777.250	780.8295	781.750
66	782	783.250	786.8295	787.750
67	788	789.250	792.8295	793.750
68	794	795.250	798.8295	799.750
69	800	801.250	804.8295	805.750

4）Accesssories 附属品

附属品很重要，每个品牌都有一份附属品目录，在事件现场可能有不同品牌的对讲机一起使用，如果没有他们的附属品，他们只是一堆机器，并不能联成一个系统，将TW双线系统连接至Matrix矩阵式系统，需要一台转换器将TW双线系统里被混合的发话者与受话者的讯号分离，再送给矩阵式系统，诸如此类的附属品是不可缺少的。

◇TW双线系统连接至Matrix矩式系统

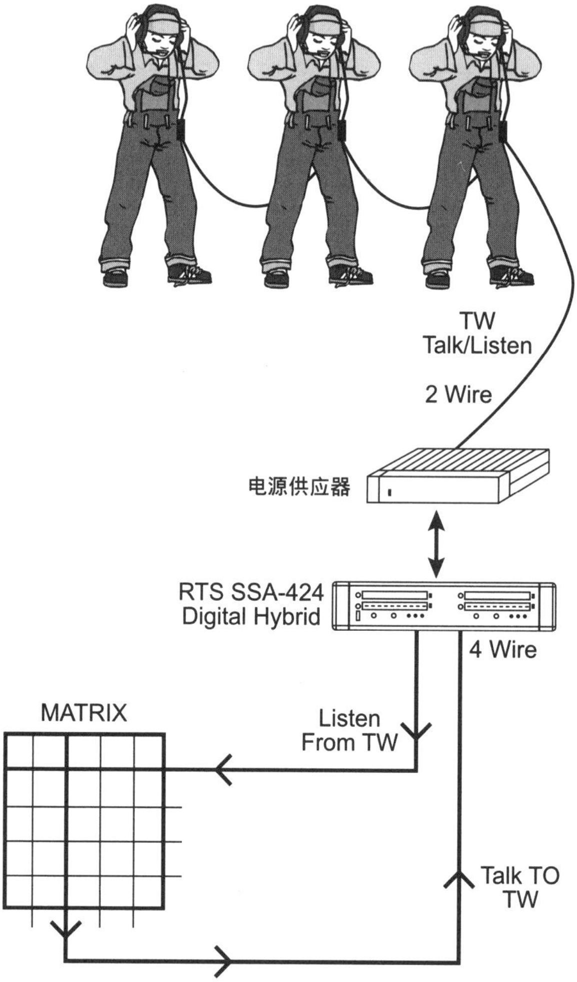

Intercom对讲机系统至少有三种不同的Party- Line标准存在，没有一家可以和其他厂商在讯号电平接点及呼叫讯号完全相容，最普遍的标准是由Clear-com、Telex、RTS等公司使用的系列。

Clear-com对讲系统同时被Technical Projects Production Intercom，HM电子公司及数个英国及欧洲工厂所采用。

RTS对讲系统使用在很多美国电视台及制作车上，还有NASA的控制室，奥林匹克运动会中连接了数不尽的广播人，在芝加哥期货交易所，在核子发电厂及世界各地、各种场合都有它的踪迹。

◇ RTS TW INTERCOM RTS TW对讲机

RTS TW对讲系统是最简易的双线会议形式互联系统，每一声道可以连接最多50组的使用机台，本系统是全功双向模式，每一使用者均可同步交谈与聆听，个别使用机台可以距离电源供应器大约1.6公里远。

RTS TW对讲系统，每声道利用双线传输，如要增加声道数量，只要多加一条线即可，例如：三条线可用2声道，4条线可用3声道等；2声道机台及电源供应器之间利用XLR-3型接头，3声道机台用XLR-4型接头，TW对讲系统为非平衡式连接，因此所有声道都共享一个地线电路，会有地线阻抗引起的串音，此串音和地线阻抗与系统阻抗之比例成正比，讯号电平额定-5dBV（最大+3dBV）。

每一机台必须要有电源才能工作，不论是接受系统的电源（26~52伏特直流电）或独立的电源供应器（12~18伏特直流电），假如系统电源及通讯讯号共享一条传输导线，加大导线直径可以弥补因长距离（可以1公里以上）传输而引起的能量损失，普通导线使用AWG 22号，最大容许回路阻抗是受电源供应器的电压、回路电流及使用机台最小操作电压而改变。

PHASE1型对讲机由机台的接头第2及第3脚供应电源，新一代的机台只对第2脚供电，很多新的TW电源供应器只在第二脚供电（可能会对老的PHASE 1设备造成问题）。

TW系统三接脚XLR接头接点：
第一接脚：地线；
第二接脚：+VDC及A声道声音；
第三接脚：B声道声音。

对讲系统使用连接线的要求依使用现场及电子环境而定，强电场的地方（无线电频率、哼声、数字电路）应使用有蔽屏的线，在电场更强的地方，可能要使用机台加蔽屏及平衡式线，大多数的两声道使用场合，可使用标准麦克风线或两条双绞线（比麦克风线便宜一点）。

TW对讲系统地线电路不能直接接至地线或机台接地，每一使用机台利用0.1micro法拉电容器旁通，来建立一个无线电频率接地。不接地有两个好处，当意外发生而造成单点接地时，为配合侦错维修，本身机壳可以被系统忍受，但是如果有两组接地发生时，就可能造成噪音或过载而使系统当机；另一个不接地的好处是可以防止从其他设备接地电流产生的噪音串联，如果RTS接地电路感应到这些电流，就可能在对讲系统中听到干扰的噪音。

◇ Clear-com对讲系统

Clear-com双线Party-Line Intercom对讲机系统以Daisy-chain的方式，使用一对音响线来连接对讲机台、腰包子机、对讲主机台、音响；DC工作电源亦经由该对音响线从主机（或电源供应器）提供电源至各机台。

Clear-com系统使用参接点，XLR接头连接机台，接点形容如下：

第一接点：接地点；

第二接点：传送主机的电源（每台24~30V，100mA，通常为50mA）；

第三接点：传送音响。

音响对讲机以非平衡式连接，其阻抗为200Ω，其额定讯号电平为-13dBV，这和消费产品高电平规格类似（通常0.5-0.7v）；某些使用场所（0dBV最大） Party-Line DC是当作指示讯号（0-4DVC=接收模式），10~15VDC=输送模式/呼叫讯号）。本系统需要有滤波良好的24~30VDC电压来工作，通常由建筑物室内固定安装的主机供电，或由携带系统前端的电源供应器供电。

Clear-com腰包子机使用的头戴式耳机麦克风是4接点。

XLR接头接点说明如下：

第一接点：麦克风接地；

第二接点：麦克风火线；

第三接点：耳机接地；

第四接点：耳机火线。

请勿将耳机与麦克风的地线接在一起，为了确保正常的音量与表现，其动圈式耳机式麦克风规格应为：

麦克风阻抗：150~250Ω

输出电平：-55dB

耳机阻抗：20~2000Ω

某些系统也接受标准碳粒式头戴耳机麦克风，碳粒式麦克风阻抗50Ω，耳机阻抗:600~1000Ω，使用1/4"立体TRS接头，接线法如下：TIP为麦克风火线，RING为耳机火线，SLEEVE为接地。

注意：为防止触电，接地回路及噪音的产生，绝对不可将第一接点直接接至主体机壳，再者，绝对不能将第一接点接到麦克风线接头的外壳。

各厂牌接头不同的接线

Clear-Com	
接点	功能
1	音响、电压及屏蔽共用地线
2	DC直流电额定30伏特
3	非平衡式音响
Audiocom	
接点	功能
1	音响、电压及屏蔽共用地线
2	音响+ DC电压
3	音响+ DC电压
Audiocom	
接点	功能
1	音响、电压及屏蔽共用地线
2	A声道音响+DC电压
3	B声道音响

◇ Intercom Systems Interface

对讲系统介面

对讲系统很少自我隔离，它们是用来通讯及协调的系统，一个制作团队经常包含声音与影像的系统，在国际大型事件中，制作单位的通讯工作一定得包含世界各国的人们与机关，因此设备一定得能匹配音响电平、阻抗及这么多不同通讯的协议：电话、ISDN、双向无线电、Walkie-Talkie、Paging呼叫系统、音响混音台、摄影机、对讲机等。

同时，并不是所有的对讲机品牌与系统都可相容，但是在某些场合它们一定要能够一起共同协调，至少有三种不同的Party- Line系统，所有系统都有各家的通讯协定，常常Party-Line及数字矩阵系统会和在一起使用，我们还需要更多的介面。

Professional Audio Essentials

附录XI

SHOTGUN 干涉管麦克风

"Shotgun Microphone"也称做为Interference Tube Mic 干涉管麦克风。

1938年OLSON教授发明Shotgun Microphone的叫法，得之于麦克风外形及其指向的特性，麦克风最重要的特性就是灵敏度及指向性，假设有一个固定压力的音源，音源与麦克风的距离变远时，如果想得到不变的输出电平时，就必须控制放大系统的增益使之变强，此时伴之而来的就是信噪比变弱，噪音变大，噪音即指混响与环境噪音。然而间接音有时会和直接音量相等，此时该音源就显得不能被利用，音源与麦克风之间距离的限制可以利用增加麦克风灵敏度解决，减少混响效果或噪音的拾取可以用缩小指向性克服收音的困难，干涉管麦克风就有这两种特殊的特性。

通常干涉管装在震膜上，而麦克风由四个部份组成（如下图）：

1. 干涉管由一个前方收音口及数个侧面收音口，由纤维或其他阻尼物质遮蔽。

2. 具有震膜的音头。

3. 后方收音口。

4. 电子线路。

图一

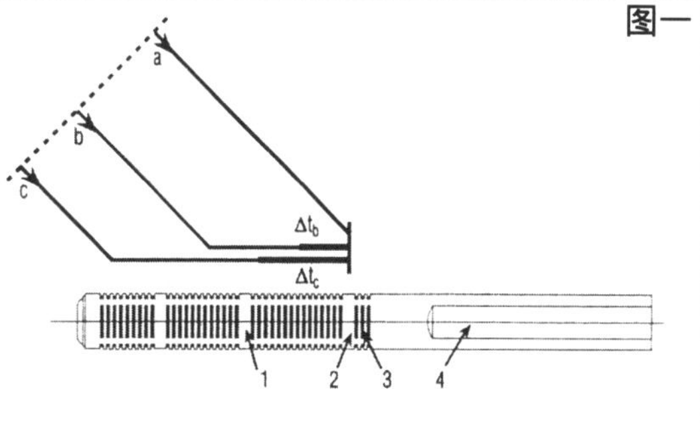

指向特性基于两个不同的原则：

(a) 低频率范围，干涉管麦克风好像一台第一阶（每八度衰减6dB）指向性谐调器，在震膜之前的干涉管可以视为一种利用管内的空气音量及侧面的洞或干涉管的裂缝决定阻力的自然发声的元件，后收音口设计成为一个低通滤波器，来作相位转移的工作以达到指定的指向。

(b) 高频率范围，干涉管的声学特性决定指向性，两个不同指向性的频率传输差异系由干涉管长度决定。

$$f_0 = \frac{C}{2L}$$

f_0：差异频率

C：音速m/sec

L：干涉管长度m

如果干涉管暴露在一个平面的声波当中，每一个侧面收音口都是新声波旅行的起始点，新声波将会在干涉管内旅行至震膜及前收音口，除了前方音源，每一个特定的声波都旅行不同的距离才到达震膜，当然到达时间也不同，上页图一显示a、b声波相对于a声波的延迟时间，请注意延迟时间因事件发生的角度有关，震膜所受的总压力可以把所有经过干涉管各长度产生的特定声波相加而得，每一个声波都具有相同的震幅，但是不同的相位转移，因此频率及相位的响应曲线就可以下列方程式叙述：

$$\frac{P(\theta)}{P(\theta=0^\circ)} = \frac{\mathrm{Sin}\left[\frac{\pi L}{\lambda}(1-\cos\theta)\right]}{\frac{\pi L}{\lambda}(1-\cos\theta)}$$

$P(\theta)$：某些角度收音的麦克风输出

$P(\theta=0^\circ)$：麦克风正轴输出

λ：波长

L：干涉管长度

θ：音源角度

计算出来的曲线及指向性，如果不考虑后收音口低频指向性的问题，震膜最后承受的压力呈现出拾音角度愈大延迟时间愈长。

使用干涉管麦克风有几点注意，因为它们是利用抵消频率来得到指向性，频率响应及相位的表现不会像全指向麦克风那么平顺，同时基于低频率较不具方向性，干涉管麦克风的频率响应在200HZ就下降得很快，这样可以帮助控制指向性。

使用长的干涉管麦克风时，请

别误会以为在拾音区（圆锥形）以外的声音都不会被拾取，偏轴180°的拾音当然会比正轴0°在音量上有明显的变化，在偏轴90°至180°之间的音源其音压可能被抵消20dB以上，其抵消的数量当然得依音源距离麦克风距离多少及音量大小而定。

例如：如果一个从6m传过来正轴的声音，在同距离90°至180°偏轴的强度将衰减20dB以上，因此可防止音源从墙壁、天花板反射而送至前方收音口，换句话说，在0.6m偏轴的音源和在6m正轴相同音源，可拾取相同的音量，这是因为麦克风仍然抵消至少20dB的不需要声音，但因为两个音源不等的距离，偏轴音源音量比正轴音源音量大了20dB。因此，由麦克风拾音产生相同的音量。

麦克风拾音时，在会有随意噪音及混响的房间内问题很大，麦克风需摆在距离干扰音越远越好的位置；狭窄指向性和高频率抵消的作用是用来减低随机噪音的能量及允许放大器将增益放大而不严重地减少信噪比SNR。

使用 Shotgun在舞台上及在观众群中收集某一个人讲话是很困难的，尤其音源距离麦克风23~30m时，所有观众还要靠有音响系统放大才听得到，在这些环境下，只能在9~15m之内，在良好的平衡控制之下才不会产生回授。

Professional Audio Essentials

附录XII 参考书籍

1、THE AUDIO DICTIONARY GLENN D. WHITE

2、THE NEW STEREO SONGBOOK RON STREICHER & F. ALTON EVEREST

3、THE MASTER HAND BOOK OF ACOUSTIC 3RD EDITION F.ALTON EVEREST

4、HAND BOOK FOR SOUND ENGINEERS THE NEW AUDIO CYCLOPEDIA 2ND EDITION GLEN M. BALLOU EDITOR

5、LIVE SOUND REINFORCEMENT SCOTT HUNTER STARK

6、QSC POWER AMPLIFIER GUIDE QSC

7、THE PA BIBLE EV

8、SOUND REINFORCEMENT HAND BOOK GARY DAVIS, RALPH JONES

9、SOUND CHECK TONY MOSCAL

10、MICROPHONE TECHNIQUES DAVID MILLS HUBER, PHILIP WILLIAMS

11、MULTITRACK RECORDING DOMINIC MILANO

12、音响科技辞典 / 林吉志 李华宜

13、ACOUSTICS AND
PSYCHOACOUSTICS
HOWARD ANGUS

14、SOUND SYSTEM
ENGINEERING
DON DAVIS, CAROLYN DAVIS

15、ROLAND 专业术语辞典
http://www.rolandtaiwan.com.tw

16、专业音响X档案

最新流行钢琴曲集1/2

施富然、卓锦炎 编著
大16开/136页/定价24元

本书收录25首时下最流行歌曲改编而成的钢琴独奏曲，左右钢琴五独奏套谱，原曲采谱，重新编曲，适合初者学，进阶使用。内附全曲演奏学习光碟、MP3音乐档。

在线音乐总谱 1/2

卓锦汉、卓锦炎 编著
大16开/112页/定价24元

本书收录50首华语最新流行歌曲音乐乐器总谱。适合各类民族乐器、热门乐器、吉他弹唱、歌唱教学…等使用。专业简谱、级数和弦记谱法，职业琴师、酒吧歌手、乐队练习最佳工具书。音乐采用左右声道，旋律与伴奏分离录制，丰富的背景音乐，宛如多人乐队帮您伴奏。

迈向职业鼓手之路

姜永正 编著
大16开/176页/定价28元

国内第一本爵士鼓完全教战手册近百种爵士打击技巧范例图片解说。内容由浅入深，系统化且连贯式的教学法，配合有声CD，生动易学，轻松学会各种曲风及经典手法，是成为专业鼓手必练的爵士鼓教本。

爵士钢琴、数码钢琴系列

钢琴动画馆（日本动漫）
Plano Power Play Series Animation No.1
朱怡洁 编著
大16开/120页/24元
本书收录18首日本经典动画卡通改编而成的钢琴独奏曲。左右手钢琴五线谱.原曲采谱、重新编曲、适合初学、进阶弹奏者使用。内附日本语、罗马拼音歌词，全曲演奏学习光碟。

钢琴动画馆（西洋动画）
Plano Power Play Series Animation No.2
朱怡洁 编著
大16开/96页/24元
本书收录18首经典西洋动画钢琴曲。左右手钢琴五线套谱。原曲采谱、重新编曲、难易适中、适合初学进阶弹奏者使用。内附全曲演奏学习光碟。学习或弹奏不可缺少的教材之一。

最新流行钢琴曲集1
施富然 卓锦炎 编著
大16开/136页/24元
本书收录25首时下最新流行歌曲改编而成的钢琴独奏曲，左右手钢琴五线独奏套谱，原曲采谱，重新编曲。适合初学、进阶使用，内附全曲演奏学习光碟、MP3音乐档。

最新流行钢琴曲集2
施富然 卓锦炎 编著
大16开/136页/24元
本书收录25首近年来最畅销流行歌曲改编的钢琴独奏曲，左右手钢琴五线独奏套谱，原曲采谱，重新编曲。适合初学、进阶使用，内附全曲演奏学习光碟、MP3音乐档

在线音乐总谱1
施富然 卓锦炎 编著
大16开/112页/24元
本书收录50首华语最新流行歌曲音乐乐器总谱，适合各类各族乐器、热门乐器、吉他弹唱、歌唱教学…等使用，专业简谱、级数和弦记谱法，职业琴师、酒吧歌手、乐队练习最佳工具书。音乐采用左右声道，旋律与伴奏分离录制，丰富的背景音乐，宛如多人乐队帮您伴奏。

在线音乐总谱2
施富然 卓锦炎 编著
大16开/112页/24元
本书收录50首华语最新流行歌曲音乐乐器总谱，适合各类各族乐器、热门乐器、吉他弹唱、歌唱教学…等使用，专业简谱、级数和弦记谱法，职业琴师、酒吧歌手、乐队练习最佳工具书。音乐采用左右声道，旋律与伴奏分离录制，丰富的背景音乐，宛如多人乐队帮您伴奏。

流行钢琴自学秘籍
Pop Piano Secrets
招敏慧 编著
大16开/328页/46元
首创专业流行钢琴演奏完整自学的视频教材，适合于学校以及琴行老师的教学使用，注重正统乐理知识的培养，即兴演奏理念的形成。以热门歌曲作为示范讲解曲目，介绍各种风格曲目的伴奏特点，培养读者的编曲以及创作能力。

轻轻松松学Keyboard
Easy To Leam Keyboard
张梓 编著
大16开/128页/24元
弹奏电子琴、数位钢琴是最适合现代人的休闲娱乐．学习Keyboard将不再是难事！全球首创以和弦指型图示教您如何弹奏电子琴的系列教材问世了.本书包含了童谣、电影、卡通……等耳熟能详的曲目。例如迪斯尼卡通的小美鱼、虫虫危机…等。

你也可以弹爵士与蓝调
You Can Play Jazz And Blues
郭正权 编著
大16开/256页/40元
欧美爵士乐观念，各类乐器演奏、作曲及进阶者使用。爵士、蓝调概述及专有名词解说。音阶与和弦的组成、选择与处理规则。即兴演奏、变奏及蓝调的材料介绍，进阶步骤与观念更清析。

吉他演奏系列

乒乓之恋
Ping Pong Sousles Arbers
卢家宏 编著
大16开/104页/35元
本书收录18首钢琴王子“理查德·克莱德曼”经典钢琴曲改编的吉他演奏曲。内附专业录音水准演奏光盘+多角度示范演奏VCD.最详细吉他五线谱+六线谱、和弦指型完整对照。

吉乐狂想曲
Guitar Rhapsody
卢家宏 编著
大16开/156页/35元
本书收录12首畅销日韩电视剧主题曲、经典电视广告配乐及中文翻唱曲改编而成的吉他演奏曲。详细吉他五线谱+六线谱、和弦指型完整对照 。Fingerstyle的必备丛书。

吉他魔法师
Guitar Magic
Laurence Juber 编著
大16开/76页/35元
本书收录11首畅销流行歌曲改编而成的吉他演奏曲.全部歌曲、编曲、录音、混音远赴美国完成。开放式吉他调弦法及另类调弦法隆重介绍，开创吉他演奏新领域。详细吉他五线谱+六线谱，和弦指型完整对照。

指弹吉他完整教程
Complete Fingerstyle Guitar Training
卢家宏 编著
大16开/254页/42元
FingerStlye循序渐近学习专业教材。涵盖各类音乐风格作品编曲手法。名家名曲示范讲解，卡尔卡西练习曲谱，DVD光盘演奏示范，揭开指弹吉他之奥妙，推荐教师以及自学提高者使用。

恋琴
Fall In Love
黄家伟 编著
大16开/92页/35元
本书收录13首家喻户晓的西洋经典老歌改编而成的吉他演奏曲。详细吉他五线谱 六线谱完整吉他套谱，内有曲目简介，演奏技巧提示．内附黄家伟亲自示范弹奏的CD、VCD。

风之国度
Realm Of Wind
AGTM 编著
大16开/160页/40元
主旋律和伴奏全由一把吉他搞定，让您尽情享受FingerStyle指弹独奏风格的美妙，聆听着吉他的歌，体会别样的快乐，感受风的缠绵，在指间国度不羁地任意穿行15首经典卡通动漫改编+10首呕心沥血原创作品。

吉他手册系列

民谣吉他入门教程
Folk Guitar Easy Playing
孙宏亮 编著
大16开/200页/28元
面向网络时代吉他爱好者最新民谣吉他教程，按民谣吉他、合理的学习进程编排，基础乐理知识解析。配吉他插图、直观明了。示范 30余首难度由浅及深之优秀弹唱曲谱。内附CD示范光盘。

弹指之间
Guitar Sound Effects
潘尚文 编著
大16开/472页/46元
畅销十余年的专业吉他自学以及进阶提高教材，适合各大学校以及琴行老师教学使用。传播正确音乐知识理念，内容精采纷呈，涵盖各风格音乐，配有CD音频演奏示范，原版曲谱与唱片中音符丝毫不差，提升爱好者演奏功力。

吉他和弦百科
Guitar Chord Encyclopedia
潘尚文 编著
大16开/112页/24元
国内唯一吉他和弦以有系统的方式加以整理、归纳的音乐书籍。让所有吉他的弹奏者对于和弦的演奏有一个参考的依据。给吉他的学习者有一个延续学习的教育目的。

音乐制作、专业器材系列

FINALE实战技法
刘钊 编著
616页/65元
国际公认音乐乐谱制作软件Finale完全实战大公开，音乐学院必修、音乐教师必学。钢琴乐谱、民乐乐谱、乐队总谱制作范例。随书附赠Finale2003试用光盘及PDF详尽快键手册。

调琴圣手
Guitar Sound Effects
陈庆民 华育棠 编著
大16开/144页/35元
最完整的吉他单块、综合效果器调校大全，各类型吉他、功放彻底分析。各类型效果器最完整剖析，单踏板效果器串接实战运用。60首各类型乐风音色调校示范、演奏。

专业音响实务秘笈
Professional Audio Essentials
陈荣贵 编著
大16开/312页/30元
华人第一本中文专业音响的学习书籍。作者以实际使用与销售专业音响器材的经验，融汇专业音响知识，以最浅显易懂的文学和图片来解释专业音响知识。

图书在版编目（CIP）数据

专业音响实务秘笈 / 陈荣贵编著. -- 长春 : 吉林出版集团有限责任公司, 2010.7
（专业音响系列丛书）
ISBN 978-7-5463-3214-7
Ⅰ.①专… Ⅱ.①陈… Ⅲ.①音频设备 Ⅳ.①TN912.2
中国版本图书馆CIP数据核字(2010)第121718号
版权登记号图字：07-2010-2486

策 划 人：潘尚文
美术编辑：张惠萍、林幸谊、张元骥
摄　　影：陈至宇
邮　　编：200233
电　　话：021-54971739
传　　真：021-54971739
网　　址：www.musechina.com
企划制作：麦书文化艺术（上海）有限公司
地　　址：上海市徐汇区东漕河泾路57号7号楼1楼

专业音响实务秘笈

编　　著：陈荣贵
出 版 人：王保华
责任编辑：赵广宇 吴疆
出　　版：吉林出版集团有限责任公司
发　　行：吉林音像出版社
社　　址：吉林省长春市人民大街4646号出版大厦（邮编：130021）
电　　话：0431-86012875 、86012770
印　　制：上海市印刷二厂有限公司
版　　次：2010年7月第一版
印　　次：2010年7月第一次印刷
开　　本：787×1092mm　1/16
印　　张：19.50
印　　数：3000
书　　号：ISBN 978-7-5463-3214-7
定　　价：35.00元

专业音响实务秘笈

Professional Audio Essentials

读者回函

姓名 ______________　　性别 男☐ 女☐

生日 ______________　　地址 ______________

电话 ______________　　职业/就读学校 ______________

E-mail ______________

您从何处买到本书?

书店☐ 邮购☐ 社团☐ 乐器行☐ 专业音响店☐ 其他________

您从何处得知本书?

书店☐ 社团☐ 乐器行☐专业音响店☐ 朋友推荐☐ 其他________

您觉得本书售价合理吗?

便宜☐ 合理☐ 太贵☐

您觉得本书哪一章对您最有帮助?

- - - - - - - - - - - - - - - - - - - -

- - - - - - - - - - - - - - - - - - - -

您还想读哪一方面的中文书籍

☐ 1. 专业麦克风技术
☐ 2. 建筑声学
☐ 3. 现场成间概论
☐ 4. 立体声混音
☐ 5. 音响与音响系统基础
☐ 6. 建筑心理声学

您希望从事的行业

☐编曲 ☐录音 ☐音响控制
☐音乐家 ☐音响贩售 ☐音响工程施工
☐专业音响出租 ☐专业音响中文翻译

请沿虚线剪下寄回